电磁轨道炮测试与评估技术

向红军　苑希超　乔志明◎编著

TEST AND EVALUATION OF ELECTROMAGNETIC RAILGUN

北京理工大学出版社
BEIJING INSTITUTE OF TECHNOLOGY PRESS

内 容 简 介

电磁轨道炮作为电磁发射技术中的一项重要分支，具有弹丸初速高、射程远、威力大、炮口初速连续可调、落点速度高、终点毁伤方向性好、射速高、弹丸维护简单、作战费效比低等优点，是世界各主要国家竞相发展的新概念武器。本书针对在电磁轨道炮设计研制过程中涉及大冲击、高电压、强磁场等复杂参数测试与效能评估问题，阐述了电磁轨道炮电流、电压、速度、磁场测试技术，针对电磁轨道炮试验测试问题，介绍了电磁轨道炮试验弹无损回收、性能评估和电枢评估技术。

本书是近年来电磁轨道炮测试与评估技术研究成果和工程实践经验的总结，可作为从事电磁轨道炮及新概念武器技术研究人员、教学人员、管理人员的工具书和参考书。

图书在版编目（CIP）数据

电磁轨道炮测试与评估技术 / 向红军，苑希超，乔志明编著. -- 北京 ：北京理工大学出版社，2023.4

ISBN 978-7-5763-2612-3

Ⅰ. ①电…　Ⅱ. ①向…　②苑…　③乔…　Ⅲ. ①电磁炮–研究　Ⅳ. ①TJ866

中国国家版本馆 CIP 数据核字（2023）第 132517 号

责任编辑：陈莉华　　　**文案编辑**：陈莉华
责任校对：周瑞红　　　**责任印制**：李志强

出版发行 / 北京理工大学出版社有限责任公司
社　　址 / 北京市丰台区四合庄路 6 号
邮　　编 / 100070
电　　话 /（010）68944439（学术售后服务热线）
网　　址 / http://www.bitpress.com.cn

版 印 次 / 2023 年 4 月第 1 版第 1 次印刷
印　　刷 / 北京捷迅佳彩印刷有限公司
开　　本 / 710 mm × 1000 mm　1/16
印　　张 / 17.75
彩　　插 / 1
字　　数 / 280 千字
定　　价 / 88.00 元

图书出现印装质量问题，请拨打售后服务热线，负责调换

前　言

作为新概念动能武器之一的电磁轨道炮，可利用电磁力将宏观弹丸瞬间加速到超高速，具有超高初速、快速响应以及易于控制等优点，在未来军事领域具有广阔的应用前景，引起世界各国的广泛重视并开展深入研究。由于电磁轨道炮具有初速高、射程远、发射弹丸质量范围大、隐蔽性好、安全性高、适合全电战争、结构不拘一格、受控性好、工作稳定、效费比高、反应快等优点，电磁轨道炮在防空反导、远程火力打击、电磁弹射、高能物理、航天发射与运输、空间碎片清除、滑轨试验、星际航行等领域具有广阔的应用前景，对国家未来军事和国民经济建设的发展具有重大而深刻的现实意义，被认为是可以改变战争的 5 种“未来武器”之一。电磁轨道炮自问世以来，经过几十年的研究与发展，已开始逐渐从技术探索阶段迈向实际应用阶段。

电磁轨道炮的试验、研制以及使用过程中必须要解决参数测试与评估技术。一方面，轨道炮涉及大电流、高电压、强磁场参数，且参数具有脉冲特性，需要在瞬态条件下进行测量，其测量响应性能、抗干扰性能等均需要进行专门设计；在工程化研制过程中，轨道炮评估技术也将对轨道炮性能、效率和使用寿命设计提供重要的反馈，是轨道炮研制过程中的重要内容。

本书作为电磁轨道炮系列丛书的一部分，结合近年来国内外研究成果的总结，对电磁轨道炮测试与评估技术进行了系统的介绍，阐述了电磁轨道炮电流、电压、速度、磁场测试技术，针对电磁轨道炮试验测试问题，介绍了电磁轨道炮试验弹无损回收、性能评估和电枢评估技术，希望可以为电磁发射技术研究贡献绵薄之力。

本书分为5章，主要由向红军、苑希超、乔志明编著，梁春燕、吕庆敖、金龙文也参加了部分章节的编著，课题组研究生曹根荣亦有贡献，在此向他们的付出表示衷心的感谢。

本书所涉及的内容只是电磁轨道炮测试与评估技术研究中的阶段性成果，还存在许多不完善的地方，同时由于编者水平有限，书中难免出现疏漏和谬误之处，恳请读者批评赐教。

作　者

目 录

第一章　绪　　论

现代战争所依赖的武器系统是陆、海、空、天、电磁、信息等多维对抗综合体系。部署武器的移动平台主要有四种，即陆基平台、海基平台、空基平台、天基平台。弹药或战斗部远距离投送主要有三种方式：火炮发射，火箭（或导弹）发射，机动平台的无动力投掷（空投、部署水雷）方式。在这军事技术日新月异快速发展、武器系统此消彼长互相压制综合发展的情况下，现役武器逐步暴露了其不足。

使用火箭发动机的火箭弹或导弹已经成为当今最重要的火力打击武器，但随着对抗技术的发展，火箭弹或导弹的问题也在逐步暴露。第一，火箭发动机的效率较低（战斗部仅占系统质量的小部分），且控制系统复杂，因而使用成本高；第二，导弹的复杂控制系统容易受干扰，尤其在战场通信环境、雷电环境、主动干扰、主动诱饵等复杂电磁环境下其可靠性问题面临挑战；第三，火箭推进的加速度比较低，尤其在加速上升阶段，速度较低，滞空时间长，为敌方探测提供了较长的时间窗口，为拦截类反导武器提供了足够准确的时空轨迹；第四，导弹武器的防护壁很薄，容易遭受激光武器、拦截武器、爆炸碎片的破坏。事实证明，2012 年以色列的“铁穹”火箭弹拦截系统已经成功拦截了巴勒斯坦武装分子往特拉维夫发射的火箭弹，拦截概率约 80%。美国和以色列合作的“鹦鹉螺”战术激光武器也能够成功拦截火箭弹。美国的反洲际弹道（导弹或激光）拦截试验多次取得成功，并且还在进一步发展。

另外，具有机动性强、使用方便、杀伤威力大、经济成本低等优势而被称为“战争之神”的火炮逐步暴露出炮口速度较低、射程不够远的不足。火炮的炮口速度极限值约为 1 800 m/s，不超过 2 000 m/s。即使使用了增程炮弹，炮弹的增程也有限。

在诸多武器对抗快速发展的领域，有一种部署方便、不使用化学发射药而使用电能、类似火炮发射方式的超高速动能武器异军突起，逐步从实验室走向武器试验场，并牵引新一轮军事变革，这就是电磁轨道炮。

电磁轨道炮系统由脉冲功率电源、开关与控制系统、电磁轨道炮本体、弹丸组件等组成。简单电磁轨道炮本体主要由两根绝缘且平行固定的金属轨道、位于两平行轨道间并与两轨道保持滑动电接触的电枢、电枢推动的弹丸以及绝缘固定支撑结构等组成，如图 1－1 所示。脉冲功率电源、开关、轨道、电枢构成一个闭合回路；当控制开关闭合时，脉冲功率电源给回路供电，产生脉冲大电流和强磁场，承载脉冲大电流的电枢在强磁场作用下受力，推动弹丸到超高速。

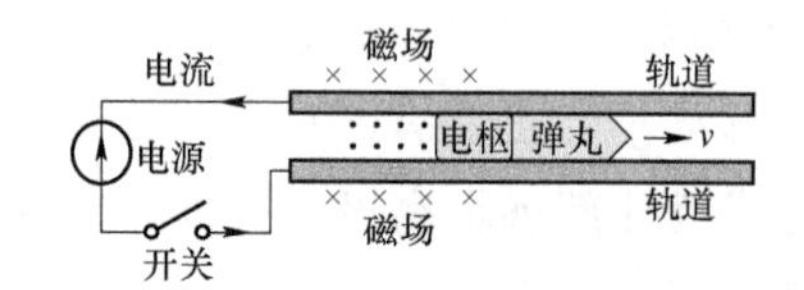

图 1－1　简单电磁轨道炮系统原理示意图

电磁轨道炮理论模型是一种基于电路模型集总参数的能量平衡方程（或机电模型），其重要结论是电枢受到的电磁力 F 为

$$F = 0.5 \cdot L'I^2 \tag{1-1}$$

式中，I 为回路电流；电感梯度 $L' = \mathrm{d}L / \mathrm{d}x$ 表示轨道炮单位长度的电感系数。式（1－1）表明：电磁轨道炮电枢加速力 F 仅仅和轨道炮的电感梯度 L' 及回路电流 I 的平方成正比，对电枢速度 v 没有明显的依赖关系。从理论上说，电磁轨道炮可以突破传统火炮炮口速度的限制，把弹丸加速到超高速。

作为一种新概念武器，电磁轨道炮技术特征如下：

（1）对于 2.5 km/s 超高速发射，以间接瞄准方式可以实现在短时间内超远程火力覆盖和大威力打击，还可以直接瞄准方式 6 s 内打击装甲目标，如图 1－2 及图 1－3 所示。

（2）利用电能精确灵活调控的特点，可以方便控制初速、连续改变射程，满足防空、压制、反装甲等多种作战任务需求，并大幅减少后勤保障，形成低成本、多功能的打击力量。

（3）利用电能发射弹丸，可依靠超高速弹丸动能毁伤点目标或用子母弹毁伤面目标，摆脱了传统火炮对火炸药的依赖，消除了使用火炸药带来的一系列问题，具有高安全性、高效率、低发射特征、抗电磁干扰、难以有效拦截等优点。

（4）对于需要精确制导的场合，电磁轨道炮也可发射制导炮弹对远距离目标实施精确打击。

总之，电磁轨道炮可完成多种作战任务，是适应当前高技术战争的新型作战力量之一。

美国海军未来舰载超远程电磁炮对岸火力支援设想如图 1–3 所示，它可以水平直瞄发射，6 s 时间对 10 多千米外目标进行大威力打击，也可以间接瞄准超远程快速大威力打击。初速 2.5 km/s 弹丸的外弹道特性如图 1–2 所示，60 kg 弹丸射程可覆盖 215 n mile，射高可覆盖 120 km。所述的大威力指弹丸与目标的碰撞速度达 1.5 km/s，快速指弹丸覆盖 400 km 射程仅仅需要约 6 min 时间。在重要的军事基地、舰船母港、水利大坝等部署地基电磁轨道炮，可实现多种攻防兼顾的作战任务。

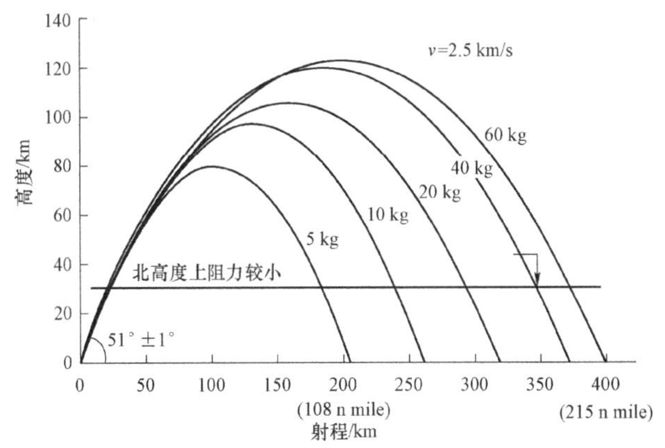

图 1–2 超高速 2.5 km/s 弹丸的外弹道特性

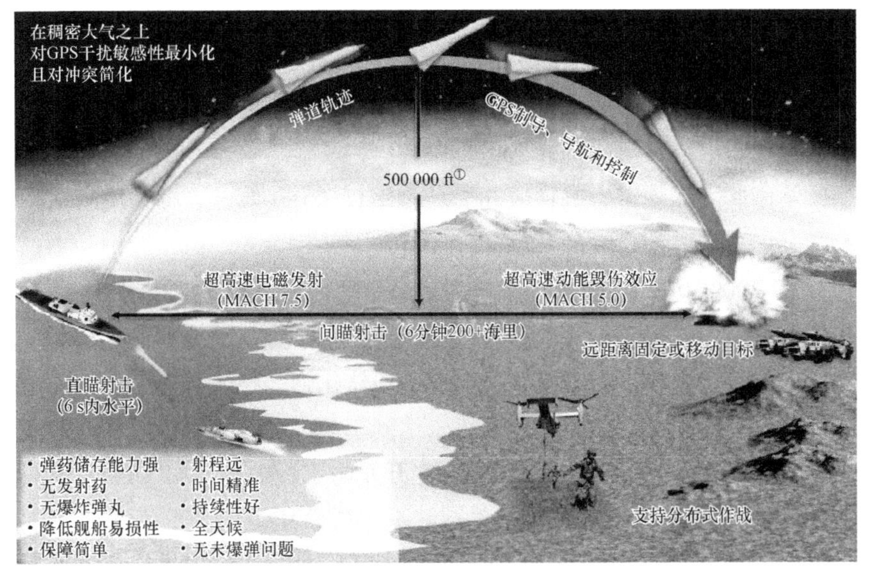

图 1–3 美国海军超远程舰载电磁炮对岸火力支援设想

注：① 1 ft=0.304 8 m。

目前，由于脉冲功率电源较重，电磁轨道炮可部署在大型舰船平台上或重要基地附近。但随着脉冲功率电源技术的进展，未来电磁轨道炮还有可能部署在装甲车辆、飞机平台或天基平台上，形成一种部署广泛的主要打击力量，并将引发新一轮军事变革。

由于电磁轨道炮具有非常广阔的应用前景和重要的军事意义，其技术日益受到重视，因此发展速度也十分迅猛，经过近半世纪的研究积累，电磁轨道炮技术得到了长足发展，而且美国等国家的电磁轨道炮技术正逐渐走向成熟阶段。

第一节　电磁轨道炮工程化研究进展

现代意义的电磁轨道炮是随着脉冲功率技术进展而发展的。1978 年，澳大利亚国立大学的 Marshall R A 博士发表文章，在受控热核聚变的中性注入研究过程中，研制了一套超高速发射装置。它利用储能 550 MJ 的单极发电机及储能电感器作电源，采用等离子体电弧电枢，在 5 m 长的电磁轨道炮上，将 3.3 g 聚碳酸酯弹丸加速到了 5.9 km/s。这证明电磁力加速宏观弹丸到超高速是可行的，从而开创了电磁轨道炮新时代。与此同时，美国开始了电磁发射技术在运输、空间、能量等诸多军事领域应用探索研究。

经过二十多年的快速发展，到了世纪之交，美国的电磁轨道炮关键技术研究取得了重大突破，相继解决了高速（2～2.5 km/s）条件下中小口径电磁轨道炮固体电枢的电弧烧蚀和轨道刨削问题，突破了脉冲交流发电机技术、高储能密度脉冲功率电容器技术和大功率半导体开关技术，使电磁轨道炮技术具备开展工程应用研究的基础。21 世纪初，美国陆军、海军和国防高级研究规划局（DARPA）相继进行了电磁轨道炮技术的工程化应用研究。

陆军方面，2004 年，美陆军率先启动了 5 MJ 炮口动能车载轻型高机动电磁轨道炮演示项目，在紧凑型发射器、一体化弹药技术等方面取得了重大突破，但由于脉冲交流发电机技术还未达到车载小型化要求，仍需开展进一步技术攻关。2007 年美国陆军装备研究开发与工程中心（ARDEC）及得克萨斯大学的高技术研究所主导了美国陆军电磁轨道迫击炮的工程化研制工作。该电磁轨道炮采用 121 mm 圆膛，轨道采用两匝 4 轨方案，每条轨道占据的截面角度约 45°，相应两个相互绝缘的 U 形电枢组合成圆柱形外观，推动圆柱形迫击炮模拟弹加速。图 1－4 所示的分别是该轨道炮整体外观、内部轨道结构及炮口短接消弧器、带电枢的弹丸组件、运行参数。值得注意的是，在轨道的炮口端有钢环（Steel Hoops）短接，该短接器（Shunt）分担了0～0.2 MA的电流，相当于在原轨道旁边又并列了附加轨道，对电枢载流影响不大，却增加了电枢所处位置的磁场；另外，当电枢出膛时，短接器（Shunt）可以承受极大的电流，抑制炮口电弧以提高轨道寿命，并形成低发射特征的应用特征（避免战场上被敌方探测和发现）。

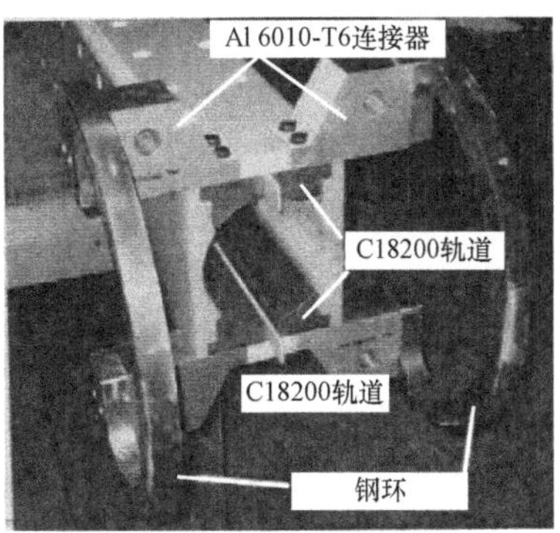

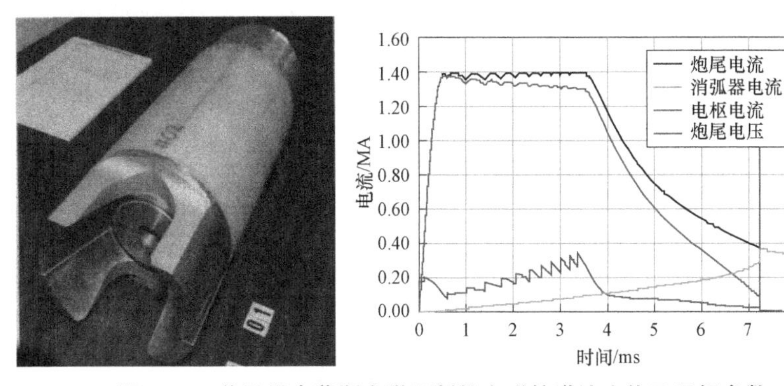

图1-4 美国得克萨斯大学研制的电磁轨道迫击炮及运行参数

该轨道炮的电感梯度为1.92 μH/m，射弹组件质量为18 kg，十多个模块电容器充电电压为18 kV，按照脉冲形成网络（PFN）方式时序控制放电，形成峰值电流1.4 MA梯形波，炮口初速达到了430 m/s。在发射过程中，炮尾电压在500～1 500 V内振荡。炮口速度、炮口动能技术指标已达到现役陆军120 mm迫击炮的水平。

美国通用原子公司于2013年10月在陆军协会会议上提出了炮口动能10 MJ的陆基电磁轨道炮系统构想，该系统主要由两辆电源车、一辆发射车和一辆指控车组成，用于防空反导和压制。电磁轨道炮地面战车与陆基机动电磁轨道炮概念如图 1－5 所示。

(a) (b)

图 1－5 美国陆军电磁轨道炮地面战车与通用原子公司陆基机动电磁轨道炮概念

（a）电磁轨道炮地面战车；（b）陆基机动电磁轨道炮

海军方面，2005 年美国海军研究办公室（NRO）启动了“创新海军样机”的电磁轨道炮研究项目以推动工程化技术进展。2006 年 10 月，美国通用原子公司负责的 100 MJ 电容器组能源与 BAE 公司负责的 12 m 长、90 mm 口径的层压钢板密封炮管配合，成功发射了一体化电枢。其炮尾结构及电枢如图 1－6 所示。

图 1－6 美国海军 2006 年圆膛电磁轨道炮发射装置

2008 年 1 月 31 日，弗吉尼亚州美国海军水面作战中心利用新型轨道炮系统成功进行了创纪录的电磁轨道炮发射试验。90 mm 口径的圆膛炮，炮管长 12 m，弹丸重约 3.4 kg，炮口初速为 2.5 km/s，炮口动能达到了 10.6 MJ，试验用一体化电枢及刚出膛瞬间的电枢如图 1－7 所示。与图 1－5 所示的电枢相比，电枢质量明显加大了。

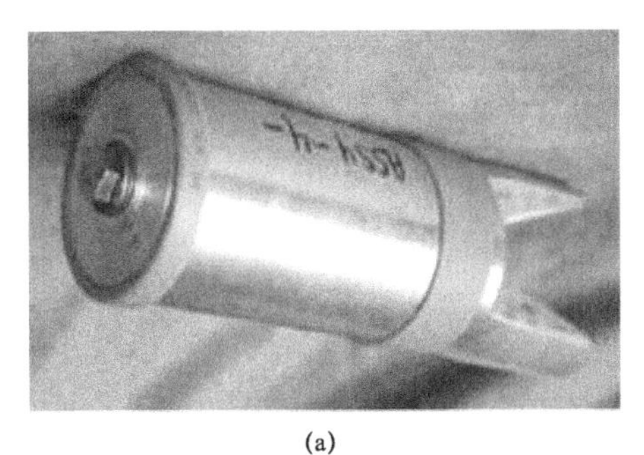

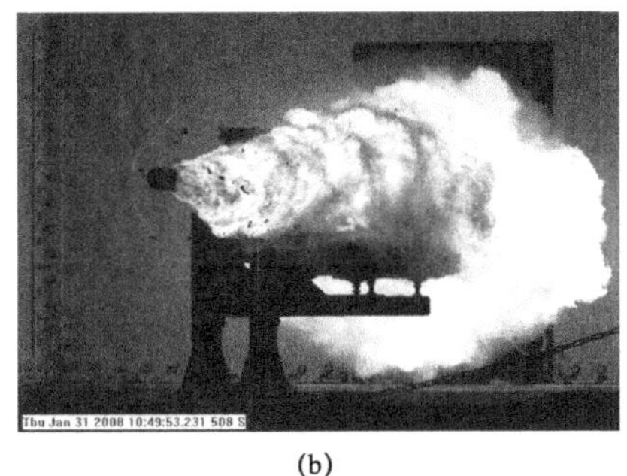

(a) (b)

图 1-7 美国海军 2008 年电磁轨道炮发射试验

(a) 一体化电枢；(b) 出膛瞬间

2010 年 10 月，美国海军在实验室内进行了一次接近实战需求的电磁轨道炮发射试验。据推测，一体化铝制弹丸重约 11 kg，炮口速度为 2.5 km/s，炮口动能达 33 MJ。出膛的一体化电枢如图 1-8 所示。该轨道炮炮膛放弃了圆截面，第一次采用了内凸截面轨道，电枢采用了外凹截面结构。这样的炮膛结构有两方面优势：一方面，可避免电枢在滑动过程中的横向摆动，有利于电枢/轨道之间的直线滑动电接触；另一方面，有利于控制轨道内的电流分布，使轨道表面的电流更均匀，缓解电流聚集程度。

2012 年 2 月，美国海军开展了电磁轨道炮全威力样炮的演示验证试验。该发射装置由 BAE 公司研制，它具备反后坐力和调节射角功能，更像一件实用的武器装备。图 1-9（a）是 2012 年美国海军的电磁轨道炮全威力样炮

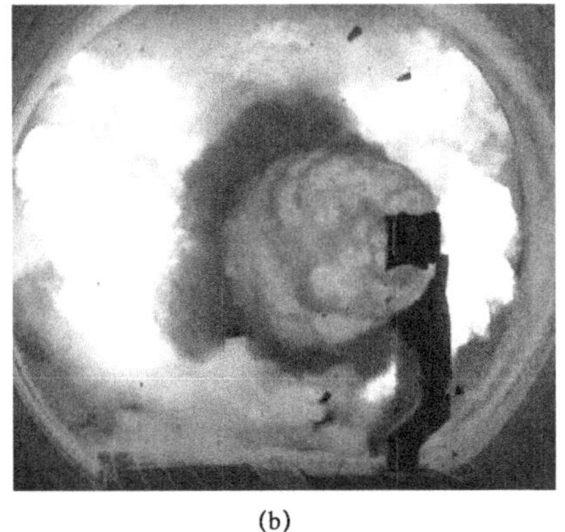

(a) (b)

图 1-8 美国海军 2010 年电磁轨道炮试验

(a) 发射装置；(b) 出膛瞬间

装弹的瞬间，图 1－9（b）是样炮发射时一体化电枢组件飞出炮膛的瞬间。从图 1－9 可以看出：样炮内膛沿袭内凸截面轨道；除了电源系统仍然在实验室内，电磁轨道炮本体完全可以装载于舰船平台上了。

(a)

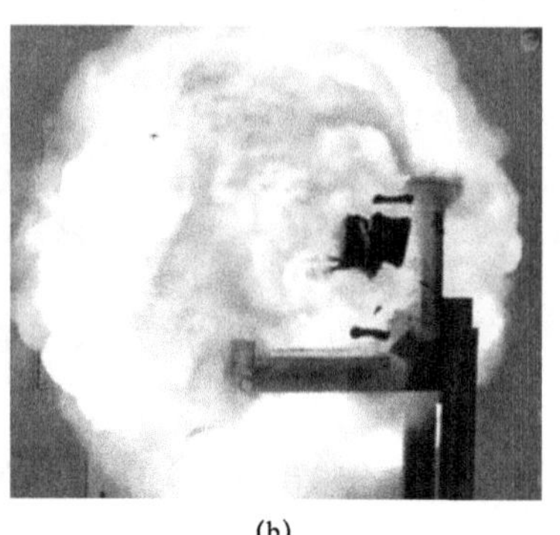

(b)

图 1－9　美国海军 2012 年电磁轨道炮全威力样炮试验

（a）发射装置；（b）出膛瞬间

2016 年 11 月，美国海军在马里兰州一处海滩上展示了能够搭载于舰船平台的电磁轨道炮系统及其发射能力，如图 1－10 所示。从图 1－10（a）可以看出，除了反后坐装置和调节射角功能，美海军电磁轨道炮系统已经脱离了实验室的支持，完全可以承载于一艘舰船上，形成独立而完整的作战系统。电容器组脉冲功率电源与电磁轨道炮本体集成在一起，形成多层立体结构；另外，在两侧不远处还有多个白色箱子，白色箱子内可以装载发电机及高压充电机，操作人员可在另外的箱子内监控发射状况。白色箱子与轨道炮电源之间有电缆连接。

从图 1－10（b）可以看出，该轨道炮仍然采用 BAE 公司的发射器本体及反后坐装置和调节射角装置。从图 1－10（c）可以看出，飞出的 U 形电枢与弹丸组件之间是简单接触，非固定连接。电枢实现加速功能，弹丸部分实现战斗部功能。

从以上进展可知，美国电磁轨道炮实现了 10 kg 弹丸 2.5 km/s 初速发射，并在工程方面具备了初步实战功能。然而，2017 年底，美国战略能力办公室发言人表示，“目前美国的电磁炮不符合现有发展技术能力，因此会把着眼点放到传统火炮上”，并在 2019 年停止拨款，终止电磁炮的研发项目。

(a)

(b)

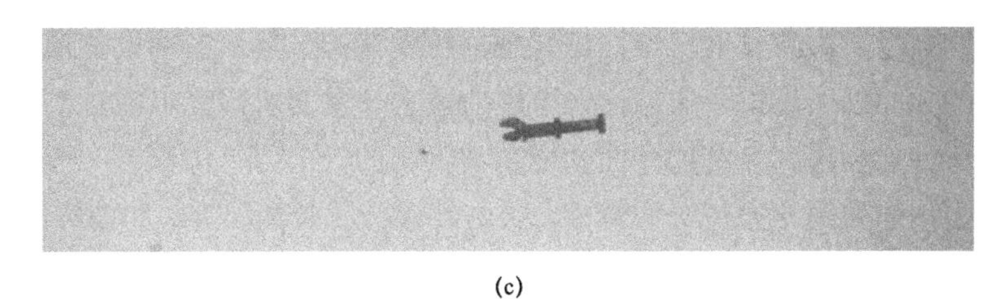

(c)

图 1-10　美国海军 2016 年电磁轨道炮系统发射试验

（a）发射装置；（b）出膛瞬间；（c）弹丸组件飞行姿态

国内电磁轨道炮技术比美国落后 5～10 年，电源的储能规模及功率水平还比较低，电磁轨道炮本体也为小口径，集中体现在小质量弹丸的超高速发射技术方面，参加单位有北京特种机电技术研究所、中国科学院电工研究所、清华大学、北京理工大学、燕山大学、华中科技大学、南京理工大学、西北机电工程研究所、海军工程大学、陆军工程大学等。当然，也有大质量弹丸低速发射的探索研究。

目前，国内外电磁轨道炮技术是美国领先，美国的海军电磁轨道炮工程化开发已经处于临界状态，独立的武器系统把 10 kg 重弹丸加速到了 2.5 km/s。如果能够把 60 kg 重的弹丸加速到 2.5 km/s、实现如图 1－3 所示的规划设想，则电磁轨道炮军事使用的时代真正到来了。但美国海军电磁轨道炮为何没有达到 60 kg 重的弹丸 2.5 km/s 的目标而停止呢？其技术瓶颈是什么？针对我国我军情况，电磁轨道炮有没有使用领域？以及电磁轨道炮在我军使用领域中需要重点解决哪些关键工程技术难题，是本书初步探索的内容。

第二节　电磁轨道炮支撑技术及应用技术的研究状况

对于具有实用性的电磁轨道炮，若要发射较大质量载荷到超高速，必须具备较大的电磁发射能力，这就要求提高电流强度 I。轨道炮所需电流巨大，而且脉冲大电流在导体内分布不均匀，电流密度最集中的区域容易形成欧姆加热致熔化。熔化带来两个方面的效果：在电枢/轨道滑动接触界面，铝电枢熔化会形成液化膜，使滑动电接触的干摩擦变成湿摩擦，降低摩擦力、提高发射效率，这是有利的一面；另外，在材料其他区域的软化或熔化，会破坏材料结构强度，影响发射安全性，甚至招致设备的破坏，影响设备寿命，这是不利的一面。所以说，实用化轨道炮的技术开发需要研究电磁轨道炮的电流分布特性，利用其有利的一面，避免其不利的一面。

关于电磁轨道炮电流分布特性，国内外进行了长期研究。2014 年李鹤等人基于常规的矩形截面轨道，设计了凸形截面和凹形截面形状的轨道，进行了三维数值仿真，发现凸形截面轨道表面电流密度分布最均匀，能很好地抑制烧蚀和局部熔化。2011 年南京理工大学的杨玉东等人计算矩形固体电枢接触面上的电流分布及温度场分布，得出电枢从尾部开始溶蚀的结论。2012 年曹昭君研究了 C 形电枢电流分布特征。

其中，有关脉冲电流的趋肤效应已经取得了共识。关于速度趋肤效应（VSE）研究，1990 年 Parks P B 建立熔化波模型描述 VSE；1991 年 James T E 等建立了滑动电接触二维数学模型，得到了电枢采用高电阻率材料可有效抑制 VSE 的结论；1991 年 Thurmond L E 直接测量 50 m/s 滑动界面之间的速度趋肤效应造成的电压降约为 50 mV；1993 年 Cowan M 提出了炮口注入电流以抑制 VSE 的方法；1995 年，Barber J P 研究了接近真实的电枢－轨道界面间的接触转捩模型，得到了接触电阻可降低电流聚集程度及加长接触界面长度可提高转捩速度等观点。1997 年 Kondratenko A K 试验测量了 U 形电枢电流分布，得到高电阻率材料的电枢有利于电流均匀分布的结论；1997 年 Glushkov 等提出采用轨道上镶嵌石墨条的方法（类似于炮口注入电流）抑制速度趋肤效应和提高转捩速度；2001 年 Hsieh K T 认为目前计算机技术仅能仿真 500 m/s 以下的三维速度趋肤效应；2001 年 Uryukov 等提出采用高电阻率电枢与高电导轨道配合以克服速度趋肤效应的方法；2005 年 Watt T 等认为当电枢速度低于 100 m/s 时，速度趋肤效应可以忽略；2007 年清华大学 Liu Y Q 等采用沿运动方向的电阻梯度材料抑制 VSE，有一定效果；2008 年 Engel T G 等用接触界面氧化层的量子隧道效应来解释速度趋肤效应；Li X 利用三维模型描述了 VSE；2007 年 Stefani F 等在铜电枢的滑动接触面附加钛覆层，有效降低了 VSE 的影响；2011 年杨玉东等也建立了二维模型仿真速度趋肤效应。这些研究集中在对速度趋肤效应的建模与仿真、速度趋肤效应的抑制方法等探索方面，对 VSE 还没有全面的认识，还没有从物理模型方面描述速度趋肤效应（VSE），也没有按照物理学原理提出系统的抑制方法。

关于电磁轨道炮脉冲电流的邻近效应，1991 年 Thurmond L E、2009 年 Schneider M、2012 年曹昭君进行了描述。

关于大口径电磁轨道炮的极限发射威力问题，2014 年邢彦昌等利用建模仿真方法，在一种标准的 50 Hz 半周期正弦波作用下，以 U 形铝电枢拱形部内侧熔化为限制条件，考虑磁锯效应，得到了大口径电磁轨道炮的极限发射威力，对分析发射威力极限有重要参考意义。而实用电磁轨道炮电源采用的是梯形波，需要继续开展这方面的研究。

关于电磁轨道炮的军事应用，除了用于直瞄反装甲不需要信息化弹药，其他应用都需要弹载（引信、电子感知或制导组件）电子器件的信息化弹药。而在轨道炮发射过程中，脉冲大电流在炮膛内会形成较强的磁场。在这种极端恶劣的复杂电磁环境将对电磁轨道炮弹载电子器件产生较大影响。目前电磁轨道炮弹药技术研究才刚刚起步，对电磁轨道炮弹载电子器件的抗电磁干扰及电磁防护的研究非常少。

关于强磁场屏蔽问题，1999 年美国陆军研究实验室的 Zielinski A E 对电磁轨道炮发射过程中发射组件所处电磁环境进行了分析，并研究了当电路元件处于强电磁场环境时的工作可靠性。2009 年意大利海军学院 Becherini G 阐述了在电磁轨道炮低频强磁场的环境下，高导磁材料和高导电材料的感应涡流效应和高导磁材料的磁通分流效应。国内情况，北京邮电大学的高攸刚对于多层屏蔽提出了以高导电材料置于外层、高导磁材料置于内层的屏蔽方案；并对屏蔽体上孔洞和缝隙对屏蔽的影响做出了研究。2012 年，天津海航仪器研究所的付中泽等使用有限元分析方法和试验测试，设计了关于热核聚变试验堆中产生的 0.2 T 强磁场的屏蔽措施。2014 年，南京理工大学的汤铃铃研究了电磁轨道炮弹引信所处强磁场环境分析屏蔽及利用问题。

关于电磁轨道炮的军事应用，还有一个重要问题是弹丸炮口速度的实时测量。炮口初速是电磁轨道炮发射特性的重要指标参数之一，但由于电磁轨道炮发射过程中会产生高强脉冲磁场，传统炮膛内弹丸测速方法易受其产生的高电压强磁场干扰，测试精度较低。在电磁轨道炮膛内，一般采用磁探针（B－dot）方法测量。2014 年李军提到，Brast 和 Saule 首先提出将磁探针（B－dot）技术应用于电磁轨道炮膛内速度的测量，目前 B－dot 是电磁轨道炮膛内速度测量的基本手段。而炮口速度受测量环境影响，通常采用网靶、光幕靶、背景照相等测量炮口速度。

2009 年中国工程物理研究院流体物理研究所的王荣波等设计开发了一套基于光网靶的高精度弹丸速度测试系统。系统可以测量出弹丸飞行速度的变化，测速范围为 50～4 000 m/s，测量误差小于 0.1%，可以对直径为 15～100 mm 的弹丸速度进行测量。

2012 年中国电子科技集团公司第 27 研究所的牛颖蓓结合工程实际，利用平均速度测量原理，设计了基于网靶、光幕靶和阴影照相 3 种速度测量系统。通过在电磁轨道炮发射试验中使用 3 种速度测量方法，分析速度相对误差及其影响因素，比较每种测速方法的优缺点及主要适用范围。结果表明，网靶测速便宜实用；靶道阴影照相测速比较直观，能再现高速发射过程；光幕靶测速具有精度高、测量重复性好等优点。

电磁轨道炮发射时，炮口常常产生大量的炮口烟焰，电磁发射过程中还会产生大量的等离子体团，所以普通的弹丸测速方法不能直接在后效区内进行初速测量。为了有效克服炮口的强烈火焰环境，准确捕捉弹丸过靶信号，2017 年南京理工大学的周彤等人提出了使用 X 射线光幕靶在后效区内测弹丸飞离炮口瞬时速度的系统方案，阐述了测速系统的结构图，并且给出测速系统各个模块的设计原理和功能，通过室内靶道试验，X 射线可以有效地穿透炮口火焰，捕捉弹丸过靶信号，验证试验系统具有可行性。

电磁轨道炮支撑技术主要包括：电枢/轨道间的滑动电接触技术，目前已经基本解决；电流不均匀分布及控制技术及其导致的发射威力限制问题，是目前需要特别关注和研究的技术问题；电磁轨道炮发射过程中弹载电子器件的耐受性是电磁轨道炮军事应用时需要面对的技术问题之一；电磁轨道炮炮口速度的测量是电磁轨道炮军事应用需要解决的另一个技术问题。

本书主要针对电磁轨道炮测试和试验，阐述了电磁轨道炮设计和试验中涉及的参数测试技术，针对轨道炮试验中的电枢和弹丸回收问题，介绍了电磁轨道炮试验弹丸无损回收技术，并针对轨道炮的应用问题，介绍了基于相似模化方法的轨道炮性能评估技术和基于熔化阈值的电磁轨道炮威力评估技术和性能评估技术。

第二章　电磁轨道炮测试技术

电磁轨道炮的试验、研制以及使用过程中涉及大量的参数，比如轨道总电流、电枢速度、电枢位置、炮口电压、炮尾电压、磁场、电场、温度、压力、内膛损伤形貌、内膛轮廓、沉积物成分等，这些参数或者对轨道炮的发射性能有重要的影响，或者能够体现出轨道炮的使用性能，抑或可以作为一项间接指标体现轨道炮的状态。因此，为实现对电磁轨道炮性能的测试评估，必须构建完善的测控与诊断技术和方法，实现电磁轨道炮发射过程的智能化、网络化、模块化。

这些参数的特点不同，需要针对其参数特性采取科学的测试方法，才能准确得到测试结果。

轨道瞬态总电流通常由罗果夫斯基线圈测量得到，近年来出现了柔性罗果夫斯基线圈；内膛电枢平均速度早期用离散的 B 探针测量得到，但由于加速过程非线性，无法知道平均速度出现的具体时刻和位置，为了测量内膛连续电枢速度，基于多普勒雷达的测速方法在电磁轨道炮实验室装置中也有应用；关于电枢具体位置的测量，有研究机构采用电枢预埋电极的电接触式测试法和预埋强磁体的非接触式测量法；为了观察接触电阻，炮口电压数据可以获得最直接的瞬态波形数据，通常采用电阻分压器来进行测量；瞬态强磁场多用磁感应线圈、霍尔元件以及磁阻元件测量。

第一节　测控系统

电磁轨道炮试验系统主要由高压充电机、储能电容器、触发控制系统、负载轨道、试验弹丸（电枢）和测控系统等构成，其原理及系统构成如图 2－1 所示。

其工作过程为：首先利用测控平台设定各储能电容器的充电电压，然后向高压充电机发出充电指令，并由高压充电机向储能电容器充电，同时利用

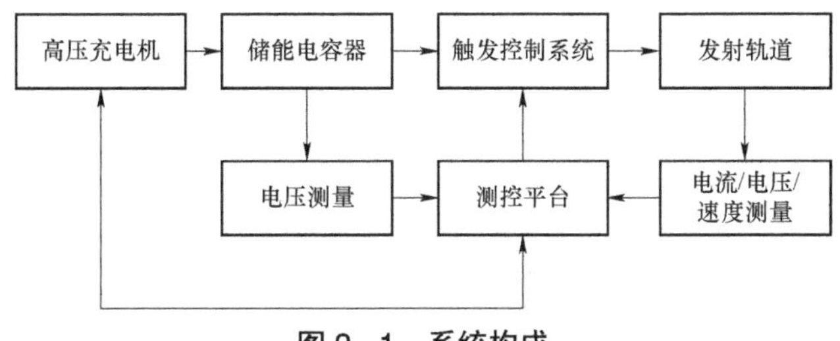

图 2-1　系统构成

测量探头实时监测储能电容器两端电压。当充电电压达到设定电压值时，充电机停止充电。测控平台向触发控制系统发出触发指令，使储能电容器各放电回路的触发开关按照一定时序闭合，储能电容器通过触发开关向轨道放电，同时利用电流传感器测量每个电容模块的放电电流。轨道和电枢构成的回路中的脉冲电流会激发磁场，产生电磁力并推动电枢做加速运动。

为实现电磁轨道炮的超高初速发射，通常需要多个电源模块实现对负载轨道的分时连续放电，从而构成脉冲成形网络（PFN）。随着电源模块数量的增加，控制精度要求越来越高。为此，传统的手动测控方式和单一的传感器加示波器的测控手段已不能满足电磁轨道炮发展需要，需要引入当前比较先进的测控技术或测控平台，比如现场总线控制系统和虚拟仪器技术等。

一、现场总线控制系统

现场总线控制系统（FCS）是一种新型的网络集成式全分布控制系统。现场总线作为设备的联系纽带，把挂接在总线上的、作为控制网络节点的智能设备连接成网络系统，并通过组态进一步成为控制系统，实现基本控制、补偿计算、参数修改、报警、显示、监控、优化及测、控、管一体化的综合自动化功能。

CAN 总线是一种典型的现场总线，它是控制器局域网（Control Area Network）的简称，是由德国 Robert Bosch 公司在 20 世纪 80 年代初为解决汽车中大量的控制与测试仪器之间的数据交换而开发的一种串行数据通信协议。作为一种多主总线，通信媒体可以是双绞线、同轴电缆或光纤，通信速率可达 1 Mb/s。目前，CAN 总线已经被许多著名汽车制造商成功应用于车体控制系统中，而且由于 CAN 总线具有极高的可靠性和独特的设计，特别适合工业过程监控设备互连。因此，越来越受到工业界的重视，并已被公认为是最有前途的现场总线之一。为此，电磁轨道炮的测控可以采用基于 CAN

总线的测控系统。

1. 基本构成

根据电磁炮发射控制系统的控制要求，构建基于 CAN 总线的测控系统的总体结构方案，如图 2－2 所示，由上位机、USB－CAN 适配卡、CAN－光纤转换器以及充电机、脉冲电源、触发、测速、电压监控、电流测试等控制节点组成。

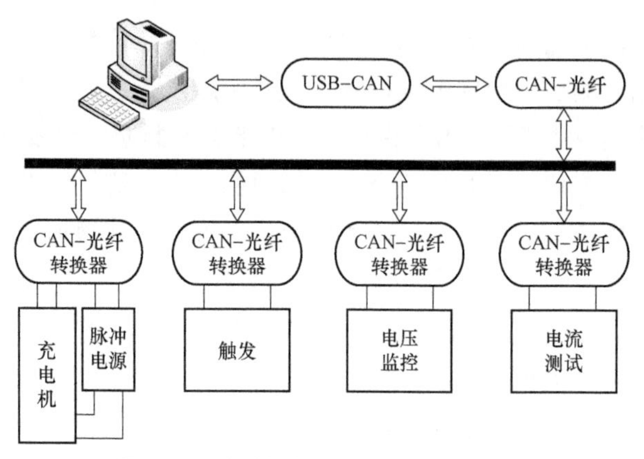

图 2－2　控制系统总体结构设计方案

针对电磁轨道炮试验研究的需要以及其发射环节的特点，控制系统设计完成后要实现以下功能：

（1）采用 CAN 网络作为通信媒介，实现远程分散控制，确保试验设备和人员的安全。

（2）电磁轨道炮发射用脉冲电源的充电过程可由上位机控制完成，实现充电电压可调，充电电源数量可变，充电过程全程监控，充电如有故障可马上反馈给上位机，如果自动充电失效，可以通过手动完成充电过程。

（3）实现炮口初速的自动测量，并且可以多次重复测量，测量精度达到毫米级，测量结束后可自动将测量结果发送给上位机，上位机存储并整理试验数据。

2. CAN 总线通信部分设计

在现场总线控制系统中，现场设备是通过节点挂接在总线上的；在系统的组网中，同类网络分支与主干之间的连接，异类网之间的连接分别都要通过特殊的节点实现，这些节点可以分为三类：智能节点、转换器（网桥）、网控器（网关）。在电磁轨道炮测控系统中，CAN 总线通信部分的设计主要包括智能节点的设计、转换器的选择。

在电磁轨道炮试验装置发射控制系统中共有脉冲电源、触发、测试放电电流、测速、监控电压五个控制模块，每个模块都有一个或数个智能节点挂接到控制网络中。在每一个智能节点中，围绕一个控制核心（微控制器）按功能大体可分为两部分，一部分是控制网络中所有智能节点都拥有的共同部分，即连通 CAN 网络、完成通信的部分；另一部分是根据需要完成特定控制功能的部分。这里的智能节点设计主要是指前者，即共同部分的设计。

目前智能节点主要有两种形式：一种是将微处理器与 CAN 控制芯片合二为一，如芯片 P8Xc591；另一种是由独立的通信控制芯片与单片机接口构成。这里介绍第二种形式的设计方法，其典型智能节点电路原理如图 2－3 所示。

图 2－3 所示为共同部分智能节点电路原理图，系统选用 STC89C52 作为节点的微处理器，CAN 通信控制器选用 MCP2515，CAN 总线收发器选用 TJA1050。微控制器负责对 MCP2515 进行初始化和控制，通过控制 MCP2515 实现 CAN 数据的接收和发送。

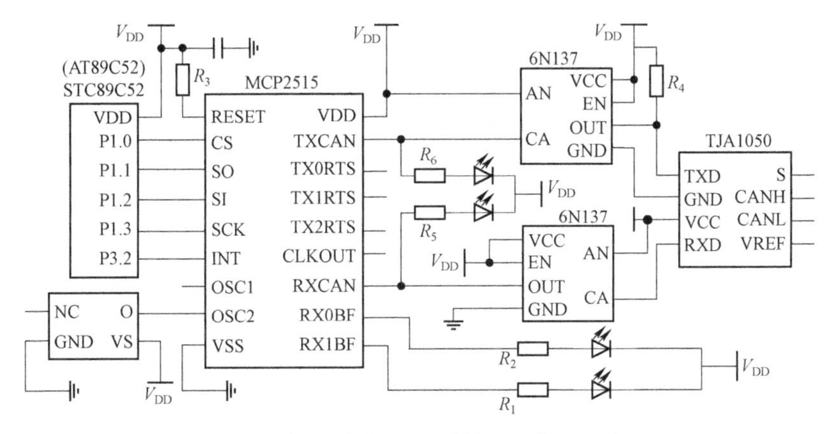

图 2－3　智能节点 CAN 总线通信部分电路图

MCP2515 是 Microchip 公司的一款独立 CAN 协议控制器，完全支持 CAN V2.0B 技术规范。它与微控制器的连接是通过标准外设接口 SPI（Serial Peripheral Interface）来实现的，能够发送和接收标准和扩展数据帧以及远程帧。同时 MCP2515 自带 2 个验收屏蔽寄存器和 6 个验收滤波寄存器，可以滤掉不想要的报文。它还包含了 3 个发送缓冲器和 2 个接收缓冲器，减少了微控制器的管理负担。由于采用低功耗的 CMOS 技术，MCP2515 较其他 CAN 独立控制器更为节电，其工作电压为 2.7～5.5 V，5 mA 典型工作电流，处于休眠模式时的待机电流为 1 μA。MCP2515 通过高速 SPI 口与 STC89C52 的 SPI 口连接，片选信号连接到 STC89C52 的 P1.3 引脚。接收中断引脚 INT 连接 STC89C52 的 INT0 引脚。当数据接收好了之后，可以通过该端口通知微处理器 STC89C52 读取数据。

TJA1050 是 Philips 公司生产的、用以替代 PC82C250 和 PC82C251 的高速 CAN 总线收发器。该器件提供了 CAN 控制器与物理总线之间的接口，为 CAN 总线提供差动发送性能，为 CAN 控制器提供差动接收性能。它与 ISO 11898 标准完全兼容，主要用于通信速率 60 kb/s～1 Mb/s 的高速应用领域。在其驱动电路中，具有限流部分，可防止发送输出级对电源、地或负载短路，从而起到保护作用。由于带有过热保护措施，当结温超过大约 160 ℃时，两个发送器输出端极限电流将减小。最重要的是 TJA1050 设计使用了最新的 EMC 技术，它采用了先进的绝缘硅（Silicon-on-Insulator，SOI）技术进行处理，使其抗电磁干扰性能得到了极大提高，能够很好地适应系统的工作环境，其原理图如图 2－4 所示。

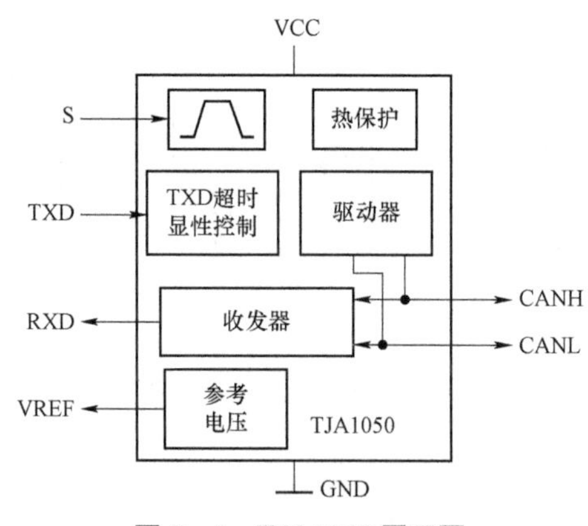

图 2－4 TJA1050 原理图

为了增强 CAN 总线节点的抗干扰能力，MCP2515 的 TXCAN 和 RXCAN 并不是直接与 TJA1050 的 TXD 和 RXD 相连，而是通过高速光耦 6N137 与 MCP2515 相连，这样就实现了总线上各 CAN 节点间的电气隔离。在 TXCAN 线上加有限流电阻，以降低经过光耦的电流。

3. 充电机节点设计

除了共同需要的智能节点以外，测控系统的每个功能模块都需要自己独立的智能控制节点，而且每个电源模块都有自身独立的控制节点，这里以电源充电机节点来介绍其设计方法。

充电机节点的功能是根据上位机的控制命令，按设定值完成低压到高压的转换，为储能电容器充电，同时对充电过程中的电压进行即时显示并将其上报给上位机。充电机拥有两种工作方式，一种是自动充电，即由上位机控制完成充电过程；另一种是手动充电，通过手动操作充电机输入充电电压完成充电过程，手动充电主要应用于自动充电失效的情况。

充电机内部电路可分为三块，一是 CAN 总线通信部分，用于接收上位机发来的自检命令以及预设充电电压值和充电、复位命令，充电结束后向上位机报告完成信息、充电时间（秒级）等；二是升压电路部分，将普通 48 V 直流电转换成上位机设定的充电电压，并给脉冲电容器充电。该部分采用四个 N 沟道增强型绝缘栅场效应管组成全桥串联谐振拓扑配合高压升压变压器输出高电压，电流输出恒定电流，其升压原理如图 2-5 所示；三是测控电路部分，用于完成充电机工作时的整个充电过程。其主体电路如图 2-6

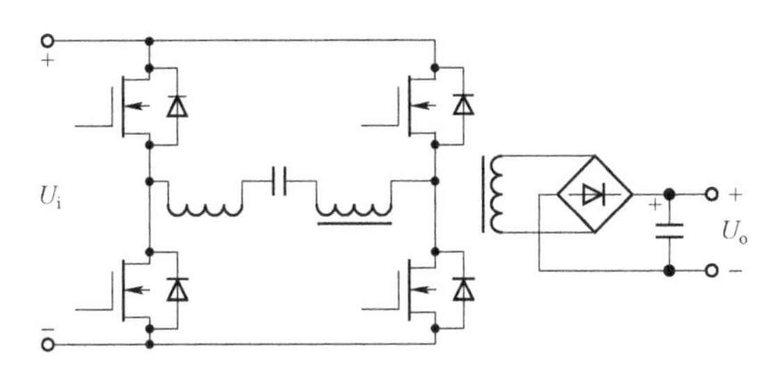

图 2-5　充电机充电原理

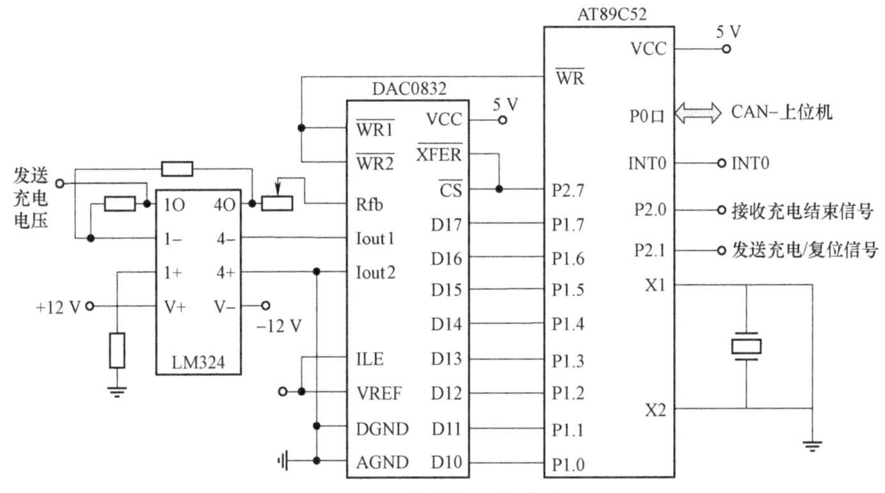

图 2-6　充电机通信电路图

和图 2－7 所示，其中图 2－6 为主控部分电路图，负责接收上位机命令，发送控制信号等；图 2－7 负责充电过程中的主要测控任务。为确保充电机在自动控制失效后也能正常工作，该部分被设计成两种工作方式，即手动工作方式和自动工作方式。

当采用手动工作方式时，首先将图 2－7 中的开关 K1 打到停止挡。开关 K2 打到手动挡，由于 K2 和 K3 是联动的，此时开关 K3 亦打到手动挡，预设充电电压通过电位计比例输入，然后将 K1 打到充电挡开始充电，通过电压传感器传来的充电电压值会和预设值比较，如果达到预设值，充电机将停止充电。

当采用自动方式时，首先将开关 K1 打至停止挡，K2 和 K3 联动开关都打至自动挡。上电后，如果上位机未发出充电或复位命令，充电机工作过程与手动挡一样。当上位机通过 CAN 总线发出充电命令时，充电机根据充电命令内容设置充电电压开始充电，电压传感器实时监测充电电压值，并将电压值传给比较器与预设值对比，如果达到预设充电电压值，则充电完成指示灯点亮，同时向上位机发出充电结束信号，完成充电过程。

图 2－7 中的电压比较器选用的是 LM311，这是一款通用的高灵活性电压比较器，工作于 5.0～30 V 单个电源或 +15 V 分离电源（系统采用 +15 V 分离电源）。该设备的输入可以是与系统地隔离的，而输出则可以驱动以地为参考或是以 V_{CC} 为参考的负载，使之可以驱动 DTL、RTL 或 MOS 逻辑。在电流达到 50 mA 时该输出还可以把电压切换到 50 V，因此其可以驱动继电器、灯或螺线管等，符合系统设计需要。

二、虚拟仪器技术

虚拟仪器（Virtual Instrument，VI）是指利用计算机强大的图形环境，组合相应的硬件，编制不同的测试软件，建立界面友好的虚拟仪器面板，通过友好的图形界面及图形化编程语言控制仪器运行，构成多种仪器，完成被测量的采集、分析、判断、显示、存储及数据生成的仪器。虚拟仪器的设计基础是计算机控制，而设计核心是软件，它以透明的方式将计算机资源（如微处理器、内存、显示器等）和仪器硬件（如 A/D 转换器、D/A 转换器、数字 I/O 接口设备、定时器、信号调理电路等）的测量与控制能力结合在一起，通过软件实现对数据的分析与处理。与传统仪器相比，虚拟仪器有以下优点：

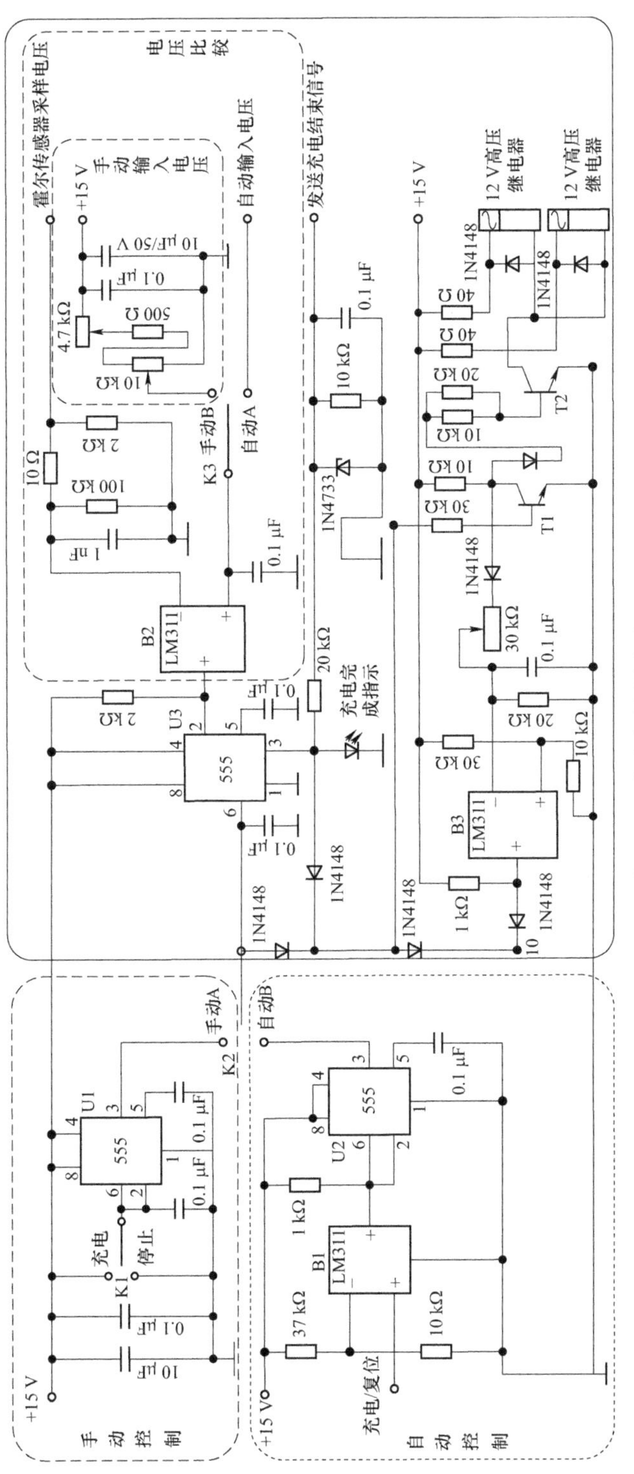

图 2-7　充电机控制电路图

（1）利用计算机强大的软硬件资源，突破了传统仪器数据处理、显示和存储等方面的限制，实现了部分仪器硬件的软件化，节省了物质资源，实时、直接地对测试数据进行各种分析与处理，同时真正做到界面友好、人机交互。

（2）软件在仪器中充当了以往由硬件实现的角色，在某种程度上可以完成传统仪器不可能实现的测试功能。

（3）虚拟仪器硬件和软件都制定了开放的工业标准，因此用户可以将仪器的设计、使用和管理统一到虚拟仪器标准，使资源的可重复利用率提高，功能易于扩展，管理规范，开发、生产和维护费用降低。

（4）由于减少了许多随时间可能漂移、需要定期校准的分立式模拟硬件，加上标准化总线的使用，使系统的测量精度、测量速度和可重复性都大大提高。

（5）基于计算机网络技术，虚拟仪器系统具有方便、灵活的互联能力，广泛支持诸如 CAN BUS、PROFIBUS 等各种工业总线标准。

虚拟仪器硬件平台由两部分构成：一是计算机，一般为 PC 机或工作站，是硬件系统的核心；二是 I/O 接口设备，主要完成被测输入信号的采集、放大和模/数转换等，不同的总线有相应的 I/O 接口硬件设备。虚拟仪器的硬件平台结构如图 2-8 所示。

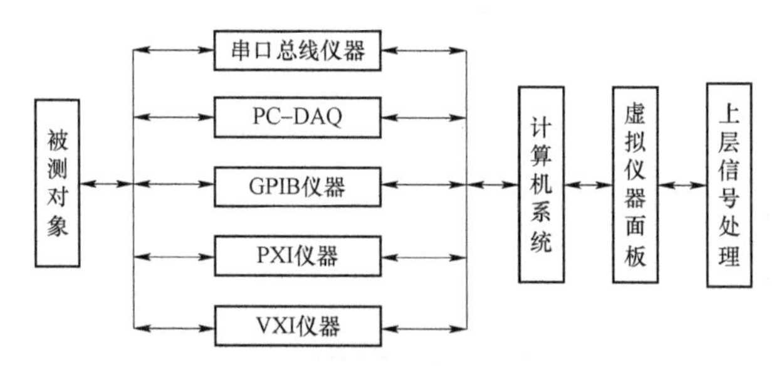

图 2-8 虚拟仪器硬件平台结构框图

在虚拟仪器中，硬件的主要任务是实现信号的输入输出。为了适应测控领域的各种应用，虚拟仪器硬件发展的最主要方向是硬件的模块化和可扩展性。

目前，在军用测控领域中应用较广的两种硬件平台是 VXI 总线硬件平台和 PXI 总线硬件平台。VXI 总线是一种高速计算机总线（VME 总线）在仪器领域的扩展，它的标准开放、结构紧凑，具有数据吞吐能力强、定时和同步精确、模块可重复利用、众多仪器厂商支持等优点，因此得到了广泛的应用。PXI 总线标准将 CompactPCI 规范定义的 PCI 总线技术发展为适合于数据采集场合的机械、电气和软件规范，支持 VXI plug & play 系统联盟规定的 VISA 软件标准。PXI 总线硬件平台在性价比方面比 VXI 总线硬件平台更具优势，近年来得到了迅速发展。

为此，针对电磁轨道炮测试参数多、精度和实时性要求高的特点，除了基于 CAN 总线的测控系统外，还可以构建基于 PXI 和虚拟仪器的测控系统。例如，对于发射过程中的脉冲大电流，其测控系统的总体方案如图 2-9 所示。

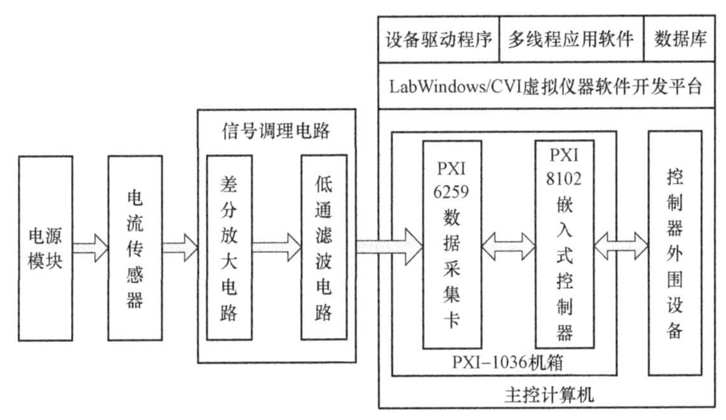

图 2-9 脉冲大电流测量模块结构框图

电磁轨道炮发射过程中，电容器对负载放电产生脉冲大电流，电流传感器测得电容器模块的放电电流，数据采集卡采集信号调理电路输出的放电电流数据，并通过上位机的软件平台对数据进行分析、存储。

采用相同的方法，可以利用基于 PXI 的测控系统对电容器两端的充电电压、电枢的速度进行测量，同时还可以控制电源模块的充放电过程和安全泄放等。

第二节 电磁轨道炮电流测试技术

电磁轨道炮的电流与电压属于脉冲大电流和大电压，其测量包括峰值和波形的测定。

脉冲大电流的测量方法按照测量原理大体可分为直接测量和间接测量。直接测量的方法主要指分流器法，即利用被测电流流过阻值已知的无感电阻，并通过测量该电阻上的电压降来测量被测电流的大小。间接测量的方法主要有罗果夫斯基线圈法、B 点探头法和磁光效应法等。电磁轨道炮电流测量常采用罗果夫斯基线圈法和 B 点探头法。

电磁轨道炮中的电压测量主要针对炮口和炮尾电压的测量，主要采用电阻分压器方法进行测量。

一、罗果夫斯基线圈法

罗果夫斯基线圈（Rogowski Coil）的结构及测量脉冲大电流的原理示意图如图 2－10 所示。罗果夫斯基线圈主要由骨架、测量线圈以及取样电阻构成。骨架的主要功能在于支撑测量线圈，即测量线圈是均匀密实地绕制在骨架上的。对于测量线圈来说，由于测量线圈与取样电阻本身构成了一回路，所以为了减小该回路对测量结果的影响，通常测量线圈还应回绕结构，如图 2－10 中的虚线所示。

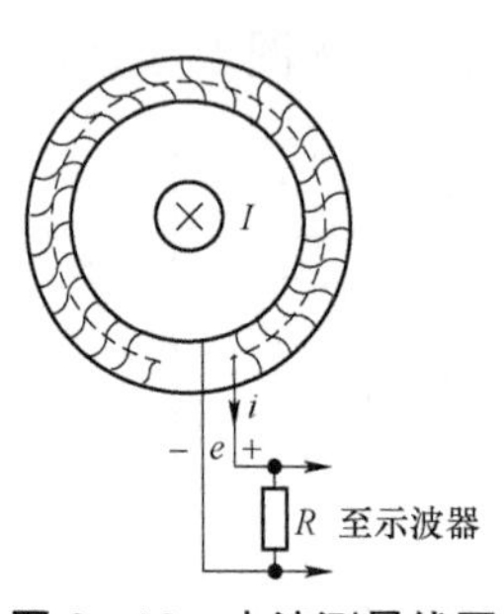

图 2－10　电流测量线圈结构及测量原理

罗果夫斯基线圈是利用被测电流产生的磁场在线圈内感应的电压来测量电流的，其实际上属于电流互感器，一次侧为单根载流导线，二次侧为罗果夫斯基线圈。

利用罗果夫斯基线圈测脉冲大电流的优点在于：一是测量回路与被测大电流回路之间没有直接的电的联系，可避免或减小电流源接地点的地电位瞬间升高所引起的干扰；二是罗果夫斯基线圈结构简单，本身不存在电力和热力的稳定问题，即使测量数百千安以上的脉冲大电流，其性能仍很稳定；三是其适合测量数值大、变化快的脉冲大电流，脉冲上升时间可在纳秒、微秒至毫秒范围内。缺点在于其自身的测量精度不高。

（一）测量原理及工作方式

当用电流测量线圈测量脉冲大电流 I 时，只需将其套在被测载流导体上即可。当放电回路中有脉冲大电流 I 流过时，将在放电回路周围产生磁场，该脉冲磁场产生的磁通穿过电流测量线圈时将在其两端产生感应电动势 e。当电流测量线圈两端经取样电阻 R 相连时，就会有电流 i 流过取样电阻，并在取样电阻上产生电压降 u。在已知取样电阻的情况下，根据该电压信号就能够反映出被测得的冲击电流。

由此可见，罗果夫斯基线圈测量脉冲大电流的基本原理是基于电磁感应定律。下面，对罗果夫斯基线圈的测量原理进行定量分析。为了便于对测量原理进行定量分析，可将图 2－10 等效为图 2－11 所示的电路（这里忽略了分布电容 C_0 的影响。），e 为罗果夫斯基线圈两端产生的感应电动势，R_L 为罗果夫斯基线圈的电阻，L 为罗果夫斯基线圈的电感，R 为取样电阻。

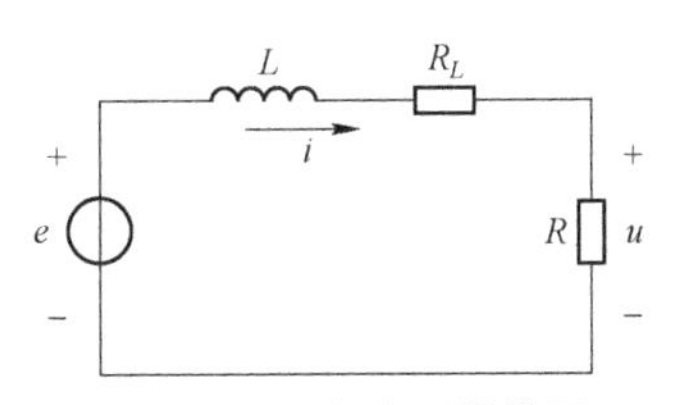

图 2-11　电流测量线圈回路的等效电路

根据图 2-11 所示的等效电路，可以写出该回路的电压方程，即：

$$e = L\frac{\mathrm{d}i}{\mathrm{d}t} + (R_L + R)i \tag{2-1}$$

罗果夫斯基线圈两端的感应电动势也可依据法拉第电磁感应定律给出，即：

$$e = -\frac{\mathrm{d}\varphi}{\mathrm{d}t} \tag{2-2}$$

式中：φ——被测脉冲大电流在罗果夫斯基线圈中产生的磁通。

如果电流测量线圈的匝数为 n，穿过每匝线圈的磁通为 ϕ，则式（2-2）可改写成：

$$e = -n\frac{\mathrm{d}\phi}{\mathrm{d}t} \tag{2-3}$$

假设电流测量线圈的截面面积为 S，穿过电流测量线圈的磁通密度为 B，则穿过每匝线圈的磁通为：

$$\phi = BS \tag{2-4}$$

磁通密度 B 与磁场强度 H 的关系为：

$$B = \mu_r \mu_0 H \tag{2-5}$$

式中：μ_0——真空的磁导率；

μ_r——相对磁导率。

根据安培环路定律，可以写出被测脉冲电流与磁场强度的关系。如果在罗果夫斯基线圈内部取一圆形闭合积分回路，并令磁场强度沿该回路积分，则积分结果为该回路所包围的电流的代数和。如果所取的圆形积分回路的半径为 r，则磁场强度和被测冲击电流的关系可表示为：

$$H = \frac{I}{2\pi r} \tag{2-6}$$

从而有

$$B = \mu_r \mu_0 I / (2\pi r),\quad \phi = \mu_r \mu_0 SI / (2\pi r)$$

$$e = -\frac{\mu_r \mu_0 nS}{2\pi r} \cdot \frac{\mathrm{d}I}{\mathrm{d}t} \tag{2-7}$$

将式（2-1）和式（2-7）联立求解，即可得出被测脉冲电流与测量线圈回路中的电流的关系，即：

$$e = -\frac{\mu_r \mu_0 nS}{2\pi r} \cdot \frac{dI}{dt} = L\frac{di}{dt} + (R_L + R)i \tag{2-8}$$

从式（2-7）可以看出，电流测量线圈与被测载流导体之间的互感为：

$$M = \mu_r \mu_0 nS/(2\pi r)$$

1. 自积分工作方式

如果测量回路中罗果夫斯基线圈的电阻和取样电阻之和（即 R_L+R）很小或被测脉冲电流随时间的变化率很大，即满足：

$$(R_L + R)i \ll L\frac{di}{dt} \quad 或 \quad \omega L \gg R_L + R \tag{2-9}$$

则可以将式（2-8）中的（R_L+R）i 项忽略，从而式（2-8）可修改为：

$$e = -\frac{\mu_r \mu_0 nS}{2\pi r} \cdot \frac{dI}{dt} = L\frac{di}{dt} \tag{2-10}$$

如果将罗果夫斯基线圈电感的表达式 $L = \mu_r \mu_0 n^2 S/(2\pi r)$ 代入式（2-10），则可得到被测脉冲电流与测量回路中电流的关系，即：

$$I = ni \tag{2-11}$$

从式（2-11）可以看出，在计算被测脉冲电流时，不需要对测量回路中的电流进行积分。这意味着这种工作方式具有自积分性质。因此，通常将罗果夫斯基线圈的这种工作方式定义为自积分工作方式。式（2-9）即为自积分工作时需满足的条件。

2. 外积分工作方式

如果测量回路中罗果夫斯基线圈的电阻和取样电阻之和（即 R_L+R）很大或被测脉冲电流随时间的变化率很小，即满足：

$$(R_L + R)i \gg L\frac{di}{dt} \quad 或 \quad \omega L \ll R_L + R \tag{2-12}$$

则可将式（2-8）中的 $(R_L+R)i$ 项忽略，从而式（2-8）可修改为：

$$e = -\frac{\mu_r \mu_0 nS}{2\pi r} \cdot \frac{dI}{dt} = (R_L + R)i \tag{2-13}$$

如果要想求出被测脉冲电流 I 与测量回路中的电流 i 之间的关系，需对上式进行积分处理。因此，在这种情况下，需要对外加积分电路。满足这种条件的工作方式称为外积分工作方式。

外积分的工作模式也称为微分工作模式。外积分通常可采用有源积分和无源积分两种积分电路。无源积分电路通常为简单的 RC 电路，如图 2-12

所示，其实际上是在测量回路的输出端外接积分电阻 R'和电容 C'构成，至示波器的信号由电容 C'两端引出。

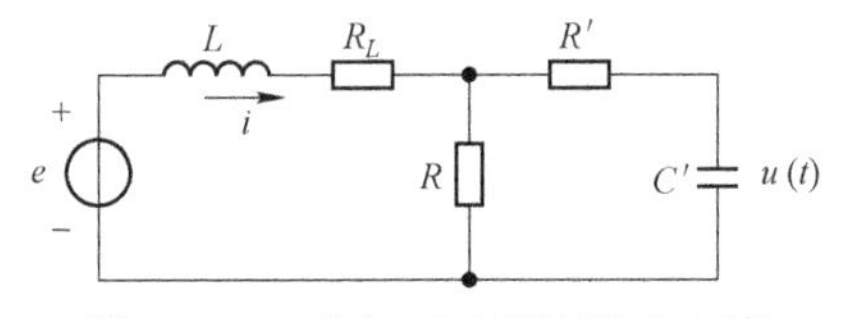

图 2－12　外加 RC无源积分电路

在研究外加 RC 无源积分电路的频率响应时，还需考虑罗果夫斯基线圈自身的分布电容 C_0 的影响，该分布电容在等效电路中可用并联于取样电阻 R 两端的电容 C_0 表示。当采用无源积分电路时，需要使信号周期远小于积分电路的时间常数$\tau=R'C'$。RC 无源积分电路的下限频率和上限频率分别为：

$$f_L = 1/(2\pi R'C') \tag{2-14}$$

$$f_H = \frac{1}{2\pi\sqrt{LC_0}}\sqrt{\frac{R_L+R}{R}} \tag{2-15}$$

其工作频带满足：

$$BW = \frac{1}{2\pi\sqrt{LC_0}}\sqrt{\frac{R_L+R}{R}} - \frac{1}{2\pi R'C'} \tag{2-16}$$

外加有源积分电路的罗果夫斯基线圈测量电路如图 2－13 所示，$u(t)$为积分输出电压，R_1 和 C_1 为积分电阻和积分电容，C_2 为耦合电容，R_Z 为与电缆特征阻抗相匹配的匹配电阻，R_p 为平衡电阻，R_{F1}、R_{F2} 和 R_{F3} 构成了反馈电阻。

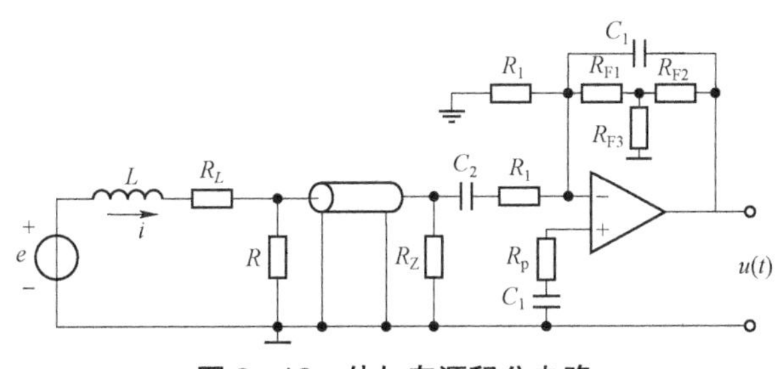

图 2－13　外加有源积分电路

外加的有源积分电路有时又称为电子积分电路。经有源积分电路还原处理，被测脉冲电流与输出电压的关系可表示为：

$$I(t) = \tau_{INT}(R_L+R)u(t)/(MR) \tag{2-17}$$

式中：τ_{INT}——外加有源积分电路的时间常数；

M——罗果夫斯基线圈与被测载流导体之间的互感。

有源积分器的积分时间常数比 RC 积分器的积分时间常数增加了 k（k 为运放开环放大倍数）倍，误差相对于 RC 无源积分器减小到 $1/k$，而输入电压

相对扩大至 $k+1$ 倍。这就解决了准确度和输出幅值的矛盾，同时也增加了测量带宽，这体现了有源积分的优势。为了防止有源积分器输出饱和，在积分电容上并联反馈电阻。

（二）罗果夫斯基线圈的屏蔽

罗果夫斯基线圈是通过电磁感应原理来测量脉冲大电流的，测量过程中其处在快速变换的电磁场中，因此必须考虑快速变化的电磁场以及其他杂散电磁场对测量回路产生的干扰。为了防止杂散磁场对测量回路的影响，通常需对罗果夫斯基线圈采取相应的屏蔽措施，将其安装于屏蔽盒中，且屏蔽盒的外壳与同轴电缆的外屏蔽层焊接起来共同接地，如图 2－14（a）所示。测量线圈的屏蔽层沿电缆全长都与被测回路相绝缘，只在靠近示波器的电缆末端和电缆外皮一起接地。此外，对于屏蔽盒而言，为防止被测电流产生的主磁通在屏蔽盒中引起环流（该环流会阻碍主磁通进入测量线圈），所以需在屏蔽盒内侧进行开槽处理，如图 2－14（b）所示中的槽 4。当采用铁质材料制作屏蔽盒时，还需防止屏蔽盒对主磁通形成磁旁路，为此需开槽 5 切断磁旁路。

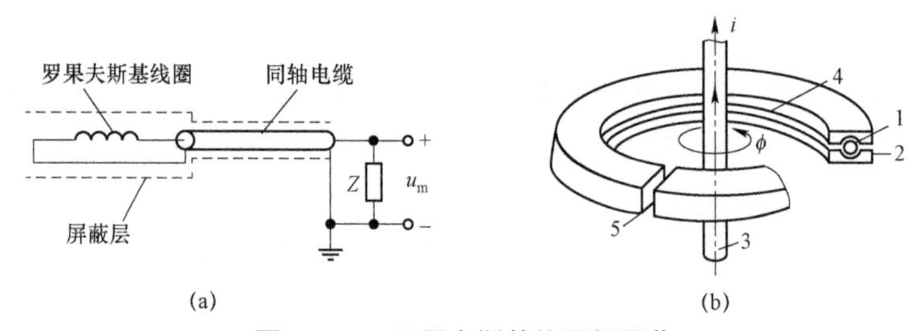

图 2－14　罗果夫斯基线圈的屏蔽

1—测量线圈；2—屏蔽盒；3—被测线路；4—内侧开槽；5—周向开槽

二、B 点探头法

基于长线电流模型，根据单探头测量的磁场波形和探头与线电流间的距离，可计算出电流的波形。探头实际装配存在误差，并且趋肤和邻近效应使电流的等效位置不固定，使得电流和探头之间的距离不易预先测量。为了测量单根线电流的波形，利用双探头的方法，把探头到电流的距离作为未知量，仅需预先标定出两探头间的相对距离，即可通过测量磁场计算电流波形。同理，对于双线回路电流（两根线电流大小相同，方向相反）的情况，可用三探头的方法测量电流。为了简化计算，可设远端电流与探头的间距为常数，仍用双探头进行测量，因为远端电流对测量点的磁场贡献远小于近端电流的贡献，且远端电流距离远，位置波动对磁场的影响相对较小，所以仍可实现较为精确的测量。试验用双探头测量了长线回路瞬态电流的波形，双探头测量结果与标定过的罗果夫斯基线圈测量结果吻合得很好。在不宜安装罗果夫斯基线圈的情况下，用双环探头法可实现对瞬态电流的测量。

通过测量电流产生的磁场，可以研究电流的波形，试验中采用环探头测量磁场，计算结果与罗果夫斯基线圈测量电流比对验证。研究长线电流分以下两种情况。

（1）单根电流模型，电流位置不固定，探头和线电流之间的距离无法预先测量；用双探头可得到电流波形。

（2）双根电流模型，两根线电流的大小相同，方向相反，线电流的位置不固定；用三探头可计算电流，但计算烦琐，简化后利用双探头也可实现较准确的测量。

根据单探头测量的磁场波形和探头与线电流间的距离，可计算出电流的波形。由于探头实际装配存在误差，并且趋肤和邻近效应使电流的等效位置不固定，所以电流和探头之间的距离不易预先测量。为了测量单根线电流的波形，利用双探头的方法，把探头到电流的距离作为未知量，仅需预先标定出两探头间的相对距离，即可通过测量磁场计算电流波形。同理，对于双线回路电流（两根线电流大小相同，方向相反）的情况，可用三探头的方法测量电流，此时有三个未知量——两路电流与探头之间的距离，以及电流大小，利用三探头的方法，理论上可通过求解一个三元非线性方程组计算得到，但其求解烦琐，不利于计算和误差控制。实际工程中为了简化计算，用两个探头进行测量。为了把未知数简化为两个，可设远端电流与探头的间距为常数，仍用双探头进行测量，因为远端电流对测量点的磁场贡献远小于近端电流的贡献，且远端电流距离远，位置波动对磁场的影响相对较小，所以仍可实现较为精确的测量。试验用双探头测量了长线回路瞬态电流的波形，双探头测量结果和已标定过的罗果夫斯基线圈测量结果吻合得很好。在不宜安装罗果夫斯基线圈的情况下，用双环探头法可实现对瞬态电流的测量。

（一）位置变化的单根长线电流

位置固定的单根长线电流测量模型如图 2－15 所示，根据安培环路定律，可得和线电流相距 D 处的磁感应强度为：

$$B=\frac{\mu_0 I}{2\pi D} \tag{2-18}$$

通过探头测量磁场 B 和测量点与电流之间的距离 D 即可计算出电流 I。

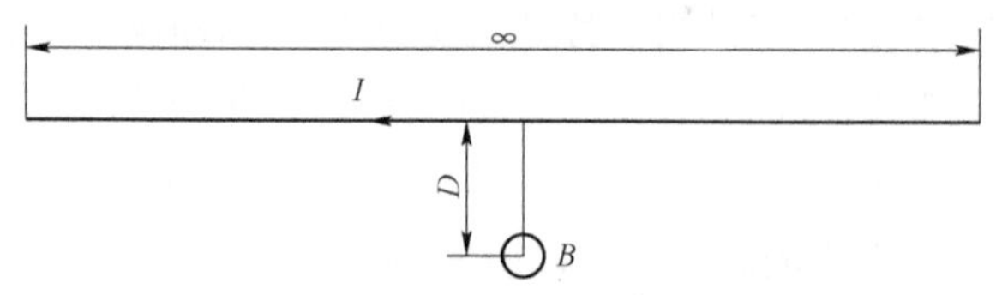

图 2-15 位置固定的单根长线电流测量模型

位置变化的单根长线电流模型如图 2-16 所示，此时有两个未知量，即探头与线电流之间的距离 D 和电流 I。用两个探头即可求出 I。设线电流大小为 I，距离线电流近端的 1 号探头测量的磁感应强度为 B_1，远端 2 号探头测量的磁感应强度为 B_2，1 号探头与线电流间距离为 D，两探头之间的距离为 C，则有

$$B_1 = \frac{\mu_0 I}{2\pi D},\quad B_2 = \frac{\mu_0 I}{2\pi(D+C)}$$

联立以上两式可得：

$$I = \frac{2\pi C}{\mu_0\left(\dfrac{1}{B_2} - \dfrac{1}{B_1}\right)} = \frac{2\pi C \cdot B_1 B_2}{\mu_0 (B_1 - B_2)} \tag{2-19}$$

由式（2-19）可知，由两个环探头测量得到暂态磁场波形 B_1 和 B_2 后，只需知道两个探头间的相对距离 C，即可得到暂态电流波形 I。

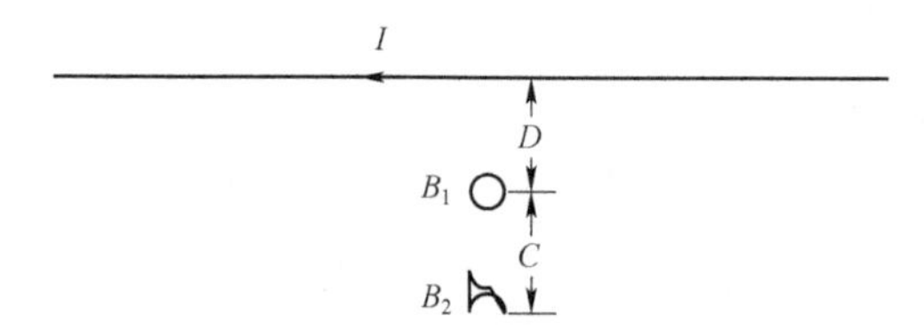

图 2-16 位置变化的单根长线电流测量模型

（二）位置变化的双根长线电流

对位置变化的双根长线电流，可以增加探头数量来求解更多的未知量。首先，分析探讨三探头的方法，其计算过程烦琐；然后，对模型做简化，用双探头实现对双根长线瞬态电流的测量。

1. 三探头法

位置变化的双根长线电流测量模型如图 2-17 所示，此时的未知量有三个：探头距离两根线电流的距离 D_1 和 D_2，线电流大小 I；两根线电流大小相同，方向相反，设大小为 I；三个探头排列在垂直线电流的直线上；相对线电流

由近及远分别为 1 号、2 号和 3 号探头，所测量的磁感应强度分别为 B_1、B_2 和 B_3，1 号探头与近端线电流之间的距离为 D_1，与远端线电流之间的距离为 D_2，1 号和 2 号探头之间的距离为 C_1，1 号与 3 号探头之间的距离为 C_2，可得：

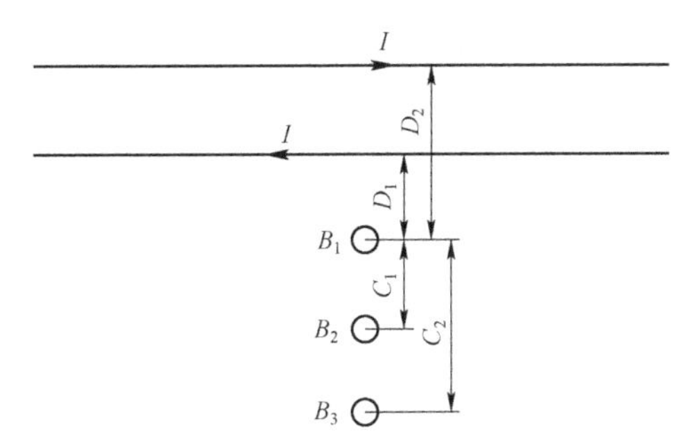

图 2-17 位置变化的双根长线电流测量模型

$$B_1 = \mu_0\left(\frac{I}{2\pi D_1} - \frac{I}{2\pi D_2}\right) \tag{2-20}$$

$$B_2 = \mu_0\left[\frac{I}{2\pi(D_1 + C_1)} - \frac{I}{2\pi(D_2 + C_1)}\right] \tag{2-21}$$

$$B_3 = \mu_0\left[\frac{I}{2\pi(D_1 + C_2)} - \frac{I}{2\pi(D_2 + C_2)}\right] \tag{2-22}$$

式（2-20）～式（2-22）联立求解上述三元非线性方程组的过程比较烦琐，要按实际情况对解进行筛选，需要对其进一步简化。

2. 双探头法

双探头法测量位置变化的双长线电流模型如图 2-18 所示，因为采用双探头测量，只能列两个方程进行计算，因此至少需要把未知量简化为两个。考虑到远端线电流对磁场的贡献相对近端电流较小，设 D_1 为常数，如图 2-18 所示，则此时的未知量只有 I 和 D_2，由两个探头列出两个方程，联立得：

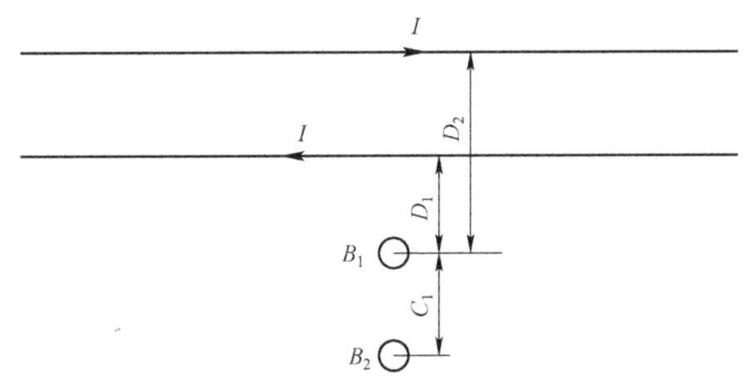

图 2-18 探头法测量位置变化的双长线电流模型

$$\begin{cases} B_1 = \mu_0\left(\dfrac{I}{2\pi D_1} - \dfrac{I}{2\pi D_2}\right) \\ B_2 = \mu_0\left[\dfrac{I}{2\pi(D_1 + C_1)} - \dfrac{I}{2\pi(D_2 + C_1)}\right] \end{cases} \tag{2-23}$$

解得电流的大小为：

$$I = \frac{2\pi}{\mu_0} \cdot \frac{B_1 B_2 (C_1^2 D_2 + C_1 D_2^2)}{D_2^2 B_1 - (C_1 + D_2)^2 B_2} \tag{2-24}$$

三、分流器法

脉冲大电流的测量常使用分流器。分流器法测量脉冲大电流的基本原理是利用测量脉冲大电流流过分流器时产生的电压降来测量脉冲大电流。分流器的阻值一般在 0.1～10 mΩ，可测量的脉冲电流范围为几 kA 至几十 kA 之间。分流器法测量脉冲大电流的原理如图 2－19 所示。

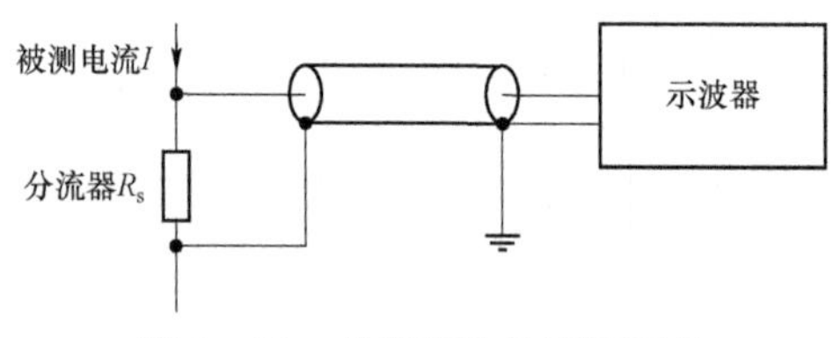

图 2－19　分流器法的测量原理

示波器测得的是脉冲电流流过分流器时所产生的压降 $u(t)$，即：

$$u(t) = R_s I(t) \tag{2-25}$$

当分流器为纯电阻且阻值恒定时，所测得的电压波形 $u(t)$即可反映被测脉冲电流 $I(t)$的波形，只不过脉冲电流的瞬时值等于所测得的电压瞬时值除以分流器的电阻。但实际上当用分流器来测量脉冲大电流时，由于电流的流过，会在分流器周围产生变化的电磁场。电场的存在意味着分流器上存在电容，但是其容抗与电阻相比要大很多，特别是当频率低于 100 MHz 时，电容的影响可以忽略。磁场的存在意味着分流器上存在电感，考虑到分流器自身的电阻通常很小，且被测电流快速变化时，电感的影响将较为显著，因此应将分流器等效为一电阻和一电感串联的形式，如图 2－20（a）所示。分流器上的电压降为电阻上的压降 $u_R(t) = R_s I(t)$ 和电感上的压降 $u_L(t) = L_s \mathrm{d}I(t)/\mathrm{d}t$ 之和，具体电流和压降的波形如图 2－20（b）所示。电流变化越快则电感上的压降越大，且电感上的压降有可能比电阻上的压降大很多倍。一个有电感的分流器的阶跃响应在开始处会出现明显的上冲。这种分流器既不能用来确定幅值也不能用来确定波形，因此设计和制作分流器时，首要的任务是尽可能减小分流器的残余电感。

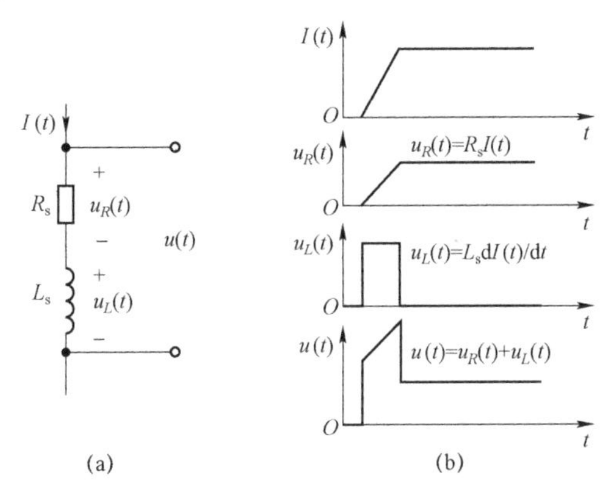

图 2-20　带有电感的分流器等效电路模型及电流、电压波形

（a）等效电路模型；（b）电流及电压波形

为了尽可能减小幅值误差和波形畸变，当然希望分流器的阻抗尽可能为一纯电阻，而且其阻值为常数。但快速变化的电流流经分流器时，由于集肤效应会使其阻值发生变化，同时大电流流过分流器时由于热效应也会使阻值发生变化，因此在选择分流器的材料和设计其结构时，应考虑减小集肤效应和热效应。

快速变化的大电流流过分流器时会在其周围产生快速变化的强电磁场，测量回路哪怕受到稍许干扰均足以造成严重误差。为此，除了采用同轴屏蔽电缆来连接分流器和示波器外，在分流器结构方面，尤其是电压引线和电缆的连接上要防止周围的干扰。大电流流过分流器时，还应考虑大电流产生的电动力学效应，以防止分流器被电磁力破坏。

分流器大致有三种形式：双股对折式、同轴管式和盘式。双股对折式又包括带状对折结构的分流器和辫状对折结构的分流器，其具体结构分别如图 2-21 和图 2-22 所示。

带状对折结构的分流器实际上是由带状电阻薄片（通常由镍铬材料或其他电阻材料制成）对折而成。电流端子 c_1 和 c_2 用于将分流器接入放电回路，电压端子 p_1 和 p_2 用于将分流器上的电压阵引出以送至示波器。当对折的带状电阻薄片之间的距离很小时，则其电感将很小，但是当用其测量脉冲大电流时，对折的带状电阻薄片会受到很大电磁力的作用，因此对折的带状电阻

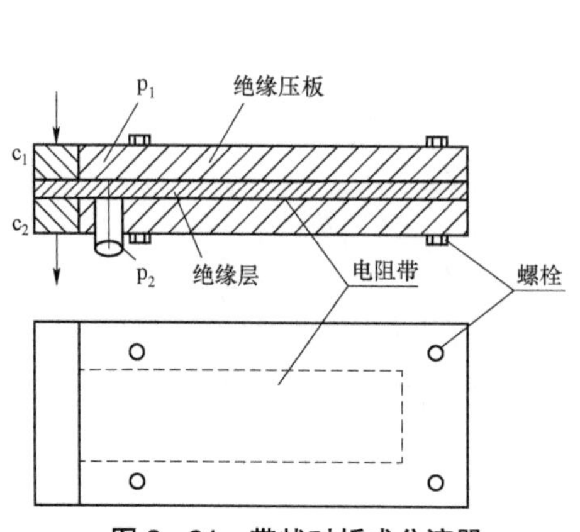

图 2-21 带状对折式分流器

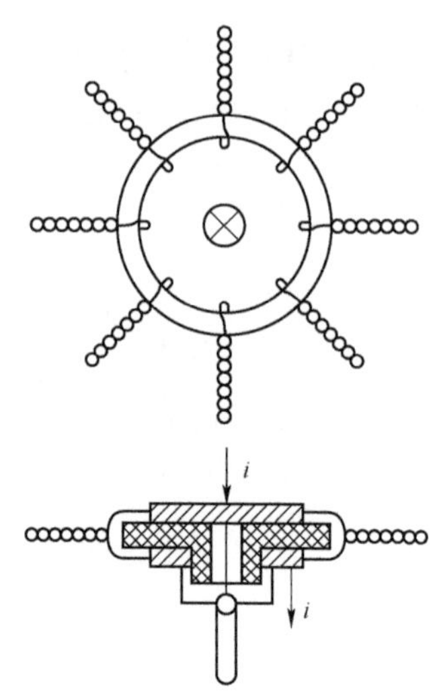

图 2-22 辫状对折式分流器

薄片需用绝缘压板进行加固。带状对折的电阻薄片之间需用绝缘层绝缘。辫状对折结构的分流器采用电阻丝对折绞制的方法制作而成，且通常由多组对折绞制的电阻丝并联起来共同承担被测的脉冲大电流。在对折式分流器中，为防止被测电流对测量回路的影响，电压引出线与分流器本体相互垂直，电压引线与同轴电缆连接，可利用高频插座来屏蔽外界影响。

对折式分流器仍存在一些残余电感。为进一步减小电感，可采用同轴管式分流器。同轴管式分流器的结构如图 2-23 所示，其主要由两个同轴管状圆筒（内筒和外筒）、引线 4、电流端子 c_1 和 c_2、电压端子 p_1 和 p_2 等构成。被测电流沿中心接线柱 1 和内筒 2 流入、由外筒 3 和电流端子 c_2 流回。分流器两端的电压降由电压端子 p_1 和 p_2 两端引出至示波器。流过内筒和外筒的电流大小相等、方向相反，内筒和外筒之间的间隙很小，在内筒和外筒之间不存在磁场，因此这种同轴管式分流器的残余电感很小，一般可以略去不计。

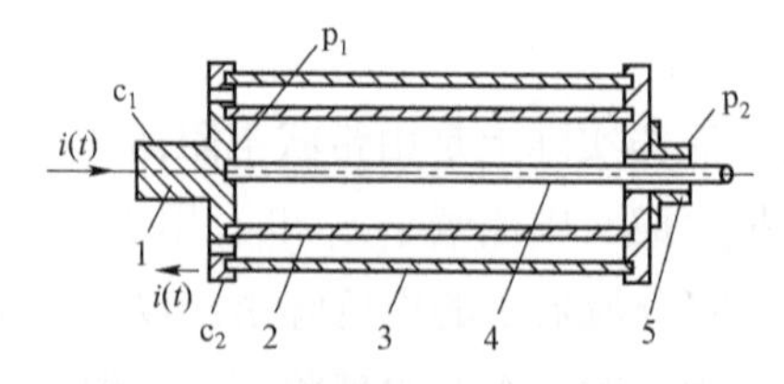

图 2-23 同轴管式分流器的结构

1—中心接线柱；2—内筒；3—外筒；4—引线；5—示波器接头

盘式分流器的结构如图 2－24 所示，c_1 和 c_2 为电流端子。其残余电感极小，阶跃响应时间可做到小于等于 1 ns。

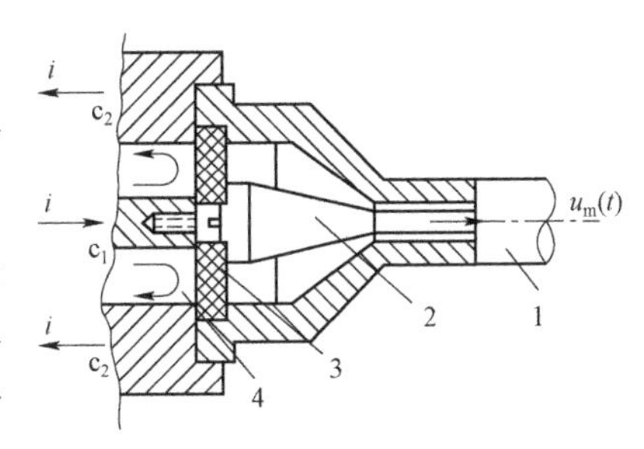

图 2－24　盘式分流器

1—电缆；2—同轴锥形套；3—绝缘压块；4—薄电阻盘

在设计分流器时，需考虑三个方面的主要因素：① 分流器应尽可能近似为一纯电阻，残余电感应尽可能小，且在尽可能宽的频带内，其有效阻抗保持恒定；② 分流器的屏蔽性好，不受外界干扰，尤其除分流器本体外，电流回路各部分对分流器电压引线的感应作用应尽可能小；③ 要使测量电缆外皮在分流器附近接地而不致在分流器的电压回路内感应出电压，必须尽可能减小流经电缆外皮的电流。

从上述这三个方面考虑，同轴管式分流器性能较优越。下面结合图 2－25 对尽可能减小流经电缆外皮中的电流做一解释，图中 L_e 和 C_e 分别为连线固有的电感和对地寄生电容，S 为对折式分流器，O 为负载或试品，G 为间隙开关，CRO 为示波器，DL 为同轴电缆。在脉冲大电流试验回路中，连线是有电感的，储能电容器对负载放电时连线上会产生一定压降，有时此压降可能还不小。如连线电感按每米 1 μH 计，放电电流的变化速率为 5×10^{10} A/s，则在 1 m 连线上的电压降可达到 50 kV。如 g 点接地，以及 d 点距 g 点的距离为 10 cm，则 g 点和 d 点之间的连线上可能会出现 5 kV 的电位，因此可能有地电流从 d 点经电压引线、电缆外皮到电缆末端，从末端接地点入地，经接地系统回到 g 点。

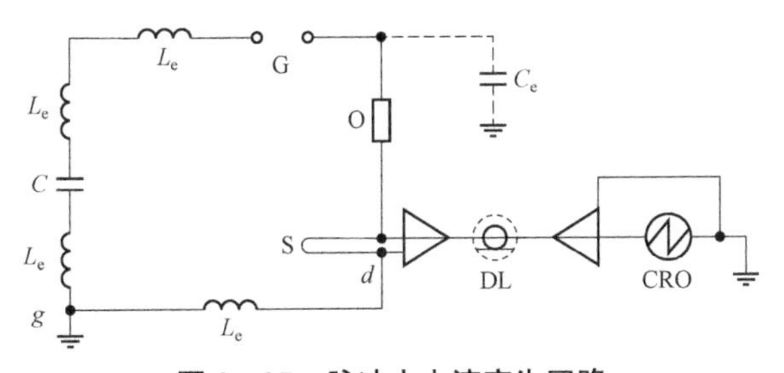

图 2－25　脉冲大电流产生回路

在图 2－25 中，放电时杂散电容将突然充电，L_e 和 C_e 将构成高频振荡回路，所以地电流是高频振荡性质的，此高频振荡电流经过分流器的一根电压引线时，将在电压回路内感应出一个高频振荡电压，从而使被测电流波形上出现叠加的高频分量。如使 d 点接地而电缆末端不再接地，显然可减小地电流的感应作用。因此，高频分量的大小与接地点的位置有关。双股对折式分流器的接地点位置受一定限制。同轴管式分流器虽然同样会有地电流经过电缆外皮，但由于它的对称结构，地电流围绕同轴电压回路的轴对称分布不会在电压回路中感应出电压，在选择接地位置时不受此点的限制。

在决定分流器的尺寸（如长度为 l，截面积为 A）时，不仅要考虑阻值，还要考虑温升。储能电容器脉冲放电很快，可被作为绝热过程来考虑，全部能量转化为温升。一般从绝缘材料着眼，设计分流器时允许的最高温升为 150 ℃。如分流器电阻材料的体积电阻率为 ρ，比热容为 c，密度为 d，则分流器消耗的电能为：

$$W = clAd \times 150 \tag{2-26}$$

而分流器的电阻为：

$$R = \rho l / A \tag{2-27}$$

在已知分流器消耗能量和电阻的情况下，依据式（2-26）和式（2-27）可求得分流器所需电阻的长度和截面积。分流器在测量脉冲大电流时，将承受很大的作用力，因此带状分流器需用绝缘板夹紧。同轴管式分流器的外筒应有足够的厚度，内筒太薄时应用绝缘管作支撑。分流器测量回路的阻抗匹配关系如图 2-26 所示。

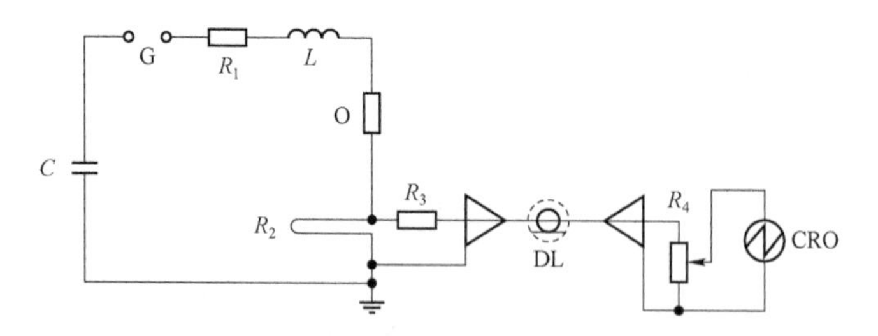

图 2-26　分流器测量回路的阻抗匹配

测量性能要求高时，电缆的两端均要求有相应的匹配电阻，即 $R_2+R_3=Z$ 或 $R_3 \approx Z$ 以及 $R_4=Z$。当放电回路内的电流为 i 时，i 几乎全流经分流器 R_2，不必考虑 R_3 及电缆的分流作用。出现在示波器上的电压均为：

$$u_2 = iR_2[R_4 / (R_3 + R_4)] / (1/n) \approx R_2 i / (2n) \tag{2-28}$$

式中：n——电缆末端匹配电阻的分压比。

记 $S=u_2/i$，则式（2-28）可改写为

$$S \approx R_2/(2n)$$

示波器上测得的电压幅值 U_{2m} 除以 S，即可求得脉冲电流的幅值 I_m。u_2 的波形与 i 的波形相同。如果对测量性能的要求不高，则可以仅在同轴电缆的始端或末端进行阻抗匹配。在末端进行阻抗匹配且测量电缆较长时，应计及电缆芯电阻压降的影响。

四、磁光效应法

磁光效应又称法拉第效应，是法拉第于 1864 年发现的，即线偏振光在与其传播方向平行的外界磁场作用下通过磁光材料时，其偏振面发生偏转的现象，如图 2-27 所示。

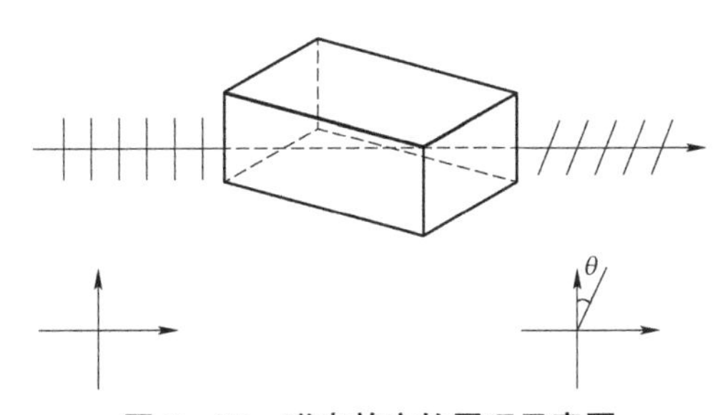

图 2-27　磁光效应的原理示意图

磁光效应是外磁场作用下光场与物质相互作用的结果，从经典的电磁理论和量子理论都可以找到合理的解释，根据量子理论的解释，可以得到线偏振光在通过处于外磁场的磁光物质后，偏振面的偏转角θ为：

$$\theta = \left(-\frac{e}{2mc}\right) \cdot \lambda L B \cdot \left(\frac{\mathrm{d}n}{\mathrm{d}\lambda}\right) \tag{2-29}$$

式中：e/m——电子的荷质比；

c——真空中的光速；

λ——光的波长；

n——材料的折射率；

L——磁场与样品介质有效作用的长度；

B——磁感应强度。

令 $V=\left(-\frac{e}{2mc}\right)\lambda\left(\frac{\mathrm{d}n}{\mathrm{d}\lambda}\right)$，则偏转角可表示为：

$$\theta = VLB \tag{2-30}$$

式（2-30）中的常数 V 通常被称为磁光材料的韦尔代常数（Verdet），它主要取决于磁光材料和光波的波长，反映了磁光材料的特性。磁光材料的韦尔代常数可由试验测定。由式（2-30）可知，当磁光材料和入射光波的波长给定以后，韦尔代常数就是一个定值，偏转角和磁感应强度呈线性关系，通过偏转角的值就可以确定外磁场的磁感应强度。在实际应用中，由于磁光材料的韦尔代常数较小，所以为了获得较大的偏转角，通常总是选择韦尔代常数大的物质作为磁光材料。

（一）磁光效应法测量脉冲大电流的原理

通过前面的介绍可知，当磁光材料和入射光波长给定以后，偏转角和外界磁场就唯一对应，只要测量出偏转角就可确定外界磁场的大小，而外界磁场的大小又与被测脉冲电流的大小成正比，因而可间接测量出被测脉冲电流的大小。

由安培环路定理可知，载流长直导线在距离其 R 处产生的磁感应强度 $B=\mu_0 H=\mu_0 I/(2\pi R)$。将磁感应强度的表达式代入式（2-30）可得：

$$\theta = V\mu_0 I\frac{L}{2\pi R} = VN\mu_0 I \tag{2-31}$$

式中：N——电流穿过闭合光路的有效次数，$N=L/(2\pi R)$。

由式（2-31）可知，只要确定了偏转角就可以求出被测脉冲电流，而偏转角可通过测量出射光的强度求得。因此，通过检测光信号的强度就可以测量电流的大小。这就是磁光效应法测量脉冲大电流的基本原理。

这种测量方法可完全脱开高压绝缘的问题，不存在电磁力和散热问题，是一种实时、在线、非接触式的测量方法，具有测量频带宽、动态范围大、测试精度高、抗电磁干扰能力强和运行安全等优点。缺点在于测试设备较为复杂，价格较昂贵，且被测量与实际测试量之间需进行多次变换才能由测试量求出被测量，因此不易准确地确定光强与产生磁场的电流之间的关系，即不易校订。

（二）基于磁光效应的脉冲电流测量系统设计

利用磁光效应法测量脉冲电流时，针对不同的测试对象和测试要求，系统的设计有所不同，大体上有单光路、双光路以及四光路系统。这几种系统的设计在不同的测试要求下各有其自身的优缺点。

1. 单光路脉冲电流测量系统

单光路脉冲电流测量系统如图 2－28 所示。磁光材料通常置于被测电流产生的磁场中，光源发出的光经光纤传输到起偏器变为线偏振光，当线偏振光通过磁光材料时其偏振面发生偏转，然后传输到检偏器，被检测出相应的光强变化，进而得出偏转角。

设置检偏器和起偏器的夹角为 45°，则根据马吕斯定律可得：

$$P_{\mathrm{o}} = P_{\mathrm{i}}\cos^2(45° - \theta) = \frac{1}{2}P_{\mathrm{i}}(1 + \sin 2\theta) \tag{2-32}$$

式中：P_{i}——通过检偏器前的初始光强；

P_{o}——探测器探测到的出射光强。

利用模拟电路把输出光强转换为具有线性对应关系的电流信号，并把直流分量 I_{dc} 和交流分量 I_{ac} 分开做除法运算，可得：

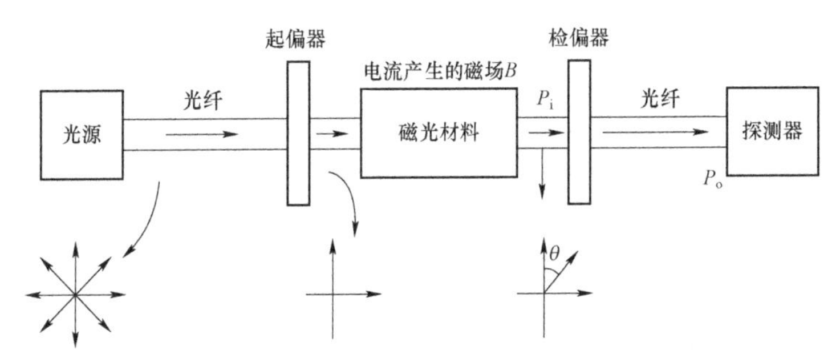

图 2－28　单光路测量系统示意图

$$J = I_{\mathrm{ac}} / I_{\mathrm{dc}} = \sin 2\theta \tag{2-33}$$

从式（2－33）可以看出通过除法运算，消除了光强，从而很好地解决了光源不稳定性带来的测量误差。但是当被测脉冲交流较小时，对应的输出信号较小，交流和直流信号分开的误差将较大，而当被测脉冲电流较大时，对应的偏转角可能会超过 $\sin 2\theta$ 对应的单调区间，无法由 J 来唯一地确定偏转角，进而无法得出其对应的被测电流。

2. 双光路脉冲电流测量系统

双光路脉冲电流测量系统如图 2－29 所示。在双光路测量系统中，由磁光材料投射输出的旋转偏振光需由沃拉斯顿棱镜（Wollaston Prise）分成正交的 2 束偏振光，并被光电二极管转换成电信号送入模拟电路进行相关的信号处理。

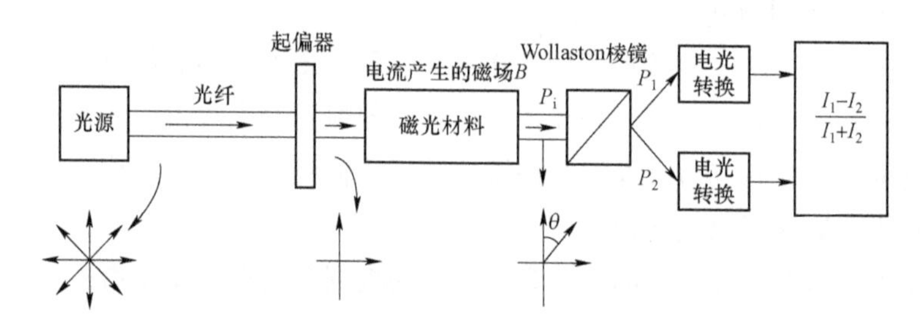

图 2-29 双光路测量系统示意图

设置起偏器与沃拉斯顿棱镜的夹角为 45°，则两路输出光强为：

$$P_{1,2}=\frac{1}{2}P_{\mathrm{i}}(1\pm\sin 2\theta) \tag{2-34}$$

利用模拟电路对输出光强对应的电流信号进行“加减除”运算，可得：

$$J=\frac{P_1-P_2}{P_1+P_2}=\sin 2\theta \tag{2-35}$$

由式（2-35）可知，利用双光路系统，不再需要将信号的交流分量与直流分量分开，从而克服了单光路系统在测量较小脉冲电流时的不足，但是它仍然要受制于 $\sin2\theta$单调区间的限制，不能使用于测量量值很大的电流脉冲。

3. 四光路脉冲电流测量系统

四光路脉冲电流测量系统如图 2-30 所示。在四光路脉冲电流测量系统中，由磁光材料投射输出的旋转偏振光首先到达非偏振分束器，并被分成两束线偏振光，这两束线偏振光再分别进入两个偏振分束器，并各自被分成两束线偏振光，从而形成四束线偏振光，这四束线偏振光被送至光电二极管被转换为电信号，再将电信号送入模拟电路进行相关的信号处理。

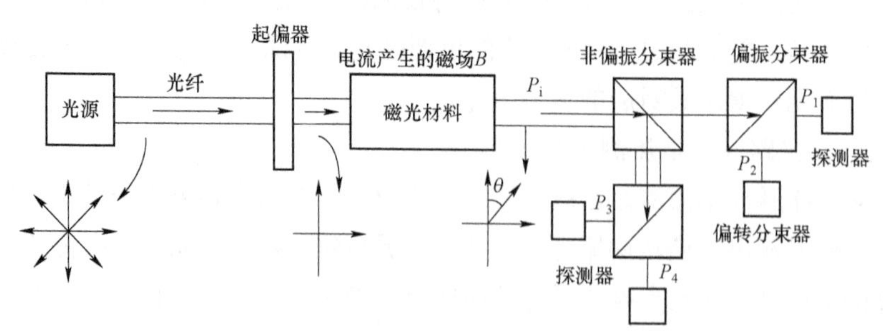

图 2-30 四光路测量系统示意图

取起偏器和非偏振分束器成45°，两个偏振分束器的四个起偏轴与起偏器的光轴分别呈−45°、45°和0°、90°，则可得其四路输出信号的光强分别为：

$$P_1 = P_{\mathrm{i}}(1+\sin 2\theta)/2 \tag{2-36}$$

$$P_2 = P_{\mathrm{i}}(1-\sin 2\theta)/2 \tag{2-37}$$

$$P_3 = P_{\mathrm{i}}(1+\cos 2\theta)/2 \tag{2-38}$$

$$P_4 = P_{\mathrm{i}}(1-\cos 2\theta)/2 \tag{2-39}$$

利用模拟电路对其对应的电流信号做如下运算，即：

$$J_{12} = \frac{I_1 - I_2}{I_1 + I_2} = \sin 2\theta \tag{2-40}$$

$$J_{34} = \frac{I_3 - I_4}{I_3 + I_4} = \cos 2\theta \tag{2-41}$$

由式（2−40）和式（2−41）可知，当利用四光路系统测量脉冲大电流时，输出信号中既含有偏转角的正弦项，又含有偏转角的余弦项，因而可以确定任意大小的偏转角，从而克服了单光路和双光路脉冲电流测量系统的局限性，在实际应用中有着更为广阔的前景。

五、霍尔效应法

磁场与电场是紧密联系的，因此测得磁场值亦能得到电流值，这就是霍尔传感器法测量脉冲电流的原理，如图2−31所示。

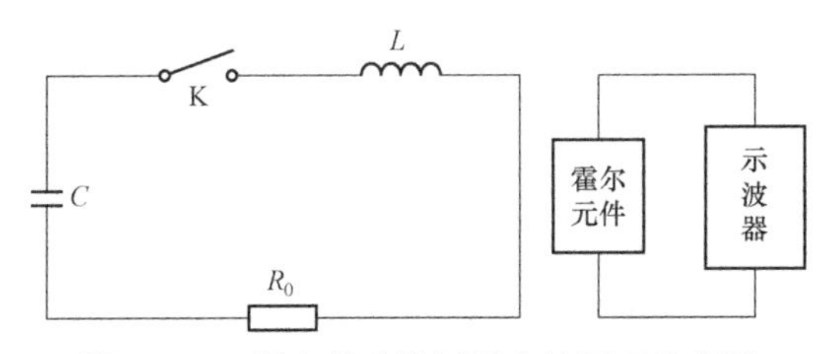

图2−31　霍尔效应法测量电流原理示意图

在均匀磁场中放置一个宽度为L、厚度为d的矩形截面载流导体板（或称霍尔元件），若电流方向与磁场方向垂直，则在导体上既垂直于电流又垂直于磁场的方向上出现电压差，这个现象称为霍尔效应，产生的电压差ΔU称为霍尔电压差。

电荷的定向移动形成电流，而电流周围存在磁场。电流产生磁场的规律，可以由毕奥－萨伐定律和磁场叠加原理求出，因此可以将霍尔元件放在电流产生的磁场中来讨论霍尔元件上的电压差问题。例如，两根无限长平直导线，通以大小相等、方向相反的电流 I 时（两导线可视为同一回路），在导线周围产生磁场。如果在两导线中间放一个与其共面的霍尔元件，则由霍尔效应可间接测出导线上的电流 I。测量原理如图 2－32 所示。

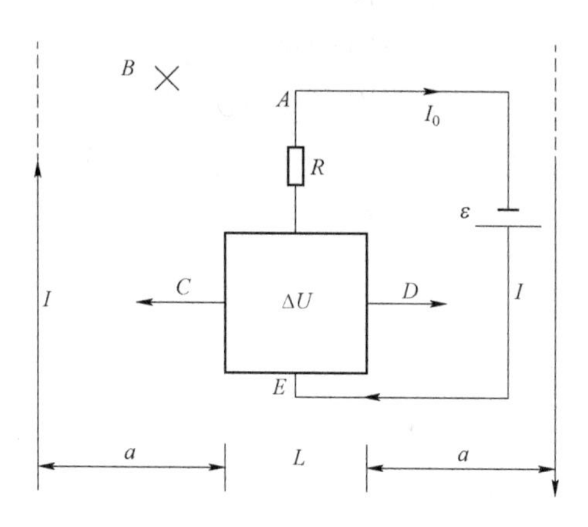

图 2－32　霍尔传感器工作原理图

霍尔传感器的优点是尺寸小，结构简单，工作频率范围广，但利用霍尔效应法测量脉冲大电流存在最大的不足是：由于霍尔测量的对象是导线产生的磁场，因此，电磁发射环境中的杂散磁场会对霍尔元件起到干扰作用，影响测量精度。

第三节　电磁轨道炮电压测试技术

在电磁轨道炮试验和使用过程中，炮口和炮尾电压都是影响发射性能的重要参数，因此还需要对其进行测量。电磁轨道炮中的电压属于冲击电压或脉冲高电压。当电压值不很高时，如峰值为几千伏至 50 kV 时，可以通过高电压探头或衰减器及普通的数字存储示波器直接进行测量。但当脉冲电压的峰值很高时，则必须通过分压器等转换装置及其他多个组件构成的脉冲高电压分压系统来进行峰值及波形的测量。分压器的作用是将高达几十万伏或几百万伏的冲击高电压转换为示波器等记录仪能够测量的低电压。分压器主要有电阻分压器、电容分压器和阻容分压器。

一、电阻分压器

电阻分压器内部电阻理论上为纯电阻，结构简单，被广泛采用。电阻分压器的优点在于其温度稳定好，长期使用时也很稳定，且其响应特性比较高，使用也很方便。电工领域所用的电阻分压器通常采用优质电阻丝无感绕制而成。为减小电感，要求在满足阻值及限制温升的前提下，电阻丝应尽可能短。卡玛丝不仅电阻温度系数很低，而且电阻系数较高，故可采用卡玛丝来制作电阻分压器。冲击电阻分压器的典型阻值是 10 kΩ，最好不超过 20 kΩ，最小不低于 2 kΩ。经验表明，在测量电压较高的冲击电压时，若分压器阻值小于 2 kΩ，则容易在其阶跃响应上产生高的过冲。分压器的高度取决于其工作电压，即应保证在额定工作电压下不发生闪络。电阻丝的直径按它的阻值及通过的冲击电流峰值及波形来决定，即由耗散电能所引起的温升来决定。一般所用的绝缘材料允许温升可达 150 ℃。在多次连续冲击试验中，由于每次冲击过程非常短，可按绝热过程来考虑。如考虑每分钟作用 2～3 次冲击电压，则须考虑多次冲击作用过程中的温升累积问题。在保守的情况下，可把额定电压作用下单次冲击时的温升限制在 50 ℃以下，允许每克电阻丝在单次冲击时消耗的能量在 20 J 以下。

（一）电阻分压器的分压原理

理想电阻分压器的原理电路如图 2－33 所示，其由高压臂 R_1（电阻值较大）和低压臂 R_2（电阻值较小）组成。被测脉冲高电压加在高压臂上，分压器中流过的电流 $I=U_i/(R_1+R_2)$，低压臂输出的电压 $U_o=IR_2/(R_1+R_2)$，分压比 $U_o/U_i=R_2/(R_1+R_2)$。当 $R_1 \gg R_2$ 时，分压比约为 R_2/R_1。这是理想电阻分压器的分压情况，即分压器为纯电阻性的。但实际上理想的电阻分压器是不存在的，因为分压器自身及连线总存在电感，且分压器的电阻元件和大地或接地屏蔽之间存在电容，甚至外界电磁波的干扰等都将造成其测量误差。

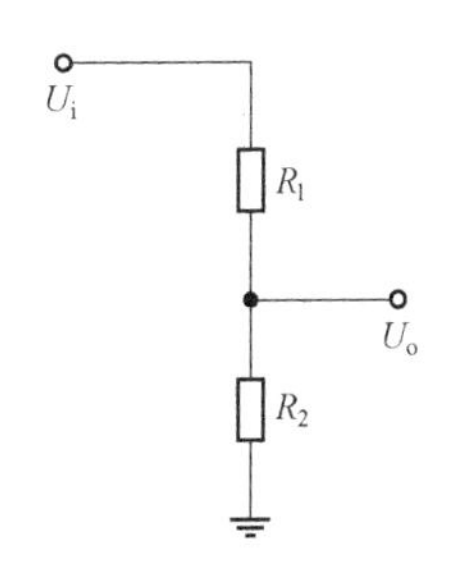

图 2－33　电阻分压器原理图

（二）电阻分压器的误差分析

由于电阻分压器通常由电阻串联而成或由卡玛丝或康铜丝等电阻丝绕制而成，尽管可采用无感绕法，但其电感总是存在的。此外，分压器还存在对地电容和纵向电容。若分压器单位长度的电阻为 R'，单位长度的电感为 L'，单位长度的对地电容为 C_1'，单位长度的纵向电容为 C_2'，那么可将电阻分压器的原理图等效为图 2－34 所示的电路形式。

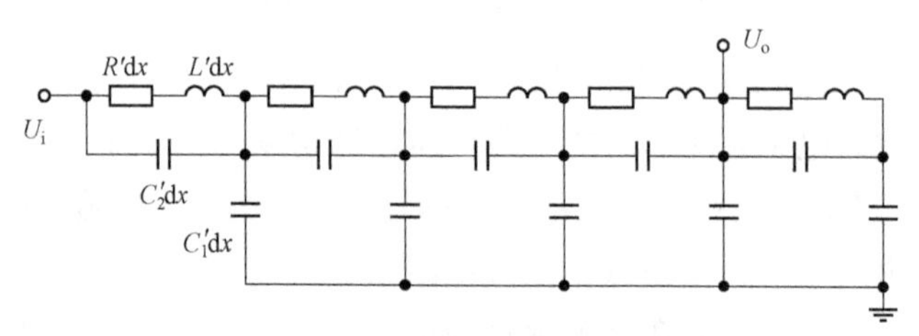

图 2－34 电阻分压器的等效电路

1. 电感的影响

在考虑分压器电感引起的测量误差时，可忽略图 2－34 中的对地电容和纵向电容，并进一步将其简化为图 2－35，R_1 为高压臂的电阻，R_2 为低压臂的电阻，L_g 为电阻分压器的总电感。

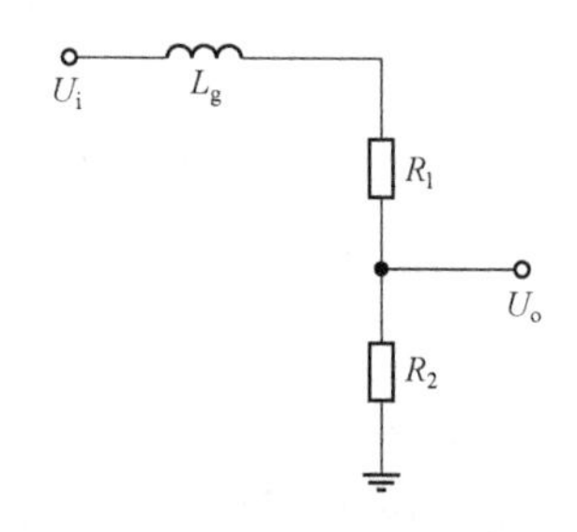

图 2－35 分压器电感的影响

电感具有阻碍电流变化的特性，因此当在高压臂施加电压后，分压器支路中的电流不能突变，而是将按指数规律上升，而电压等于电阻与电流的乘积，所以输出电压波形也将是按指数规律变化的。根据回路方程 $U_i=L_g\mathrm{d}i/\mathrm{d}t+(R_1+R_2)i$，可得：

$$i=\frac{U_i}{R_1+R_2}\left(1-\mathrm{e}^{-\frac{R_1+R_2}{L_g}t}\right) \tag{2-42}$$

$$U_o=\frac{U_iR_2}{R_1+R_2}\left(1-\mathrm{e}^{-\frac{R_1+R_2}{L_g}t}\right) \tag{2-43}$$

当输入电压为一直角波时，由于电感的存在，分压器的输出电压将不再是直角波而是一缓慢上升的电压波。分压器的电感越大，输出电压上升得越缓慢。分压器电感的存在会直接输出电压波的波头，从而造成测量误差。在设计电阻分压器时应尽可能减小电感。一般要求分压器时间常数 L_g/R 的允许值小于被测电压波形上升时间 T_1 的 1/20，即，$L_g/R<T_1/20$。

2. 电容的影响

分压器对地电容的存在是造成分压器误差的主要原因。在理想电阻分压器中，流过高压臂和低压臂的电流是相同的；而在实际的电阻分压器中，由于对地电容的存在，它会对电流产生分流作用，致使流过高压臂的电流与流过低压臂的电流不同。这就是误差产生的原因。对地电容的分流情况如图 2－36 所示。

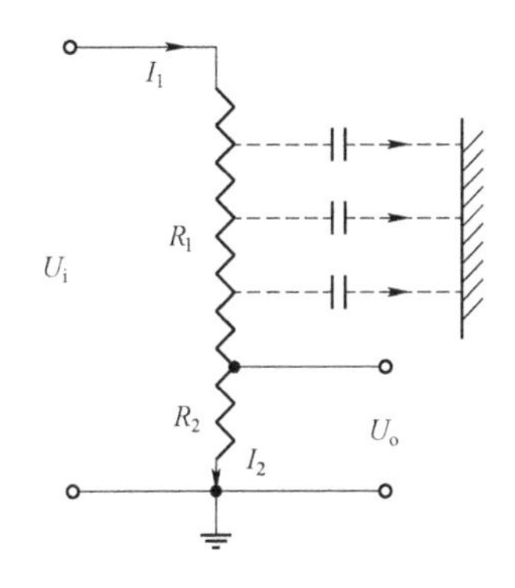

图 2－36　对地电容的分流情况

流过对地电容电流的大小与电压的频率和对地电容的大小有关。因为容抗 $X_C=1/(\omega C)$，频率越高，容抗越小，分流情况越严重；同样对地电容越大，分流情况越严重。在考虑对地电容时，分压器的输出电压可表示为：

$$U_o=\frac{U_iR_2}{R_1+R_2}\left(1+2\sum_{n=1}^{\infty}(-1)^n e^{-\frac{n^2\pi^2}{C_gR}t}\right) \tag{2-44}$$

式中：C_g——分压器的总对地电容；

R——分压器的总电阻，即 $R=R_1+R_2$。

由式（2－44）可知，当 $C_g=0$ 时，$n^2\pi^2t/(C_gR)=\infty$，$e^{-\infty}=0$，$U_o=U_iR_2/R$，即理想电阻分压器的分压情况。当 $C_g\neq0$ 时，由于对地电容的存在，使得低压臂的输出电压产生偏差。

考虑对地电容的影响时，电阻分压器对直角波的响应特性如图 2－37 所示，其中纵坐标为实际分压器与理想分压器的输出电压之比，横坐标为 $t/(RC_g)$。

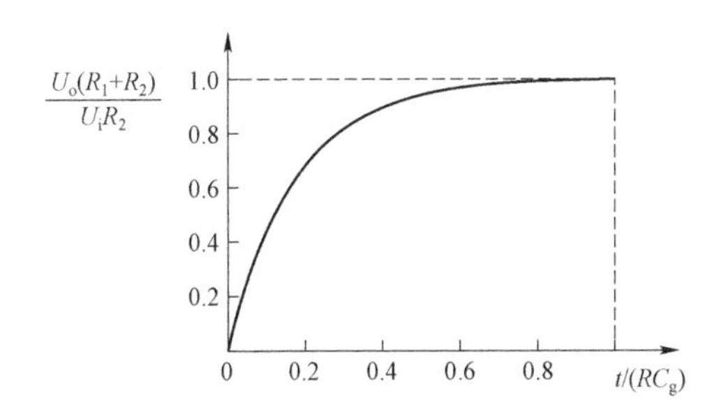

图 2－37　对地电容的分流情况

由图 2－37 可知，当 C_g 较小时，$t/(RC_g)$很快就取得较大数值，实际分压器的输出电压接近理想分压器的输出电压，或者说其分压比接近一个常数；相反，如果 C_g 较大，$t/(RC_g)$的数值在较长时间内处于较小的数值区域，实际分压器的输出电压则是随时间变化的，即分压器的分压比随时间变化。这是测量中所不希望的。

实际分压器的上升时间 T_r' 是指以理想分压器的输出电压为基准，实际分压器的输出电压从 0.1 倍的理想输出电压上升到 0.9 倍的理想输出电压所需要的时间。根据式（2-44）可以求出电阻分压器的上升时间 T_r' 与 C_g 的关系，即 $T_r' = 0.23C_gR$。C_gR 越小，分压器的上升时间也就越小，说明分压器的误差也越小。

在实际测量过程中，需使被测脉冲电压的上升时间 T_1 大于分压器的上升时间，即 $T_1 > T_r'$。对地电容是造成分压器误差的主要原因，设计分压器时应尽量减小 C_g。但在电压等级高的情况下，分压器的尺寸不能做得太小，因此对地电容也就相应大些。为了减小误差，需要从高压端加一个屏蔽罩，用以补偿从对地电容中流走的电流。

通过上述电阻分压器自身误差的分析，得到了设计分压器时必须满足的两个条件，即 $L_g/R < T_1/20$ 和 $0.23C_gR < T_1$。

3. 分压器测量回路的匹配问题

电阻分压器的测量回路包括低压臂、示波器的输入电路以及分压器与示波器之间的连接线，如图 2-38 所示。

在分压器和示波器之间通常用一小段屏蔽的同轴电缆连接。同轴电缆的特性阻抗一般介于 50～1 000 Ω，单位长度同轴电缆的容量一般介于 57～115 pF，电磁波在其中的传播速度介于 1.6×10^8～2×10^8 m/s。

为避免电磁波在同轴电缆上传播时在终端引起反射（终端反射会混淆加在示波器上的真实信号），需在示波器的一端或在分压器低压臂的一端接入适当的电阻，使其与同轴电缆的特性阻抗相等，即需要实现测量回路中的阻抗匹配。图 2-38 中，是在分压器低压臂的一端接入了匹配电阻 R_m，因 R_m 与同轴电缆串联连接，所以构成了串联匹配的形式。

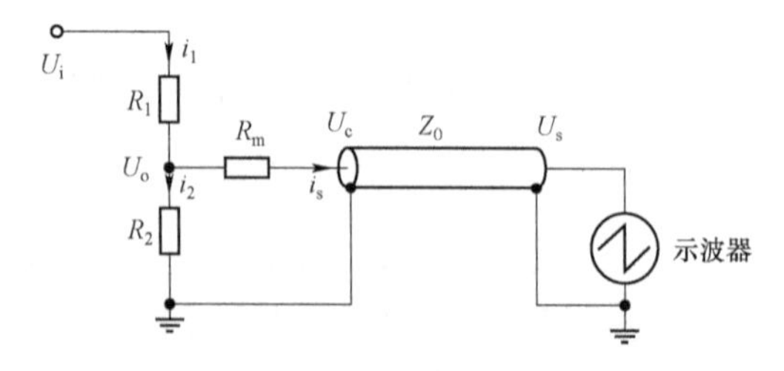

图 2-38 电阻分压器的测量回路

在串联匹配时，需使 $R_m+R_2=Z_0$。进入电缆时的电压 $U_c=i_sZ_0=Z_0R_2i_1/(R_2+R_m+Z_0)$。在电压波进入电缆后将向示波器一侧传播，当到达示波器一端时因为此处开路，所以入射波将发生反射，其幅度增加一倍，从而使加在示波器上的电压 $U_s=2U_c=2i_sZ_0=2Z_0R_2i_1/(R_2+R_m+Z_0)$。由于 $R_2+R_m=Z_0$，所以分压比 $U_s/U_i=R_2/(R_1+R_2)$。当反射波返回分压器时，因为 $R_2+R_m=Z_0$ 为一匹配的负载，所以不会继续发生反射，此时电缆充满了电，全部电流流过 R_2，即 $i_1=U_1/(R_1+R_2)$。

图 2-39 为实现并联匹配时的连接情况，它实际上是在示波器的一端并联连接了一电阻 R_0，这个电阻与同轴电缆构成了并联关系。

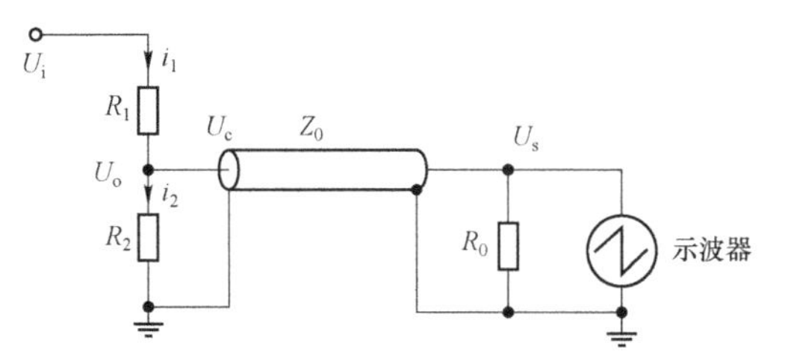

图 2-39　电阻分压器的并联匹配

并联匹配时，需要 $R_0=Z_0$ 成立。当满足这一关系时，电压波传播到示波器的一端时将不会发生波的反射。在这种连接方式下，低压臂的等效电阻实际上为 R_2 和 R_0 的并联，分压比增加了，加到示波器上的电压降低了。分压器的分压比为：

$$\frac{U_o}{U_i}=\frac{U_s}{U_i}=\frac{R_2R_0}{R_1R_2+R_1R_0+R_2R_0} \tag{2-45}$$

如果测量回路匹配得不好，则要在电缆两端发生反射，造成测量上的误差。如果同轴电缆两端均无匹配电阻，则会发生多次反射的情况。现说明匹配不好所造成的误差。这里以串联匹配时的情况进行说明。设同轴电缆的波阻抗 $Z_0=100\ \Omega$，电磁波在电缆中传播的速度为 1.5×10^8 m/s，电缆的长度为 7.5 m，$R_2=50\ \Omega$，流过 R_1 的电流 $I_1=1$ A。

当匹配电阻 $R_m=50\ \Omega$时，在分压器一侧与同轴电缆是匹配的，加在示波器上的电压 $U_s=2U_c=2i_sZ_0=2Z_0R_2i_1/(R_2+R_m+Z_0)$，计算可知其为 50 V，而且在脉冲作用期间这个数值是不变的。如果不接入匹配电阻，即 $R_m=0$，则在刚施加电压脉冲的瞬间，电缆始端的电压 $U_c=Z_0R_2i_1/(R_2+Z_0)=33.3$ V，这个电压波沿着电缆向示波器方向传播，在 0.05 μs 后到达示波器；由于示波器相当于开路状态，波在此处发生反射，幅度增加一倍，这样加在示波器上的电压将变为 66.6 V，再经过 0.05 μs 后，当反射波返回分压器时，由于没有匹配电阻，所以又在此处发生反射，所得反射波 $U'_c=33.3(R_2-Z_0)/(R_2+Z_0)=-11.1$ V，这个波又从分压器进入电缆向示波器传播，当初始波到达示波器之后的 0.1 μs，U'_c 也到达示波器并发生反射，此时示波器上的电压 $U'_s=2\times(33.3-11.1)=44.4$ V，这个反射过程将继续下去，最后加在示波器上的电压逐渐趋于 50 V。

4. 电阻分压器的设计

在设计电阻分压器时需要考虑以下 5 个方面：

（1）分压器的输入阻抗应足够高以免影响被测电路。

（2）分压器的响应时间要小、频率响应要宽，以正确反映被测波形。

（3）分压器的输出阻抗应小于示波器的输入阻抗，且应等于或小于电缆的波阻抗以便进行阻抗匹配。

（4）分压器的电性能要比较稳定，在电压和温度变化时以及长时间使用后应在允许的精度范围内变动。

（5）结构简单，使用方便，易于校订等。

下面以同轴式 ns 量级的电阻分压器的设计为例来说明其设计过程。具体设计要求为：

（1）能测量上升时间为 20 ns 的电压波形。

（2）能耐受 50 kV 的暂态电压。

（3）可与波阻抗为 50 Ω的同轴电缆相匹配。

5. 电阻的选择

选择电阻时，首先要考虑到电阻本身的电感要小，具有较高的耐热耐压能力，同时根据上升时间的要求，选择适当的电阻值，使它满足 $L_g/R<T_1/20$ 和 $0.23C_gR<T_1$。当 R 分别取 1 kΩ、2 kΩ、3 kΩ时，C_g 应分别小于 87 pF、44 pF 和 29 pF，L_g 应分别小于 1 μH、2 μH 和 3 μH。由此可以看出：当 R 取值越大时，C_g 的允许值就越小，而 L_g 的允许值就越大，这显然是一对矛盾。使 L_g 较小一般较容易做到，而使 C_g 特别小是不容易做到的，因此设计时应优先考虑 C_g。当 R 取 2 kΩ左右时，C_g 的允许值约为 44 pF，这个值是可以达到的。

金属膜电阻具有耐热能力高、比较稳定、电感小等优点，故可选择它作为 ns 量级电阻分压器的电阻，取 $R=1.7$ kΩ，高压臂 $R_1=1.65$ kΩ，低压臂

$R_2=50\ \Omega$（与电缆波阻抗相匹配）。

在设计同轴式电阻分压器时，只有选择好合适的绝缘外筒与电阻的直径比 D/d 才有可能使分压器的 L_g 和 C_g 达到要求的范围。同轴式电阻分压器的结构如图 2–40 所示，其外壳由绝缘筒和屏蔽外皮构成，分压器处于绝缘筒的中心轴线上，高压臂由多个电阻串联而成，低压臂由多个电阻并联而成。

在计算同轴式分压器的电感和电容时可将其简化为同轴电缆，如图 2–41 所示。这样可利用同轴电缆单位长度上的电感和电容的计算公式来计算同轴式电阻分压器的电感和电容，即：

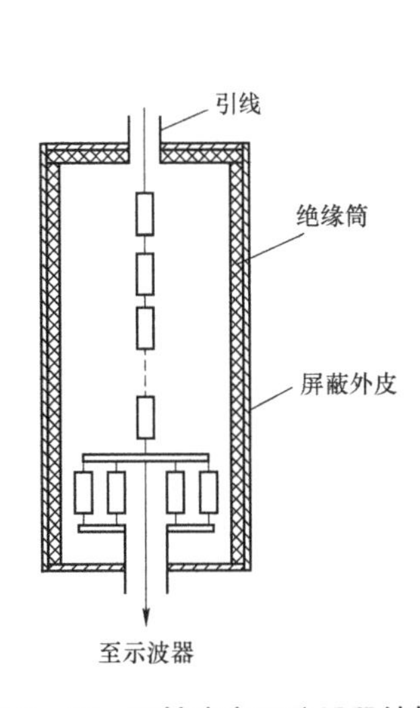

图 2–40 同轴式电阻分压器结构

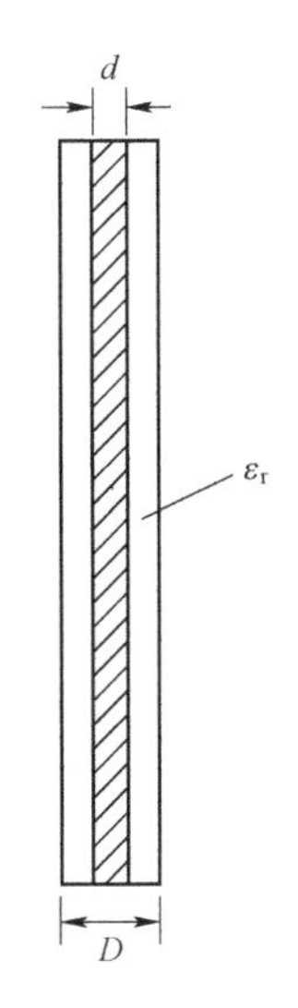

图 2–41 同轴式电阻分压器简化等效图

$$L_g=\frac{\mu_0\mu_r}{2\pi}\ln\frac{D}{d} \tag{2-46}$$

$$C_g=\frac{2\pi\varepsilon_0\varepsilon_r}{\ln\frac{D}{d}} \tag{2-47}$$

式中：μ_r——相对磁导率；

μ_0——真空的磁导率；

ε_r——相对介电常数；

ε_0——真空介电常数。

当分压器电阻处于空气中时，相对磁导率和相对介电常数均取 1。

首先设 $D/d=10$，则依据式（2－46）和式（2－47）计算所得的单位长度的 $L_g=0.46\ \mu H$，$C_g=24.2\ pF$。当分压器的长度小于 1 m 时，其电感和电容会更小些，所以取 $D/d=10$ 是可以满足要求的。分压器的高压臂由 11 个 150 Ω 的电阻串联，低压臂由 10 个 500 Ω的电阻并联成环状，输出引线从环形中心引出，这样可减小电感。

电阻的长度为 20 mm，12 个电阻的长度为 240 mm；为防止高压端与电缆外皮闪络而预留的 100 mm 沿面距离，再加上铜片的厚度折合起来的长度共 350 mm。同时取绝缘筒的直径 $D=94$ mm，金属膜电阻的直径 $d=9$ mm。在确定结构参数后，可知 $D/d=94/9$，依据式（2－46）和式（2－47）计算得得单位长度的 $L_g=0.164\ \mu H$，$C_g=8.37\ pF$。长 350 mm 的电阻分压器的 $L_g=0.057\ 4\ \mu H$，$C_g=2.929\ 6\ pF$。当 $R=1.7\ k\Omega$时，利用 $L_g/R<T_1/20$ 和 $0.23C_gR<T_1$ 计算得 $L_g<1.7\ \mu H$ 和 $C_g<50\ pF$。由此可见，按上述设计参数是合适的。

二、电容分压器

电容分压器可分为两种形式，其中一种分压器的高压臂由多个高压电容器叠装而成（即分布式电容分压器），另一种分压器的高压臂仅由一个电容组成（集中式电容分压器）。分布式电容分压器多半用绝缘壳的油纸绝缘的脉冲电容器来组装，要求这种电容器的电感较小，能够经受短路放电。高压油纸电容器通常是由多个元件串并联组装起来的，每个元件不仅有电容，而且有串联的固有电感和接触电阻，还有并联的绝缘电阻，当然每个元件还有对地杂散电容，因此这种电容分压器可看作分布参数，故称为分布式电容分压器。集中式电容分压器的高压臂仅有一个电容，常为接近均匀电场中的一对金属电极，它的电极间以空气为介质，是一个集中电容，故称为集中式电容分压器。

电容分压器的优点在于结构比较简单，频率响应可以做得很宽（在良好结构的电容分压器中，其带宽可达 1 500 MHz），输入阻抗差不多可认为是开路，因此对被测电路的影响较小。电容分压器的测量回路如图 2－42 所示，图 2－42（a）为电缆末端匹配时的情况，图 2－42（b）为首末端匹配时的情况。

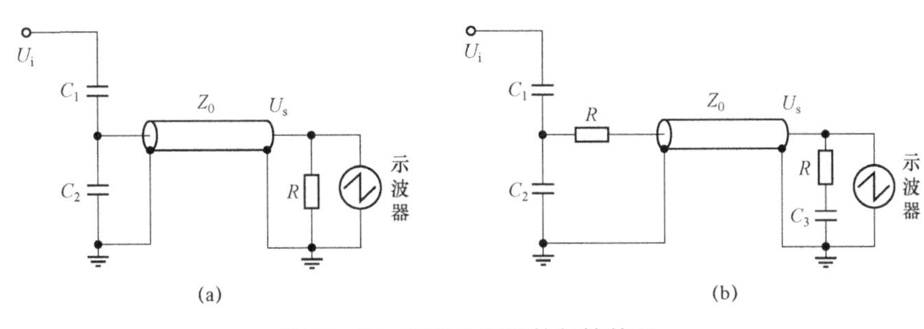

图 2-42　同轴分压器简化等效图

（a）同轴电缆末端匹配；（b）同轴电缆首末端匹配

图 2-42（a）是电容分压器的一般接法，其分压比 $U_s/U_i=C_1/(C_1+C_2)$。当被测电压为直角波时，所测得的电压波形为一指数衰减的波形，这是由于电容对电阻放电的结果。为了不使波形下跌，即不让电容 C_2 放电，可采用图 2-42（b）所示的方式，此时 $R=Z_0$，并要求 $C_1+C_2=C_3+C_c$，其中 C_c 为电缆的对地电容。首末端匹配情况下，分压器的分压比 $U_s/U_i=C_1/[2(C_1+C_2)]$。因为电容分压器是纯电抗元件，所以有可能与接线电感一起造成不希望的高频寄生振荡。这限制了利用电容分压器去测量很短的电压脉冲，例如脉冲宽度小于 0.1 μs 的情况。为抑制寄生振荡，常采用阻容分压器。

三、阻容分压器

目前使用较多的阻容分压器多为阻容串联分压器，即高压臂和低压臂均由电阻和电容元件串联构成。按阻尼电阻大小的不同，阻容分压器可分为高阻尼阻容分压器和低阻尼阻容分压器两类。高阻尼阻容分压器是指阻尼电阻较大的阻容分压器，其电阻值大致上可按 $R=4(L/C_e)^{1/2}$ 的关系来选择，其中 L 为分压器自身的电感，C_e 为分压器对地的杂散电容。百万伏以上的分压器高压臂电阻 R_1 为 400～1 200 Ω。低阻尼阻容分压器是指阻尼电阻较小的一种阻容分压器，它是把较低的阻尼电阻分散布置到高压臂的内部，由它可对低频和高频振荡起到一定的阻尼作用。

（一）高阻尼阻容分压器

用集中参数表示的高阻尼阻容串联分压器如图 2-43 所示，$R_1(=R_d+R_1')$和 C_1 组成高压臂，R_2 和 C_2 组成低压臂。

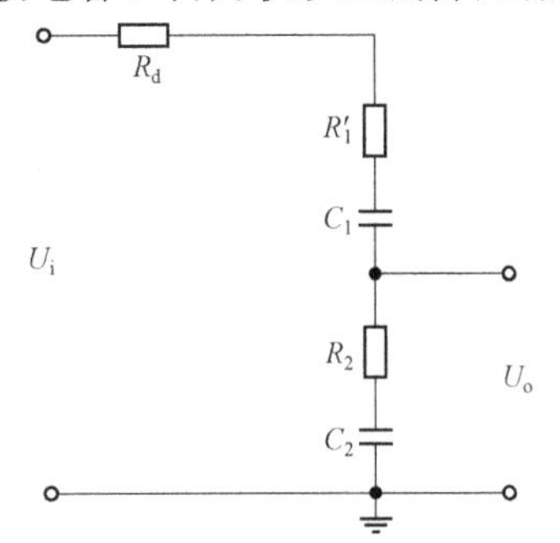

图 2-43　用集中参数表示的高阻尼阻容串联分压器

高阻尼阻容分压器在转换高频时利用电阻的转换特性，而在转换低频时利用电容的转换特性，即初始时按电阻分压，最终按电容分压。为使两部分的分压比一致，要求两种转换特性相互同步。高阻尼阻容分压器需经高压引线连接至试品，在高压引线上串接的阻尼电阻 R_d 通常需要接在试品端。

高压引线上串接的阻尼电阻 R_d 需包含在电阻转换特性里边，为此要求：

$$(R_1'+R_d)C_1=R_1C_1=R_2C_2 \tag{2-48}$$

式中：R_1——高压臂内的阻尼电阻。

高阻尼阻容分压器的电阻 R_1 超过高压引线的波阻。当试品具有一定的电容量时，它相当于导线的匹配电阻，阻值一般为 300～400 Ω。在满足式（2-48）的情况下，其分压比 $U_o/U_i=C_1/(C_1+C_2)$。

（二）低阻尼阻容分压器

用集中参数表示的低阻尼阻容串联分压器如图 2-44 所示，其低压臂只有电容 C_2，没有电阻。

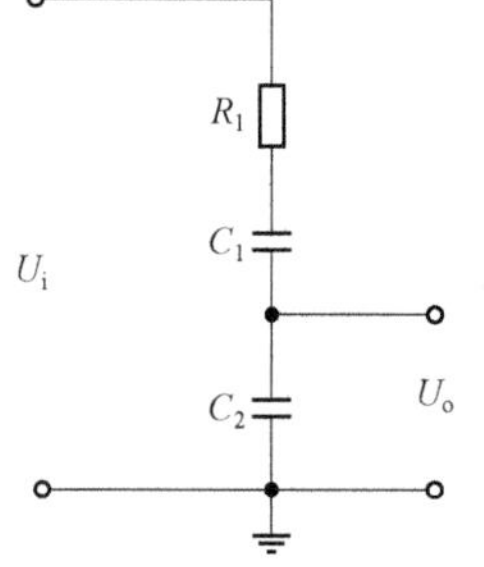

图 2-44 用集中参数表示的低阻尼阻容串联分压器

在这种分压器中，无论高频部分、低频部分或起始部分，最终都要依靠电容转换特性。C_2 上电压的上升受高压臂时间常数（C_1R_1）的控制。为减小误差，要求此时间常数不大于被测波形波前时间的 1/10。

分压器的电容 C 和分压器及引线的总电感 L 会产生低频振荡，振荡周期 $T=2\pi(LC)^{1/2}$，消除低频振荡的临界电阻 $R=2(L/C)^{1/2}$。在选择阻尼电阻时，若不考虑另加低压臂的电阻 R_2 时，通常为减小响应时间而宁愿使波形稍带振荡，选取

$$R_1=(0.25\sim1.50)(L/C)^{1/2} \tag{2-49}$$

式中：L——整个测量回路的电感值；

C——分压器的电容值。

对于百万伏以上的分压器，R_1 为 50～300 Ω。选择 R_1 时应使它与分压器本身的波阻抗一起形成高压引线的终端匹配电阻。R_1 分布在高压臂内，在分压器的外端可无阻尼电阻或只放置一个数值不高的阻尼电阻，且这个阻尼电阻与分压器为一个组件。

低阻尼阻容串联分压器串联的阻尼电阻很小，它的介入不会对试验回路标准波形的产生带来较明显的影响，它可兼做负荷电容使用，是一种通用分压器，可用于测量雷电冲击波、被截断的雷电冲击波、操作波和交流电压波。

从使用上来看，其比高阻尼阻容串联分压器的优点更多，但从响应特性来看，其不如高阻尼阻容串联分压器，且还带有一定的振荡。

第四节 电磁轨道炮速度测试技术

电磁轨道炮是一种利用电磁力作为推进力的新概念动能武器。当前精确连续地测量内弹道运动过程中的速度和位移仍是测量系统中的难题，而电磁轨道炮炮口存在较大的弧光和电磁场信号，因此，对炮口速度测量技术也提出了特殊要求。常用的测量电磁轨道炮内弹道速度、位移的手段主要有 B 探针法、直接接触式测量法、激光干涉测量法、高速摄影法和毫米波多普勒雷达等。而炮口速度的测量除了可采用激光干涉测量法、高速摄影法和毫米波多普勒雷达法外，还可采用平均速度法，即通过惯性靶、箔式靶、线圈靶、光电靶、天幕靶、声靶等区截装置测量炮口速度。

一、膛内速度测试技术

内弹道速度测量方法多种多样，按照测量原理可分为电磁感应、多普勒效应、惯性效应、高速摄影成像等多种方法，在常规火药发射技术领域有广泛的应用，电磁轨道炮对内弹道速度测量提出了更高的要求。

（一）电磁感应测量法

电磁感应测量法基于法拉第电磁感应定律，常用的有两类，一类是利用 B 探针感应电枢和轨道放电电流，获取电枢的位移时刻点；另一类是利用 B 探针感应电枢预先埋的强磁体。目前磁探针已经普遍应用于电枢速度测量，其结构简单，应用广泛，抗干扰能力强，但存在的关键问题是：

（1）基于离散的位移时刻点，难以直接精确获取连续速度信息。为了基于 B 探针连续获取速度信息，可以采用拟合计算的办法进行解决，例如可采用基于炮尾电流波形的拟合计算方法，辅助以仿真计算和迭代算法，可通过离散位移时刻点得到连续的电枢速度和加速度波形。

（2）磁探针输出感应电压波形受到电流变化和内膛环境影响。通过理论分析和计算，对磁探针输出感应电动势波形的特征点与电枢位移对应关系进行深入研究，可获得更为精确的电枢“过零点”位置时刻特征点；剔除和分析电流波形变化以及轨道电枢分布电流的影响，对磁探针输出波形进行修正，提高测量精度。

（二）多普勒效应测量法

该方法多采用微波或激光作为基波，利用运动物体回波信号的多普勒频移效应，通过基波与回波的混频或干涉，检出多普勒频移差量，进而折算出速度参量。该方法在电磁轨道炮试验中已经有应用，测量精度高，但是激光易受内膛烟尘、放电、激波等恶劣环境影响。国外有文献报道，采用 W 波段微波测量，以期望克服恶劣环境影响。总体来看，试验装置的激励频率稳定性要求较高，测试试验成本较高。

多普勒雷达无线电发射机原理如图 2－45 所示，通过振荡器产生基准振荡频率，送入频率综合器，产生 f_0 和 $f_0 \pm f_1$ 信号，两路信号通过定向耦合器，分别指向发射模块和接收混频模块；f_0 信号经过调制器和隔离器，通过功率放大器和功率分配器馈加在若干发射天线上。

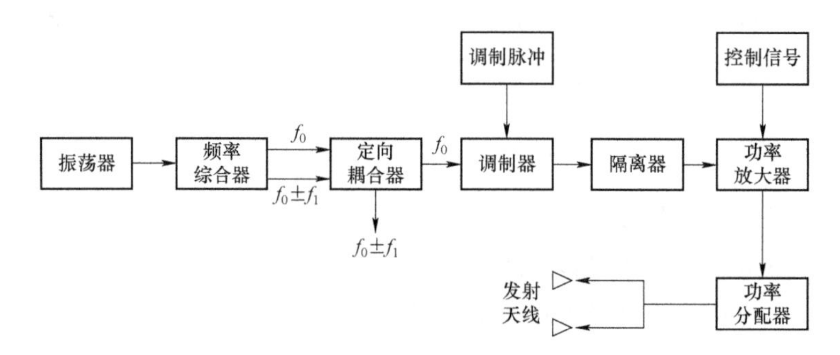

图 2－45 多普勒雷达无线电发射机原理

多普勒雷达无线电接收机原理如图 2－46 所示，接收天线接收的信号通过限幅器、带通滤波器、低噪放大器和距离波门选通，送入混频器和频率综合器产生的 $f_0 \pm f_1$ 混频，得到信号 $f_1 \pm f_d$，该信号送入视频放大器，经过模/数转

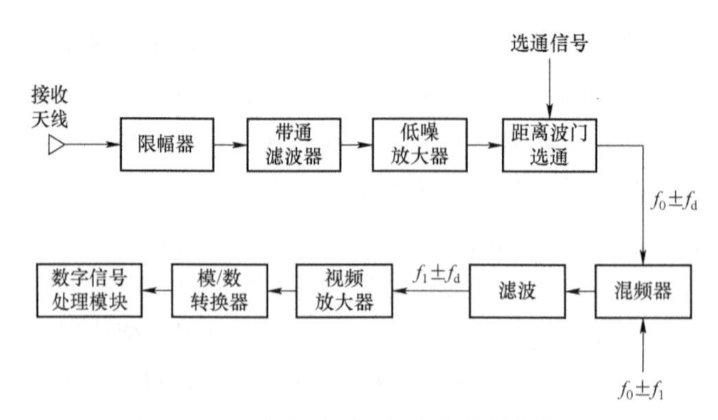

图 2－46 多普勒雷达无线电接收机原理

换器（ADC）数字化，进入数字信号处理模块，进而完成对多普勒频移的检测。

采用毫米波波段通用微波模块 MMIC 集成解决方案的测速系统配置如图 2-47 所示，工作频段为 24～90 GHz，微波信号从发射口，经过反射镜反射，接收检测多普勒频移，实现电枢内膛速度的连续测量；该测速系统可以为发射器内膛测速试验提供比对手段。

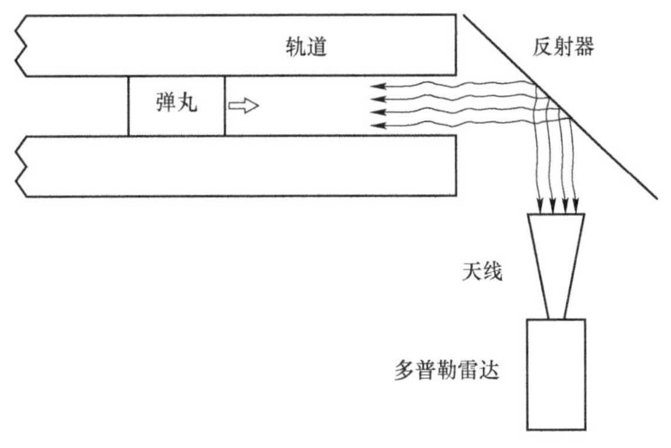

图 2-47　毫米波多普勒雷达

（三）惯性效应测量法

基于电枢加速运动过程中物体的惯性效应，可以在电枢上放置压电或压阻等与惯性效应相关的加速度传感器，通过加速度传感器连续实时输出，在电枢上的本地存储装置对加速度量实时存储，完成加速度的测量。该方法已经广泛应用于多种常规弹药的弹载测量系统中；针对电磁轨道炮系统的特点，需具备抗瞬态强磁场和抗长时高过载的能力，对弹载数据存储系统的工作环境和回收提出了更高的要求。

（四）摄影成像测量法

由于电磁轨道炮内膛结构周向密闭，为了实现摄影成像获取电枢速度，通常采用基于 X 射线的多轴高速数据成像装置，在美军披露的文献中，多用于炮口短距离窗口观察出炮口阶段前后的电接触状态和电枢姿态。该方法速度测量精度高、电枢内弹道各种特征信息量大，缺点是试验装置昂贵，数据量大，试验成本非常高。

二、基于 B 探针的膛内测速系统

（一）系统构成

电枢膛内速度测量系统用于测量发射时电枢在膛内的运动速度，测量电枢在膛内的运动状态、速度和位置与时间之间的对应关系；并通过产生烧蚀和刨削后电枢的速度变化，进一步研究发射过程中的一些物理现象。常用的方法有通断靶和 B 点探头测试。由于电磁轨道炮发射过程中，膛内会产生非常强的磁场，而且电枢速度较高，因此 B 点探头的使用非常普遍。利用 B 点探头测量电枢的膛内速度工作原理如图 2-48 所示。

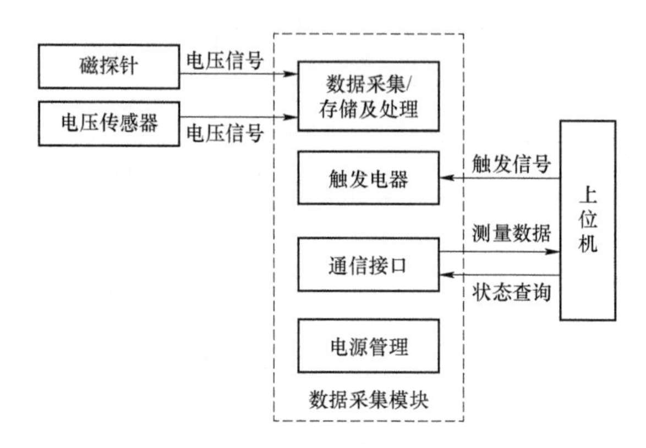

图 2-48　膛内测速系统组成框图

B 点探头通常也称为 B 探针或磁探针，其膛内测试系统主要由磁探针、电压传感器和数据采集模块三部分构成。将磁探针沿发射器轨道的轴线方向布置，可实现对电磁信号的检测，得到电枢的运动状态，而电磁轨道炮的炮口电压在一定程度上可以反映出电枢与轨道间的接触情况。

B 探针是由工字形骨架结构和在其上绕有一定匝数的线圈组成的，测量时 B 探针沿着轨道方向放置，如图 2-49 所示，当穿过环形线圈的磁场随时间变化时，就会产生电压信号。

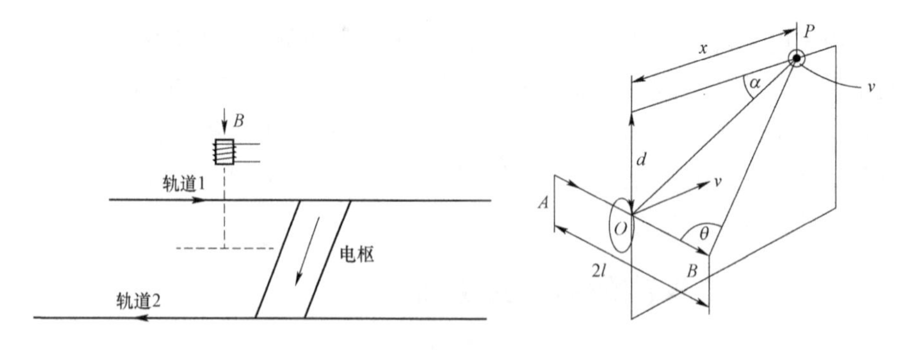

图 2-49　B 探针在轨道炮中的放置示意图

直线 AB 表示轨道炮电枢，长度为 $2l$，中点为 O，电流为 I，环线圈的轴线与炮膛的中心线在垂直方向上的距离为 d。假设电枢与环线圈的水平距离为 x，电枢的速度为 v，根据毕奥－萨伐定律，穿过 B 探针中环线圈的磁通量为：

$$\varphi = \frac{IA\cos\theta\sin\alpha}{2\pi\sqrt{d^2 + x^2}} \tag{2-50}$$

式中，A 为环路的总面积（等于线圈匝数与单匝线圈面积的乘积），且有

$$\cos\theta = \frac{1}{\sqrt{1+(d/l)^2+(x/l)^2}} \tag{2-51}$$

$$\sin\alpha = \frac{(d/l)^2}{\sqrt{(d/l)^2+(x/l)^2}} \tag{2-52}$$

若取电枢速度为常数，则 $\mathrm{d}\varphi/\mathrm{d}t$ 与 $\mathrm{d}\varphi/\mathrm{d}x$ 成正比，图 2－50 给出了三个不同 d/w 值的计算曲线（w 表示炮膛的宽度，数值为 $2l$）。

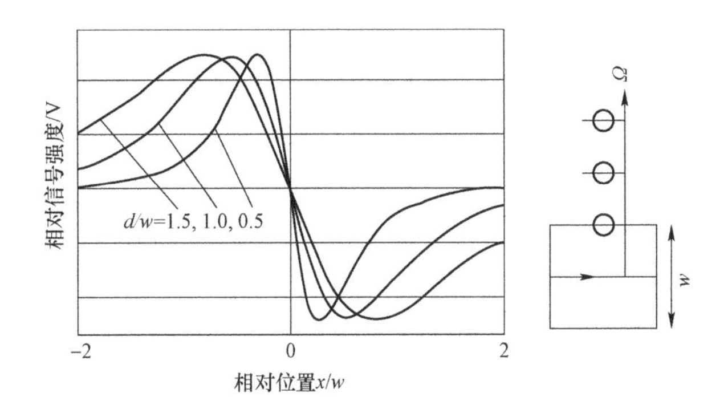

图 2－50　测量探头的输出电压波形

当等效电流的中心恰位于 B 探针下方时，B 探针的输出为零。因此沿炮膛放置一排 B 点环线圈，可很容易得到电枢通过任何一个环线圈的时刻，从获得的位置与时间的关系可以得到速度随位置和时间的变化。整个测量系统由 n 个 B 探针、数据传输线、多点同时触发装置、数据采集与控制系统，以及数据处理系统等构成。

（二）速度拟合

电磁轨道炮膛内速度测量通常采用 B 探头，原始测量值是分布于发射方向上的时刻和位置数据，利用相邻探头的数据信息，可直接折算出测量

点之间的平均速度。该方法计算简单，但平均速度的位置难以精确确定，通常取中点位置为平均速度达到点，相邻探头的间距越小，其近似误差越小。但是在实际运用过程中，探头数量不可能无限增加，从而也就难以得到连续的速度。因此，需要采用适当的速度拟合方法，得到较为准确的速度曲线。

本书介绍了一种新的速度拟合方法，可实现对任意点的速度估计。该方法旨在通过脉冲总电流波形计算膛内电枢运动的时刻和位置曲线，以测量得到的时刻位置信息为约束，利用最小二乘法得到最佳估计曲线，最后对该时刻位置曲线计算时间的微分，计算出任意位置的速度大小。该种方法特别适合于B探针数量较少条件下的电枢内膛速度计算问题，具有一定的工程应用价值。

通常采用B探头来测量电磁轨道炮膛内速度，原始测量数据为分布于发射方向上的时刻T和位置D信息，利用相邻探头的数据，即可直接折算出测量点之间的平均速度。该方法计算简单，但平均速度的位置无法确定，通常取中点位置作为平均速度到达点，相邻探头间距越小，则近似误差越小。为了通过原始测量数据，给出速度和时刻的分布曲线，分析了三类处理方法：

（1）利用D和T信息，首先得到中点位置D_m和平均速度V_m，再通过对D_m与V_m进行插值（样条插值和多项式插值）或曲线拟合（二次多项式、抛物线拟合），得到$V(T)$曲线。

（2）对T和D，首先采用多项式插值的方法，得到$D(T)$的插值多项式，然后对得到的插值多项式作时间T的导数，即可得到$V(T)$的分布。

（3）对T和D，利用总电流计算得到的位置–时刻曲线，进行最小二乘拟合，利用得到的拟合曲线作时间的微分，求出速度分布。

以上三种方法中，利用插值的方法，当相邻测量探头间距较小时，得到的速度分布结果效果较好，但在插值区间外，误差较大；利用曲线拟合的方法，在较大范围内均保持一定的拟合效果，但其速度曲线是拟合曲线的微分结果，受原始测量点分布和数量的影响，其计算结果差异仍然可能较大；最后一种方法利用试验测量得到总电流波形（幅值未知），仿真计算电枢的位移、速度分布，此时不仅仅是单纯的数学处理方法，同时引入了实际物理分析过程，对速度和位移分布具有很强的约束，因此，利用该方法计算得到的速度–位移曲线，在很大范围内，尤其在测量点较少且测量点以外的位置处，仍然可以给出较精确的参考值，对实际工程试验过程有着非常大的参考意义和实用价值。

以下述问题为例分别介绍基于这三种思路计算电枢速度的方法。

问题描述：有一组试验数据 $D(T_n)$，$n=1, 2, \cdots, N$，其中 D 为位移，T 为时刻，求出该组数据对应的 $V(T)$ 曲线。

1. 基于平均速度的插值或拟合法

该方法首先需要计算出平均速度值，然后对平均速度数据点进行插值或二次曲线拟合，进而计算出对应的 $V(T)$ 曲线。原始试验数据如表 2－1 所示。图 2－51 所示为通过二次样条插值和二次多项式插值得到的特定位置处的速度，试验测量可以得到电枢出炮口的最终速度，由图 2－51 可知基于平均速度的插值法对边界数据以及插值区间外的数据估计能力有限。

表 2－1　时刻与位置的原始测量数据

序号	位置	时刻
1	0	0
2	690	1.143 6
3	1 400	1.674 0
4	1 640	1.810 2
5	4 010	2.842 0
6	4 960	3.186 2
7	5 440	3.354 8

除了采用插值法，还可以通过曲线拟合的方式进行处理，对图 2－51 所处理的数据，若采用二次多项式、抛物线进行最小二乘拟合，计算结果如图 2－52 所示。采用最小二乘拟合需要预先给出被拟合函数的形式，其计算结果依赖于该函数与实际时刻－位置曲线之间的误差。对于实际试验过程，从图 2－52 可看出，由二次多项式拟合的曲线在 5 m 以后的位置处与实测速度数据偏差变大。

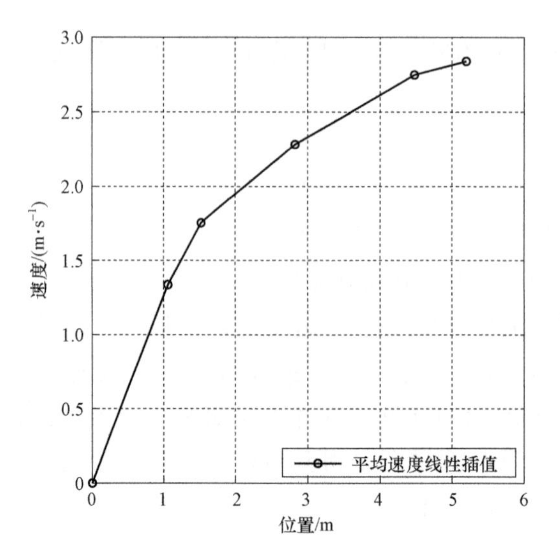

图 2-51 基于平均速度的插值法

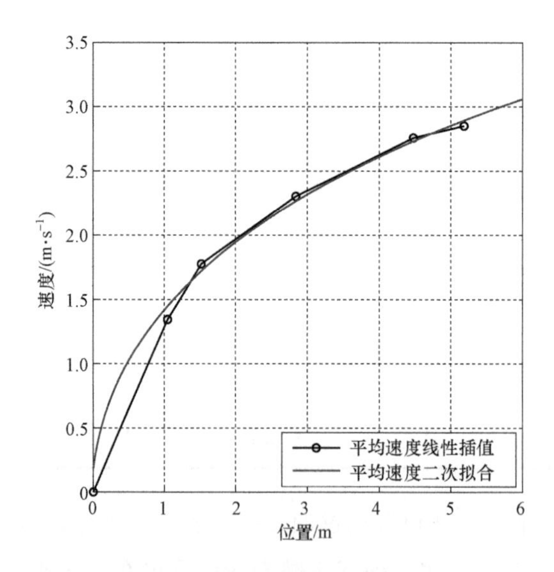

图 2-52 基于平均速度的拟合法

2. 基于原始数据的插值函数求导法

该方法对原始数据 $D(T)$直接做处理，得到 $D(T)$的曲线，然后对 $D(T)$求导数得到 $V(T)$。此处仅采用多项式插值的方法进行计算。根据多项式插值定理，N 个插值节点可以唯一地确定 $N-1$ 次插值多项式；对所选试验数据（同上），总共有 7 个数据节点，可唯一确定 6 次插值多项式，其解析表达式如式（2－53）所示，求导后 $V(T)$的表达式如式（2－54）所示；插值情况如图 2－53 所示，从图 2－53 可知，由于阶数较高，曲线 1 阶导数非单调，在插值节点的外侧，其曲线挠度更大。

$$y=-0.001\,66x^6+0.031\,5x^5-0.236x^4+0.898x^3-1.87x^2+2.59x+1.42\mathrm{e}^{-14} \tag{2-53}$$

$$y=-0.01x^5+0.158x^4-0.946x^3+2.69x^2-3.74x+2.59 \tag{2-54}$$

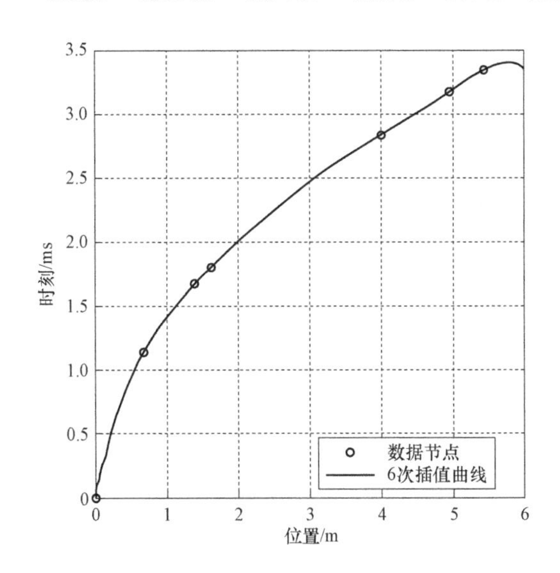

图 2－53　插值多项式曲线（6 次）

3. 基于原始数据的拟合函数求导法

利用平均速度进行插值和拟合时，由于平均速度本身的误差，计算结果存在再次的计算误差；采用多项式插值的求导法，直接对原始数据进行处理，但插值算法必过试验数据点，由于试验测量数据误差同样会给计算结果带来不合理性；根据以上理由，引入基于拟合的求导法，依次采用了二次多项式、抛物线、双曲线以及利用电流波形计算的非解析曲线，采用最小二乘法进行约束（见图 2－54～图 2－56），求出 $D(T)$ 拟合曲线后，对时间作微分，即可得到 $V(T)$曲线。由图 2－53 可知，插值函数的次数越高，插值函数与实际曲线的差别可能会越大，取试验数据同上，最小二乘拟合计算后，式（2－55）为二次多项式拟合曲线表达式，式(2－56)为抛物线的拟合表达式，式(2－57)为构造的双曲线表达式，依次对时间求导，即可得到这几种曲线拟合条件下的速度－时刻曲线（见图 2－57），如式（2－58）所示。

$$t = -0.109x^2 + 1.147x + 0.198 \tag{2-55}$$

$$t = \sqrt{1.418\,5x} \tag{2-56}$$

$$t = \sqrt{0.030\,1x^2 + 1.887\,6x} \tag{2-57}$$

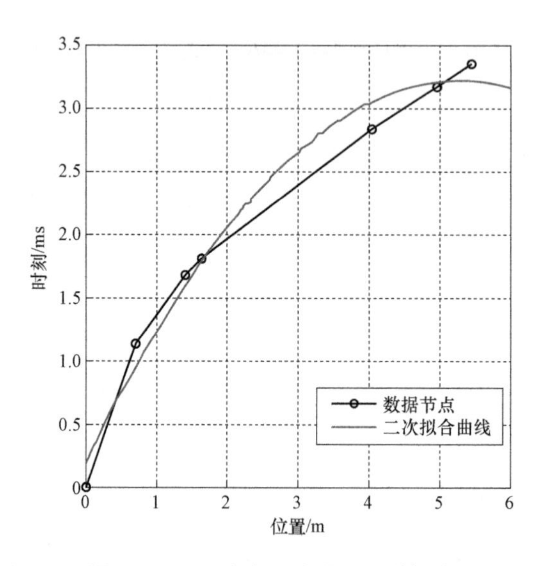

图 2-54 二次多项式最小二乘拟合

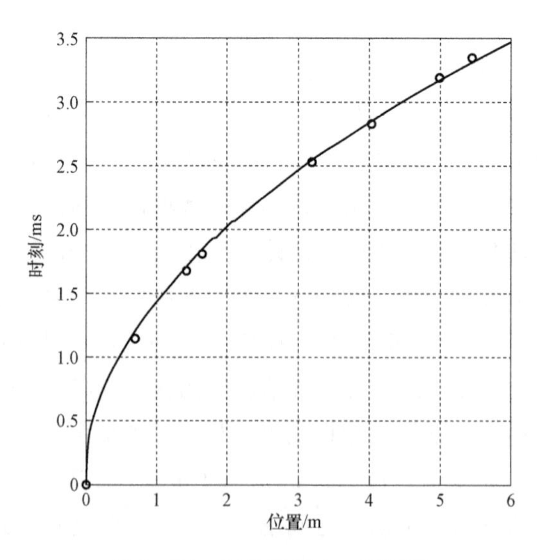

图 2-55 抛物线最小二乘拟合

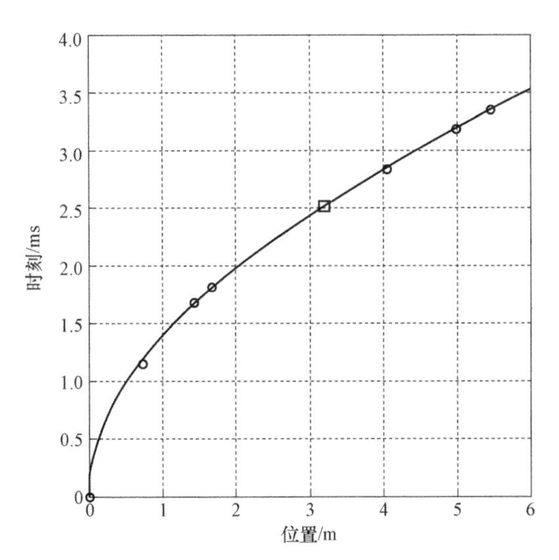

图 2-56　双曲线最小二乘拟合

$$\begin{cases} \dfrac{1}{\mathrm{d}x/\mathrm{d}t} = -0.218x + 1.147 \\ \dfrac{1}{\mathrm{d}x/\mathrm{d}t} = \dfrac{1}{2}\sqrt{\dfrac{1.418\,5}{x}} \\ \dfrac{1}{\mathrm{d}x/\mathrm{d}t} = \dfrac{1}{2}\dfrac{0.060\,2x + 1.887\,6}{\sqrt{0.030\,1x^2 + 1.887\,6x}} \end{cases} \tag{2-58}$$

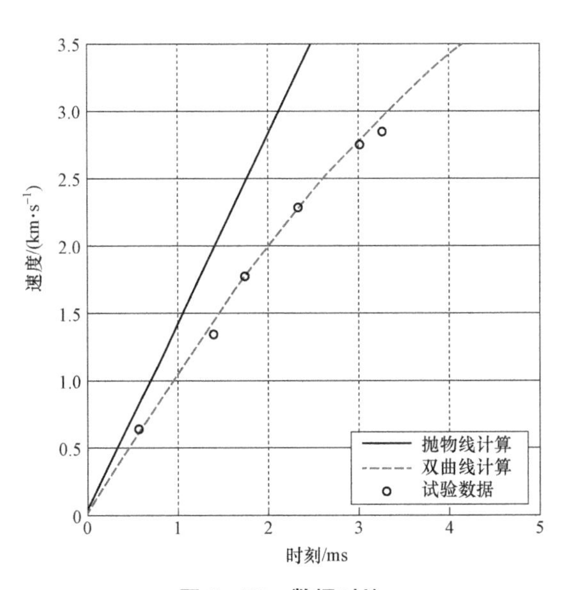

图 2-57　数据对比

三、炮口速度测试技术

（一）平均速度法

对于电磁轨道炮的炮口速度测量，我们并不需要测定电枢的速度变化规律，而只需知道其在某段距离或某段时间内的平均速度，这时可以采用平均速度法进行测速。通常设法使物体在通过间距Δx精确已知的两点时，产生两个电信号，并用它们去控制测时仪器，测出物体通过这段距离所需的时间Δt，然后计算出平均速度。

$$\overline{v}=\frac{\Delta x}{\Delta t} \tag{2-59}$$

（有时，也把它看作Δx的中点的瞬时速度，但这是近似的。）因此，这是一种速度的间接测量法，直接测量的物理量是长度和时间，有时也称为定距测时法。

如果被测对象做匀速运动，则对平均速度的间距Δx没有严格要求，间距越大，测量的准确度越高。如果被测对象做变速运动，则间距Δx应当足够小，使物体在该段距离上的速度没有明显的变化，这样求出的平均速变才能反映这段距离（时间）内的运动状态。

用平均速度法测量速度的测量系统的工作过程如图2-58所示。

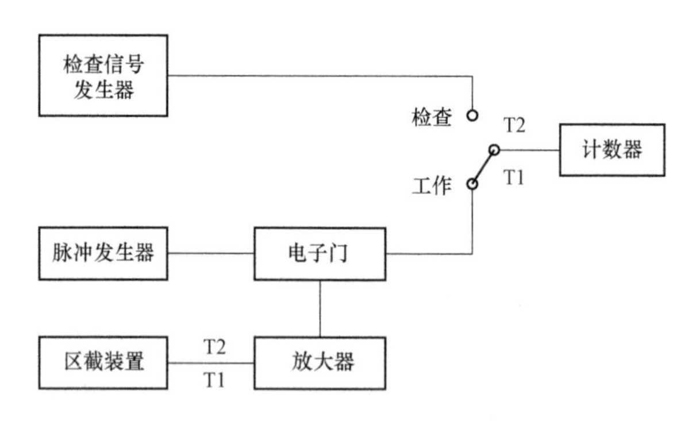

图2-58 电子测时仪的工作原理

控制测时过程的电信号经放大整形后，送到电子门。平时，电子门是关闭的，当第一个电信号到达时，使电子门开启。这时，由一个频率稳定的振荡器产生的电脉冲便通过电子门进入计数器，计数器开始记录输入的电脉冲数。当第二个电信号到达时，电子门关闭，计数器停止动作。此时通过计数器可以得到一个时间值，它就是被测目标通过区截装置所用的时间。在实际应用中，常把整形放大电路、电子门、振荡器、计数器组装成一台完整的仪器，称为测时仪。产生控制测时过程的电信号的装置称为区截装置，简称靶。区截装置的具体结构常因具体测量对象不同而异。

（二）区截装置——靶

区截装置的任务是标识测时间距，产生控制测时仪器的电信号。放置在测时间距起点者称为Ⅰ靶，放置在测时间距终点者称为Ⅱ靶。

武器测速中常用的区截装置有铜丝靶、惯性靶（也称“断靶”）、箔式靶（也称“通靶”）、线圈靶、光电靶、天幕靶、声靶等。

1. 箔式靶

箔式靶的结构很简单，在两片导电的薄金属箔中间夹一层绝缘层，绝缘层的厚度一般小于二分之一弹丸长。从两片金属箔上分别引出两根引线，接到测试仪器的输入电路中，如图 2－59 所示。平时，由于绝缘层的阻隔，输入电路是不通的；当弹丸穿过该靶时，弹体将测时仪器的输入电路短时间接通，使测时仪器启动或停止。由于它是靠接通输入电路使测时仪器动作的（不是像铜丝靶那样，靠切断输入电路使测时仪器动作），所以也称为“通靶”。通靶结构简单，使用方便，不易受外界干扰影响，是一种简单而可靠的测速用靶，它的缺点是，每次射击后需稍微移动靶板，防止因弹孔重叠而使测时仪器不能启动或停止。此外，有时金属箔弹孔周边的毛刺会使输入电路短路，这时，需及时排除毛刺短路现象。

有些测定弹丸初速的测时仪器可以用通靶的信号使仪器启动或停止，如 DCS453 型晶体管测时仪等。但是，有些测时仪器，如 DCS451 型电子测时仪，它们的输入电路是专门为断靶和线圈靶设计的，只有输入电路断路才能使仪器启动或停止。这类仪器上使用通靶时，需要在输入电路中接进一个简单的变换电路。图 2－60 就是在 DCS451 型电子测时仪上使用通靶的变换电路原理图，由于 DCS451 型电子测时仪的输入端有一定电压（向钢丝靶馈送电流），所以，该电压将通过 R 向晶体管 BG 馈送基流，使 BG 处于导通状态，这时的状态就相当于铜丝靶接通的状况。当弹丸穿过箔式靶时，金属箔被接通，使电池 E 接入基极回路。由于 E 是负端接基极，所以将使 BG 截止，相当于铜丝靶断路，从而使测时仪启动或停止，这个电路实际上是一个简单的倒相电路。

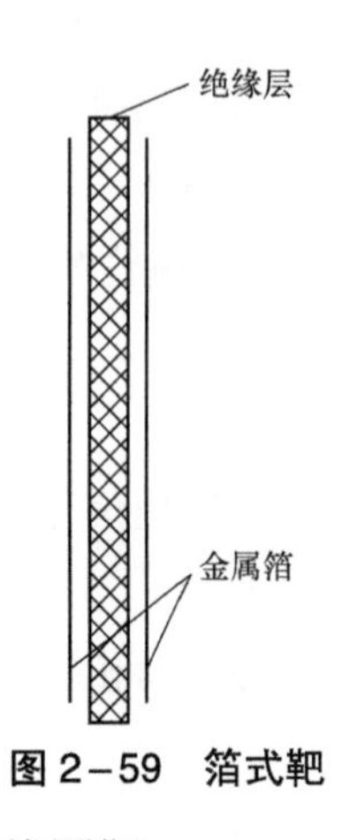

图 2-59 箔式靶

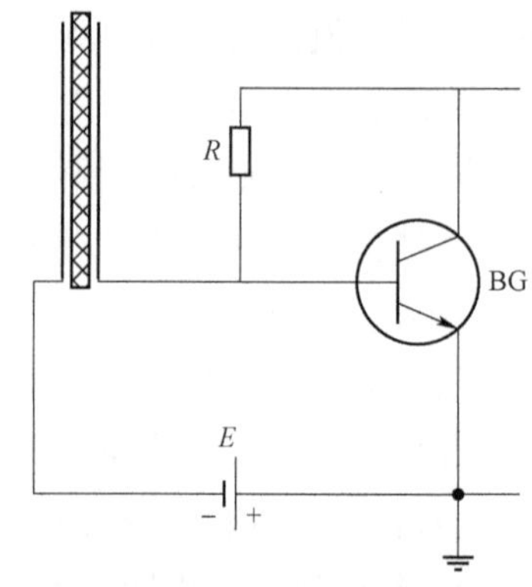

图 2-60 通断变换电路

2. 线圈靶

线圈靶是利用电磁感应现象制作的区截装置。线圈靶分感应式线圈靶和励磁式线圈靶两种。前者需用事先磁化了的弹丸，当它穿过线圈靶时，造成穿过线圈的磁通量变化，在线圈内产生感应电动势，形成区截信号。后者有两组线圈，内层为励磁线圈，工作时通入直流激磁电流，产生一个恒定磁场。外层为感应线圈。弹丸不需事先磁化，当带有钢心的弹丸穿过线圈时，将使穿过感应线圈的磁通量发生变化，产生感应电动势，发出区截信号。线圈靶是目前使用得最为广泛的一种区截装置。

我们以感应式线圈靶为例，来说明产生感应电动势的规律。把磁化了的弹丸简化为一个磁矩为 $\boldsymbol{p}$ 的点磁偶极子，并设弹丸沿线圈靶轴线穿过。这样问题便归结为求磁矩为 $\boldsymbol{p}$ 的磁偶极子沿中心轴穿过半径为 a，匝数为 n 的线圈时所产生的感应电动势。建立坐标系，令 x 轴和线圈靶中心轴重合，如图 2-61 所示。可以证明，穿过 n 匝线圈的总磁通为：

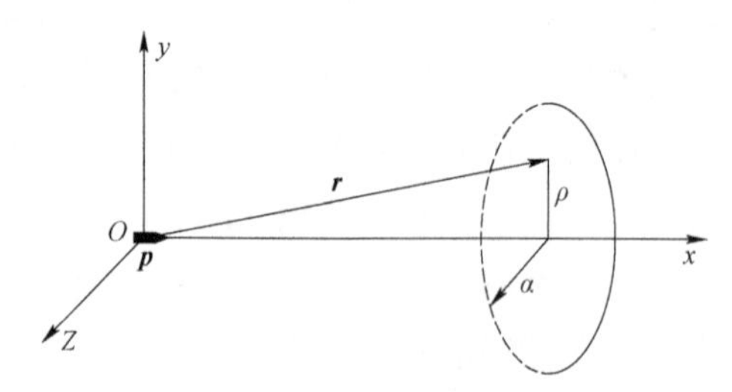

图 2-61 线圈靶坐标系

$$\phi=\frac{\mu_0 pna^2}{2(x^2+a^2)^{3/2}} \tag{2-60}$$

根据电磁感应定律，有

$$e=-\frac{\mathrm{d}\phi}{\mathrm{d}t}$$

由于磁通量发生变化的原因是磁偶极子对线圈的接近和离开，故有

$$e=-\frac{\mathrm{d}\phi}{\mathrm{d}x}\cdot\frac{\mathrm{d}x}{\mathrm{d}t}=\frac{\mathrm{d}\phi}{\mathrm{d}x}\cdot v \tag{2-61}$$

式中：v——弹丸速度。

弹丸向线圈靶飞去时（相当于线圈靶逼近弹丸），坐标 x 减小，$\frac{\mathrm{d}x}{\mathrm{d}t}<0$，因而有 $\frac{\mathrm{d}x}{\mathrm{d}t}<-v$，而 v 取正值。因而

$$e=-\frac{3\mu_0 pna^2v}{2}\cdot\frac{x}{(x^2+a^2)^{5/2}} \tag{2-62}$$

若引入无量纲变量 $\Lambda=\frac{x}{a}$，并考虑到一般的测时仪常采用“南极启动”工作方式，即要求磁偶极子以 S 极向前飞向线圈靶，则有：

$$e=-\frac{3\mu_0 pnv}{2a^2}\cdot\frac{\Lambda}{(1+\Lambda^2)^{5/2}} \tag{2-63}$$

$e-\Lambda$ 曲线如图 2-62 所示。

为求出 $e(x)$的最大值，可令 $\frac{\mathrm{d}e}{\mathrm{d}x}=0$，得：

$$\begin{cases} x_{\max}=\pm\frac{a}{2} \\ e_{\max}=\pm\frac{3}{7}\frac{\mu_0 pnv}{a^2} \end{cases} \tag{2-64}$$

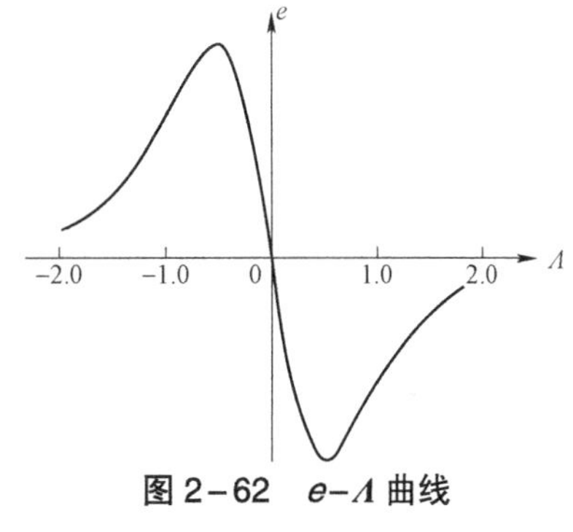

图 2-62　$e-\Lambda$ 曲线

在配用线圈靶的测时仪中，使电子门动作的触发电压的大小和极性是一定的（不同型号的测时仪，这种规定不一定相同）。由图 2-63 可以看出，从长度测定走出的靶距是Δx，而实际的触发靶距是Δx'。实际使用Ⅰ靶和Ⅱ靶的灵敏度及测时仪的两通道的触发灵敏度可能有所差异，因此Δx 和Δx'可能不一定相等。为使二者尽可能接近，一般都选择区截信号后半周的极性来设定测时仪的触发极性，因为曲线的这一段最陡，斜率大。我们还知道，如果将线圈靶的励磁线圈或感应线圈接反，则感应电动势将反向。因此，线圈靶是有板性（即方向性）的，使用时，应当使线圈靶的极性和测时仪的触发极性相适应，为此，各测时仪都规定有一套线圈靶极性检查规则。如 DCS451 型测时仪，采用南极启动工作方式，即按规定方向分别向感应线圈及励磁线圈通入直流电时，线圈产生的磁场应使检查磁针的 S 极指向射击方向。如果线

圈靶的极性安排得不对，将使测量结果严重异常。安装线圈靶时，还应注意使弹道和两靶连心线尽量平行，否则，也将引入系统误差。

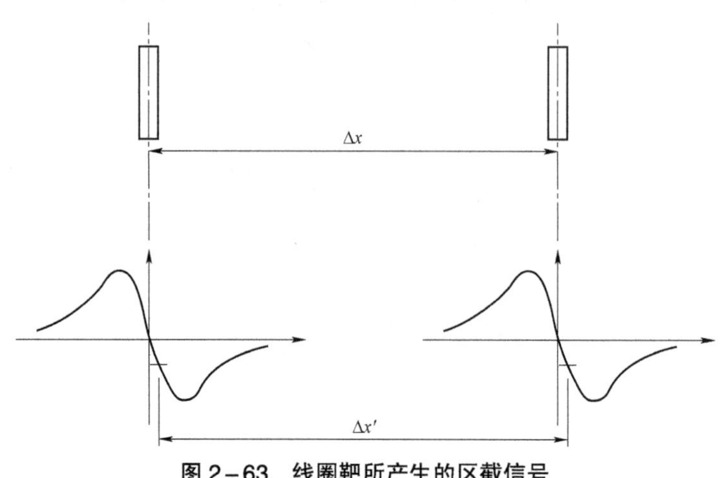

图 2-63　线圈靶所产生的区截信号

第五节　电磁轨道炮磁场测试技术

电磁轨道炮发射时，脉冲功率电源放电会产生几十甚至上百兆安级的大电流，同时还会衍生很强的暂态电磁场，开关放电也会产生很大的高频干扰信号，电磁环境非常恶劣，对电磁轨道炮系统的触发控制系统、测量系统或制导弹药中的电子设备产生干扰，还会引起系统的误触发、不触发，对系统的安全性和可靠性造成影响。随着电磁轨道炮电源规模的扩大以及系统集成后体积的减小，电磁干扰将越来越明显。因此，通过试验测量不同干扰源的电磁干扰特性，了解电磁轨道炮工作时的电磁环境特性，可以为改善电磁轨道炮系统的电磁环境，提高系统的抗干扰能力提供技术支撑。

标准的辐射发射和敏感度测试方法有标准规范，只有严格按照规定测试的方法和条件，才能使得测量结果可靠，且具备可比性。例如，通常在开阔场、微波暗室、横电磁波（TEM）小室、G-TEM 小室中，测量被研究设备的电磁发射水平以及敏感度测试等。与通常意义下的电磁干扰测量不同，测量工作均在脉冲功率电源正在工作状态下进行，此时脉冲功率电源和其他试验平台同时存在，是对脉冲功率电源电磁环境的测量与分析。电磁发射系统工作在脉冲强电流的情况下，磁场比电场问题更突出，因此主要测量分析磁场。

一、瞬态强磁场测量方法

（一）测量原理

测量磁场的方法非常多，依据测量原理划分有电磁感应法、霍尔元件法、磁阻元件法、磁共振法、磁通门法、磁光法、超导量子干涉法、光泵法和磁膜法等。

霍尔元件的典型带宽可达到 20 kHz，磁阻元件的带宽可达到 1 MHz，而感应线圈的测量带宽则可以达到 GHz 量级。霍尔效应分为经典霍尔效应和量子霍尔效应，也就是说既可以测量磁场，也可以测量电场。目前 Allegro 公司的线性霍尔传感器的带宽可以达到 30 kHz，其霍尔电流传感器带宽可以达到 50 kHz。霍尔元件在体积上可以做得很小，因此可以用它测量非均匀磁场，一般可以测量 1～10^5 GS 的直流磁场以及从毫秒到微秒的脉冲磁场，测量精度可以达到 0.01%～1%。霍尔元件受温度影响，高精度测量需要恒温控制。核磁共振仅适合于测量均匀磁场，其精度受被测磁场的均匀度、稳定度和噪声的限制。磁光效应法中，一般利用法拉第旋光效应测量，特点是对环境不敏感，适合于对温度变化范围很大条件下的磁场进行测址，如等离子体中的强磁场、低温超导强磁场等。因为法拉第效应的弛豫时间很短（10^{-10} s），所以除了测量恒定磁场外，还可以测量脉冲磁场和交变磁场，适用的带宽范围很大。SQUID 超导量子干涉法，是目前弱磁场测量中精度最高的，可用于测量生物磁场、人体表面磁场、地磁场波动等，但超导所需的低温环境较为特殊。

（二）测量方法与信号恢复

1. 磁场分类

按照频带宽窄，被测磁场可以分为（时域暂态）宽频信号和固定频点的（正弦）稳态信号两类，这两类信号在对磁场进行还原恢复时的方法上存在很大差异。

按照磁场强度大小，被测磁场可以分为强磁场和弱磁场，被测磁场幅值范围影响选用何种测量原理进行测量。按照信号频带所处频率区域，被测磁场可以分为恒定磁场、低频磁场和高频磁场。不同的频带区域也影响测量原理的选择。

通常情况下，脉冲功率电源的单个电容器储能模块产生的典型脉冲电流信号如图 2－64 所示，其中电流的峰值可以达到 50 kA，脉冲上升沿不到 1 ms。

通过频谱分析可知，主脉冲电流的频谱密度主要分布在 1 kHz 以内，因此脉冲功率电源主要是低频近场暂态磁场，但实际电源中存在开关设备等产生的高频干扰部分，干扰信号频段可达几十 MHz。

基于以上分析，针对脉冲功率电源主电流产生低频暂态强磁场，开关和放电现象产生几十 MHz 干扰信号的特点，试验测量选用电磁感应式传感器，使用环探头试验测量暂态磁场波形。

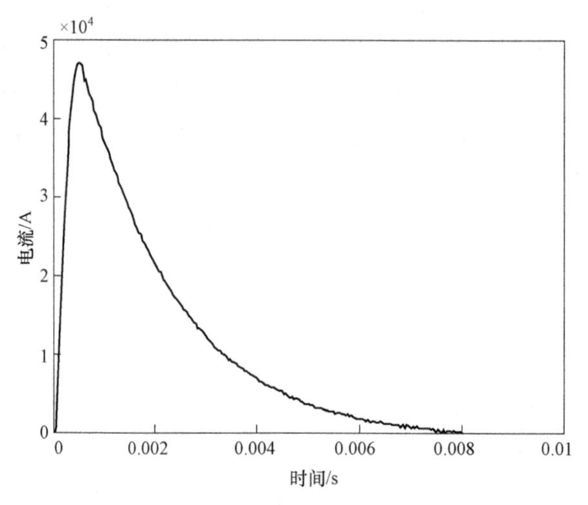

图 2-64 脉冲功率电源产生的脉冲信号

2. 测量与信号恢复方法

测量从频域和时域来分，可以分为频域测量和时域测量两类，这两种测量方法各有优缺点。在测量过程中主要根据被测波形的特性选择合适的测量方法。针对上述两种测量方法，被测信号的恢复方法也分为频域的网络函数法和时域的反卷积法。

频域测量是对被测信号在单一频点上进行测量，通过对不同频点的响应进行测量，最终可得到输出响应的频域波形，再利用系统传递函数，还原出被测磁场波形。频域测量适合于测量周期信号或者可以重复实现的脉冲信号。设输入信号为 X，输出信号为 Y，系统冲击响应为 H，则有：

$$Y(\omega)=X(\omega)\cdot H(\omega) \tag{2-65}$$

$$X(\omega)=\frac{Y(\omega)}{H(\omega)} \tag{2-66}$$

$$x(t)=F^{-1}[X(\omega)] \tag{2-67}$$

时域测量直接反映被测波形的信息，对于宽频暂态信号，频谱分量丰富。频域中激励函数和系统函数的乘积等于响应函数，时域中激励函数和冲激响应函数的卷积等于响应函数。

$$y(t)=x(t)*h(t) \tag{2-68}$$

为了得到被测激励信号，可以变换到频域，利用系统函数处理，或者作时域反卷积对信号进行恢复。

二、环天线

（一）环天线的工作原理

环天线是一种标准天线，既可以通过理论计算得到天线的输入、输出特性，又可以通过试验得到输入和输出之间的关系。由天线系数即可通过探头的输出电压反算出被测磁场。

但是利用环天线进行精确测量通常比较困难，受到很多因素制约，尤其在测量非辐射的近场时，其感应场以及驻波现象会对测量精度造成很大影响。考虑到环天线是电小尺寸的平衡对称的天线，根据法拉第电磁感应定律：

$$U_{\mathrm{i}}=\frac{\mathrm{d}\varphi}{\mathrm{d}t}=\frac{\mathrm{d}(NA\mu_0\mu_{\mathrm{r}}H)}{\mathrm{d}t} \tag{2-69}$$

对式（2-69）进行时间求导展开：

$$U_{\mathrm{i}}=\frac{\mathrm{d}\varphi}{\mathrm{d}t}=NA\mu_0\mu_{\mathrm{r}}\frac{\mathrm{d}[H(t)]}{\mathrm{d}t}+N\mu_0\mu_{\mathrm{r}}H\frac{\mathrm{d}[A(t)]}{\mathrm{d}t}+NA\mu_0 H\frac{\mathrm{d}[\mu_{\mathrm{r}}(t)]}{\mathrm{d}t} \tag{2-70}$$

最基本的感应线圈测量法基于式（2-70）右端第一项。

环天线的工作模式有两种：电压输出方式（开路电压环）、电流输出方式（短路电流环）、补偿的电压输出模式。

1. 开路电压输出方式

线圈不含铁芯，不包含非线性铁磁物质，所以线圈参数特性稳定。在低频段，电压输出方式的输出电压和感应电动势呈线性关系。电压输出方式是直接输出开路电压，如图2-65所示。

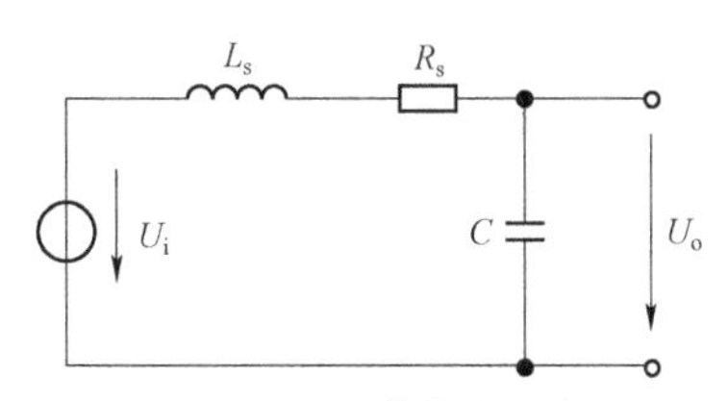

图2-65　环形感应线圈在电压输出模式下的等效电路

其中 L_{s} 和 R_{s} 是线圈的电感和电阻，C 是线圈端口等效的寄生电容。在某一频率 f 下，

可得端口输出开路电压 U_o 为

$$U_o = U_i \frac{\frac{1}{j\omega C}}{j\omega L_s + R_s + \frac{1}{j\omega C}} = \frac{j\omega B \cdot AN}{1 + j\omega C(j\omega L_s + R_s)} \tag{2-71}$$

在低频段，寄生电容、线圈的电感和电阻都很小，开路电压的幅值等于感应电动势的大小。此时采用电压输出方式，输出电压和频率的关系为线性关系。如果测量正弦稳态磁场，可以仅仅检测开路输出电压的峰值或者有效值。下式为有效值相关的公式：

$$U = 4.44NAfB_{\max} = 1.11N\pi d_m^2 fB_{\max} \tag{2-72}$$

式中：d_m——线圈的等效平均直径；

A——线圈等效面积；

N——线圈匝数。

2. 短路电流输出方式

线圈的分布电容和分布电感使得线圈会在某些频点发生谐振，因此，电压输出方式在高频段的频率特性会呈现出非线性。寄生电容对温度特别敏感，所以线圈的频率特性随温度变化而改变。在线圈端口处的寄生电容影响最大，且其控制着最低的谐振频点。为了克服线圈端口处寄生电容带来的影响，有另一种电流输出的方式，如图 2-66 所示。

其中，运算放大器将线圈端口处的寄生电容短路，相当于将线圈短路，然后由运算放大器把短路电流由 R_2 采集得到。运算放大器相当于一个电流/电压转换器。分析图 2-66 所示电路，设流过电阻 R_2 的电流为 I，则在某一频率下：

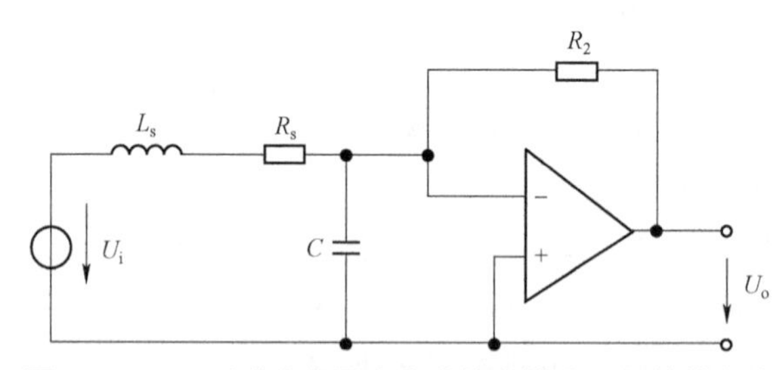

图 2-66 环形感应线圈在电流输出模式下的等效电路

$$U_o = -\frac{U_i}{j\omega L_s + R_s} \cdot R_2 = -\left(\frac{j\omega B \cdot AN}{1 + \frac{j\omega L_s}{R_s}}\right)\frac{R_2}{R_s} \tag{2-73}$$

设输出电压幅值为 U_2，则有：

$$U_2 = \frac{R_2}{\sqrt{(2\pi f L_s)^2 + R_s^2}} \cdot NA(2\pi) f B \tag{2-74}$$

即得到传递函数。末端接小电阻也是一种使用方式，其等效电路如图 2-67 所示。

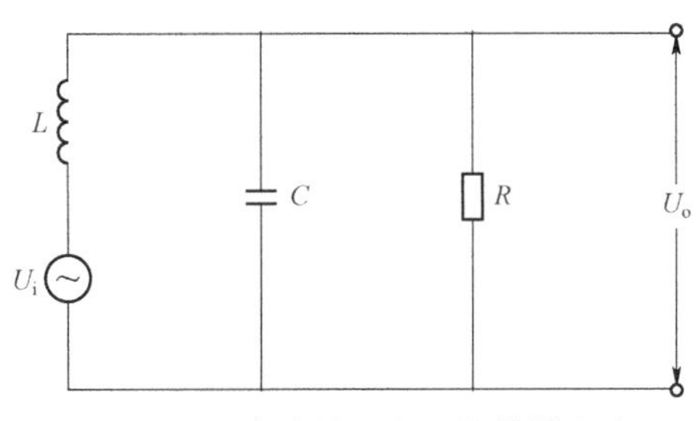

图 2-67　末端接小电阻的等效电路

天线的谐振频率和环天线的分布电容、端口电容以及环的电感有关。设负载电阻 R 与频率无关，则输出电压 U_o 和感应电动势 U_i 的关系为：

$$\frac{U_o}{U_i} = \frac{-\mathrm{j}\dfrac{1}{\delta}}{\dfrac{1}{Q} + \mathrm{j}\left(\delta - \dfrac{1}{\delta}\right)} \tag{2-75}$$

式中

$$Q = \frac{R}{X_0},\ X_0 = \omega_0 L - \frac{1}{\omega_0 C},\ \delta = \frac{\omega}{\omega_0} \tag{2-76}$$

谐振角频率表示为：

$$\omega_0 = \frac{1}{\sqrt{LC}} \tag{2-77}$$

单匝低频环天线的电感计算公式为：

$$L = \mu b\left[\ln\left(\frac{8b}{a}\right) - 2\right] \tag{2-78}$$

式中：b——环的半径；

a——导线的半径。

因为环的半径一般比导线的半径大很多，因此单匝环天线的电感近似计算公式为：

$$L \approx \mu b \ln \frac{b}{a} \tag{2-79}$$

环天线的电容的计算公式为：

$$C = \frac{2\varepsilon b}{\ln\left(\frac{8b}{a}\right) - 2} \tag{2-80}$$

由于 $\ln(b/a)$远比 1 大，因此电容计算公式化简为：

$$C \approx \frac{2\varepsilon b}{\ln \frac{b}{a}} \tag{2-81}$$

可以定义探头的传递函数为：

$$T(f) = \left|\frac{U_{\mathrm{o}}}{H_{\mathrm{i}}}\right| = \omega_0 \mu N S \left|\frac{1}{\frac{1}{Q} + \mathrm{j}\left(\delta + \frac{1}{\delta}\right)}\right| \tag{2-82}$$

传递函数 $T_{\mathrm{n}}(f)$是$\delta = \omega/\omega_0$和 $Q = R/X_0$ 的函数，当 R 确定后，品质因数是一个常数，一种环天线的传递函数如图 2－68 所示。

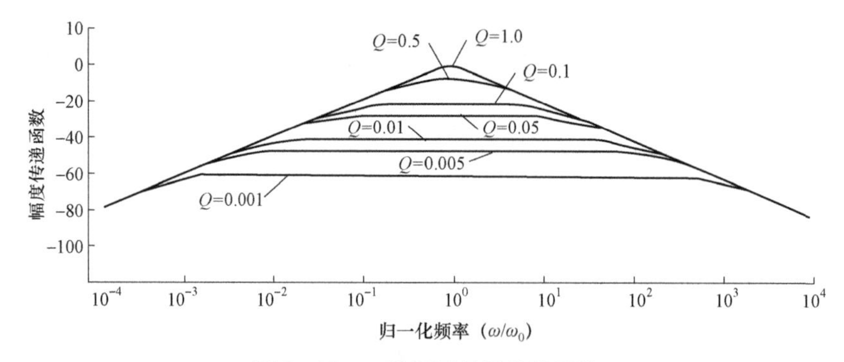

图 2－68　一种环天线的传递函数

就频域测量而言，天线带宽越宽，工作频段幅频特性越是保持水平；对于时域暂态信号，可只关心如何获取传递函数，即复天线系数。

就天线设计层次而言，环天线结构确定后（匝数、结构尺寸、材料），其电感和电容是固定的，谐振频率点确定，可以通过调节末端负载电阻 R，调节上限和下限截止频率点。商用的环天线，通常都是屏蔽的环天线，根据不同的情况，探头的结构也有不同程度的差异，如图 2－69 所示。

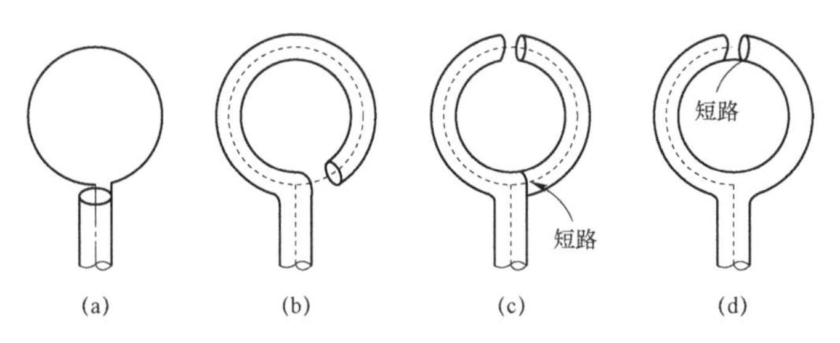

图 2-69　环探头的几种结构

目前使用较多的结构是屏蔽层中间开口形式，校准试验的屏蔽环天线也是中间开口的形式，环天线为同轴电缆绕制，在远端屏蔽层完全开缝隙，在近端，内导体和外屏蔽体导通连接，并和原先的外屏蔽体连接导通，如图 2-70 所示。

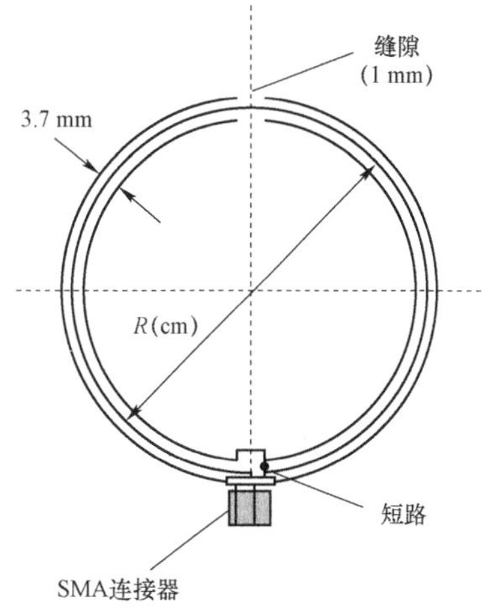

图 2-70　有屏蔽层的环天线结构

在低频段，屏蔽层作为静电屏蔽壳，屏蔽和抑制电场；在高频段，外屏蔽层载有感应的电流。通过对屏蔽环天线在不同频率，尤其是高频情况下的等效电路，电场抑制以及输入阻抗的分析表明：只要屏蔽层的厚度 t 小于趋肤深度δ，屏蔽层就能起到静电屏蔽的作用，此时对于磁场的计算和中心导体之间的关系，可以不考虑屏蔽的作用。

存在一个由屏蔽层厚度 t 和趋肤深度δ决定的频率f_δ，当$f \geqslant f_\delta$时，趋肤效应起主要作用，此时内导体电流 I_A、屏蔽层外表面电流 I_{Se} 和内表面电流 I_{Si} 如图 2-71 所示。

其中，$I_A = I_{Se} = I_{Si}$，其总体的效果就是内导体电流等效地分布在外屏蔽体表面。由于在高频区域，屏蔽层中的电流相当于改变了原来和磁场耦合的电流路径，因此改变了线圈的电感等参数，对环天线的端口阻抗、电场抑制、天线系数均有影响，因此在设计和使用探头时需要特别注意。

3. 电场抑制

在低频范围，屏蔽层主要起静电屏蔽的作用，作用类似于法拉第笼，随着频率的升高，屏蔽层起到导通电流的作用，最终屏蔽层外层电流取代内部导体，作为真实的和外磁场耦合的导体环。对于小环天线（$2\pi b < \lambda$时，b 为探头半径，λ为波长），设被测磁场正好为环探头的最大耦合方向，外电场恰

好环绕环天线的周长方向，则等效电路如图 2－72 所示。

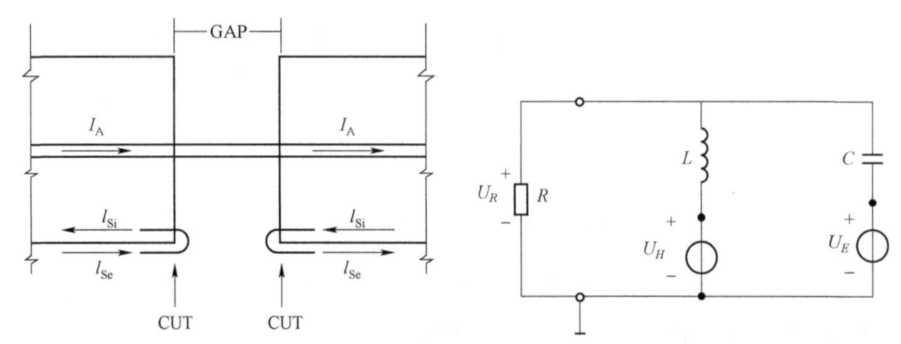

图 2－71　高频电流在间隙处的流向示意图　　图 2－72　简化了接收回路的等效电路

图 2－72 中，L 和 C 为环探头的电感和电容，U_H和 U_E为外磁场和外电场作用的等效电压源，R 为探头端口外接阻抗，U_R为外接阻抗电阻上的采样电压。其中电感和电容的计算公式和上节中叙述一致，需要注意的是，如果某一端接地，则电容值会增加。其中：

$$U_E = -\pi bE \tag{2-83}$$

$$U_H = -\mathrm{j}\omega\mu_0 H \cdot (\pi b^2) \tag{2-84}$$

设 U_R 由 U_{RH}和 U_{RE}两部分组成，则磁场和电场的贡献比值为：

$$\frac{U_{RH}}{U_{RE}} = \frac{-\mathrm{j}}{4\pi\varepsilon_0} \cdot \frac{1}{bf} \cdot \frac{H}{E} \tag{2-85}$$

由此可知，端口电压中磁场和电场贡献的比值与末端阻抗取值无关。且由式（2－85）可知，环线圈半径越大，频率越高，电场抑制作用越差。

4. 切口的端口阻抗

随着频率升高，屏蔽外表层电流逐渐起主要作用，相当于环电流半径增大，直接影响环探头电感 L 的大小。屏蔽层切口的不同，对应的等效电路也不同，如图 2－73 所示，其中图 2－73（a）为屏蔽层有侧向间隙或中心间隙时环探头的等效电路，图 2－73（b）为环路导体在探头颈部接地时的等效电路。

屏蔽层开口的入端阻抗由环天线的电感以及内导体和外屏蔽层组成的传输线贡献，由图 2－73 可知，不同屏蔽层开口配置等效电路有所差异。

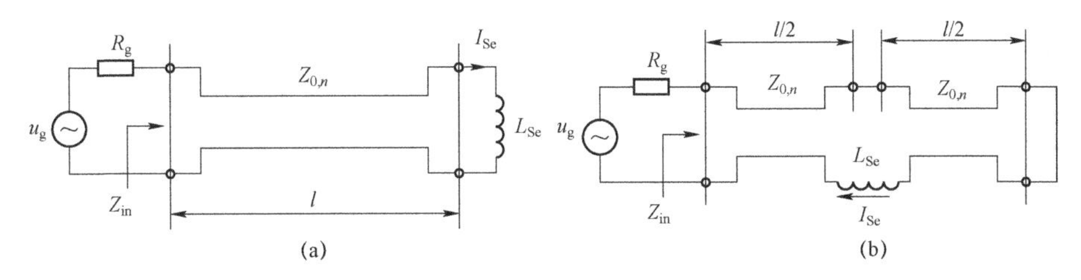

图 2-73　屏蔽层不同切口位置对应的等效电路

$$Z_{in} = Z_0 \cdot \frac{j\omega L_{Se} + jZ_0\tan(\beta l)}{Z_0 - \omega L_{Se}\tan(\beta l)} \tag{2-86}$$

屏蔽层对天线系数的影响，主要是由环探头等效电感发生变化引起的。没有屏蔽的情况下：

$$ACF_A = \frac{H_{ave}}{U_R} = \frac{\sqrt{R^2 + (\omega L_A)^2}}{\omega\mu_0 S_A R} \tag{2-87}$$

有屏蔽之后：

$$ACF = \frac{H_{ave}}{U_R} = \frac{\sqrt{R^2 + (\omega L_{Se})^2}}{\omega\mu_0 SR} \tag{2-88}$$

（二）环天线磁场测量及信号恢复

一般情况下，被测的电磁场可以分为两大类：稳态电磁场和暂态电磁场。下面分别对这两种不同情况下的磁场测量和信号恢复方法进行叙述。

1. 正弦稳态磁场测量及信号恢复

测量正弦稳态磁场，一般只需要知道天线的幅频特性，由探头输出电压的幅值大小，即可通过天线系数的幅频特性得到正弦稳态磁场的主要信息，此时其相位信息没有太大意义。由于天线系数的幅频特性相对相频特性来说很容易得到，因此测量正弦稳态磁场比较直接方便，由天线系数即可直接折算出输出磁场大小。因此，测量的主要任务是对探头进行校准标定，得到天线系数。

2. 时域暂态磁场测量及信号恢复

时域暂态磁场的信号恢复通常需要综合考虑幅频特性和相频特性，只有如此才能恢复出被测磁场的时域波形。

在特定的频率范围内，环天线的输出电压和输入磁场之间的关系仅仅为对时间导数的关系；因此，只要被测信号的频率在满足此关系的频率范围内，就可以直接利用环天线测量磁场，然后对探头的输出电压进行积分即可得到被测磁场大小。

从系统分析的角度考虑，设被测磁场为 $B(t)$，经过环天线的整个测量系统，输出电压设为 $U_o(t)$，系统网络函数设为 $T(\omega)$，则有

$$T(\omega)=\frac{U_o(\omega)}{B(\omega)} \tag{2-89}$$

式中：$U_o(\omega)$——$U_o(t)$ 的傅里叶变换式；

$B(\omega)$——$B(t)$ 的傅里叶变换式。

环天线的等效电路如图 2-74 所示，在环天线末端有端口阻抗。此时，存在以下关系：

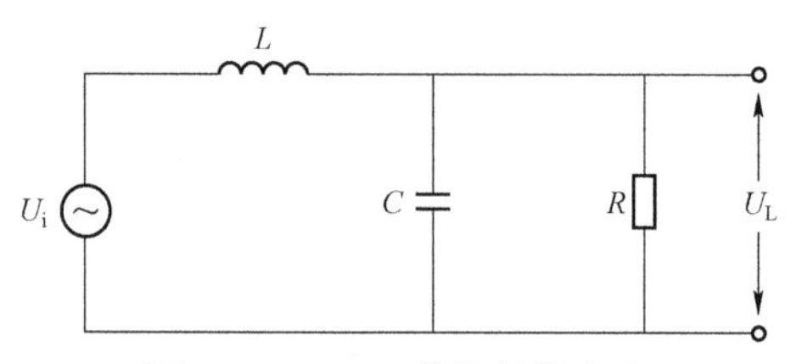

图 2-74　环天线的等效电路

$$T(\omega)=\frac{U_L(\omega)}{B(\omega)} \tag{2-90}$$

$$U_L(\omega)=U_i(\omega)\frac{R}{R-RLC\omega^2+j\omega L} \tag{2-91}$$

$$U_i(\omega)=NAj\omega B(\omega) \tag{2-92}$$

则

$$T(\omega)=\frac{NAj\omega R}{R-(RLC\omega^2-j\omega L)} \tag{2-93}$$

由此可知，当

$$R\gg RLC\omega^2-j\omega L \tag{2-94}$$

时，网络函数就简化为

$$T(\omega)=NAj\omega \tag{2-95}$$

此时，环天线输出电压和输入磁场之间的关系仅为时间导数关系，相当于探头输出电压为环天线的感应电动势大小。由探头天线系数的定义可知，此时探头天线系数与频率之间的关系为线性关系，可以仅通过积分得到被测磁场。

$$U_{\mathrm{o}}(t)=\frac{\mathrm{d}\phi}{\mathrm{d}t}=NA\mu_0\mu_{\mathrm{r}}\cdot\frac{\mathrm{d}(H(t))}{\mathrm{d}t} \tag{2-96}$$

式中：N——环天线匝数；

A——环天线的面积。

当输出电压满足上述关系时：

$$H(t)=\frac{1}{NA\mu_0\mu_{\mathrm{r}}}\int_0^t U_{\mathrm{o}}(t)\mathrm{d}t \tag{2-97}$$

以上用环天线测量暂态磁场利用的是输出电压和输入磁场的直接关系在时域中直接求解，省去了测试校准环天线相频特性的环节，且最终的数据处理过程也得到简化。通常在测量暂态磁场时，要用复天线系数还原信号，在频域中可以利用网络函数和傅里叶变换进行处理，在时域中则可以直接通过反卷积运算。

对于环天线测量，需要注意的是，天线系数一般是通过平面电磁波进行校准的，而在实际使用探头时经常在近场区域，此时探头内部的电磁场分布不均匀，按照以上分析过程也会引起误差，探头和被测物体之间保持适当的距离可以减小这种误差。

3. 幅频特性和相频特性

对于环天线的网络函数，其幅频特性和相频特性在特定条件下有着非常特殊的关系。特别地，在最小相位系统中，其频域幅度谱的对数值和频域相位谱互为 Hilbert 变换对，因此可以通过幅频特性曲线重构得到相频特性曲线，简化了试验和信号还原过程。

三、电磁轨道炮磁场测试系统

测量系统可直接或间接地测量被测物理量，通过系统输出量以及系统输入输出特性即可导出被测物理量。因此，测量前需要对测量系统的输入输出特性进行校验，确保测量工作可靠。电磁干扰测量的装置采用环探头、电缆和数字示波器组成的测量系统，在时域中进行测量工作。环探头的探头系数以及电缆的衰减特性等都会影响测量系统的传递函数。试验所用的环探头有生产厂家提供的探头系数曲线，为了确保其可靠性，需要进行校验。试验所用的电缆是 50 Ω同轴电缆，考虑到电缆的衰减特性，同样也需要校验。因此需要对测量装置进行校验，确保测量装置满足测量的要求，使测量结果更可靠。

通常在开展试验之前，需要利用标准的磁场测量仪器和环探头测量相同的磁场（环探头测量时使用待校对的探头系数），对比这两种测量方法的测量结果，以实现对环探头的系数校验；通过对比标准信号发生器输出信号和通过电缆后的信号，完成对电缆衰减特性的校验。

（一）探头

每个探头出厂时都会附有探头系数曲线，由于结构的差异性，不同探头的系数也不相同。环探头的探头系数反映了输入输出幅值关系随频率的变化情况，计算公式为：

$$\mathrm{TF}=E-U \tag{2-98}$$

式中：TF——探头系数，dB/m；

U——探头开路输出电压，dBμV；

E——被测磁场强度按照平面电磁波情况下的折算值，dBμV/m；其关系为：

$$\frac{E}{H}=120\pi=377 \tag{2-99}$$

通常磁场探头采用折算后的 E 来标注探头系数。

探头系数和探头物理结构之间有着紧密的联系。在低频段，探头输出电压近似等于开路电压，电压幅值等于感应电动势的大小，根据环探头测量原理，把探头面积和匝数等参数代入式（2－98），可得：

$$\mathrm{TF}=-20\lg f+20\lg\left(\frac{377}{2\pi NA\mu_0}\right) \tag{2-100}$$

式中：f——频率，Hz；

N——探头匝数；

A——探头环面积，m^2。

由式（2－100）可知，相同频率情况下，探头系数主要受环的面积和匝数的制约。当频率比较低时，探头系数和频率对数的关系是斜率为－20 dB 的直线，并且与探头匝数 N 和环面积 A 均有关。

比如本书所用的 BKH－3 环探头的出厂系数曲线如图 2－75 所示，探头半径为 3 cm。从图中可以看出，在频率比较低的区域，探头系数与频率对数的关系与上述分析相吻合。

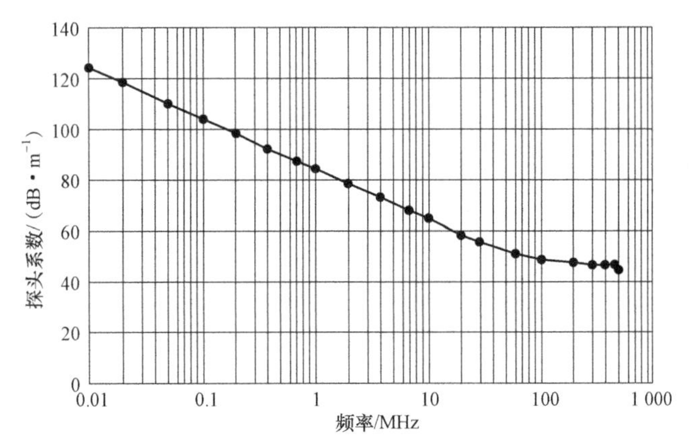

图 2-75　环探头天线系数曲线

下面根据图 2-75 所示的系数曲线验证探头系数和探头圆环面积 A 的关系。此时探头匝数为 1 匝，选取表 2-2 中的频点，按照式（2-100）且代入式（2-99）的关系，计算出探头的面积大小为 0.002 9 m^2。而探头圆环半径 r 为 3 cm，面积理论值为：

$$A=\pi\times r^2=\pi\times 0.03^2=0.002\,8\,(m^2) \tag{2-101}$$

由此可知，理论计算值与通过探头系数得到的数值非常接近。即从探头面积方面侧面验证了探头系数。在低频区域，环探头的输出电压可以认为等于开路电压，幅值等于感应电动势大小，此时的测量结果通过积分即可得到磁场大小。但是随着频率的升高，环探头的输出电压不再简单地等于感应电动势的大小，低频区的结论不成立。但是，电磁轨道炮在发射过程中产生的磁场主要是低频磁场，因此可以通过积分直接得到磁场大小。

表 2-2　通过探头系数计算面积参数

频率/MHz	探头系数/（dB·m^{-1}）	面积/m^2
0.020	118	0.002 9
2.0	78.0	0.002 9
20	58.0	0.002 9

根据标准 IEEE 1309—2005，有三种校准探头的标准方法：标准场法、

参考探头法以及理论计算法，其中前两种方法使用较多。标准场法（Standard Field Method）用已知的标准 TEM 电磁场，对测量探头进行校准。标准场源有多种，常用 TEM 小室配置等。标准场法的关键是产生一个标准的电磁场区域用于标定探头，因此也可用各种标准天线生成可计算的电磁场，进而对探头进行校准，例如 TEM－Horn 天线等。另一种方法是参考探头法（Reference Probe Method），即通过标准磁场仪器来校验磁场探头。

首先以参考探头法为例，在一个绕制的螺线圈中加入不同频率的正弦电流，线圈有足够的高度和尺寸，在螺线圈中央的场可以近似认为是均匀的；然后，通过比较标准场强仪和环探头的测量值，对探头系数进行校对，给出矫正曲线。

试验装置如图 2－76 所示，其中试验绕制的线圈是截面为正方形的螺线圈，高度为 45 cm，正方形边长为 52 cm，匝数为 20。Agilent 33250A 信号源是线圈激励时，可覆盖 0～500 kHz 范围，Agilent E4421B 信号发生器是线圈激励时，配备相应的功率放大器，可覆盖 250 kHz～30 MHz 范围。电磁场测量仪 PMM－8053A 配合探头 EHP－50A 进行校对测量时，适用频率范围为 5 Hz～100 kHz，PMM－8053A 配合 HP－032 型探头进行校对测量时，适用频率范围为 100 kHz～30 MHz。

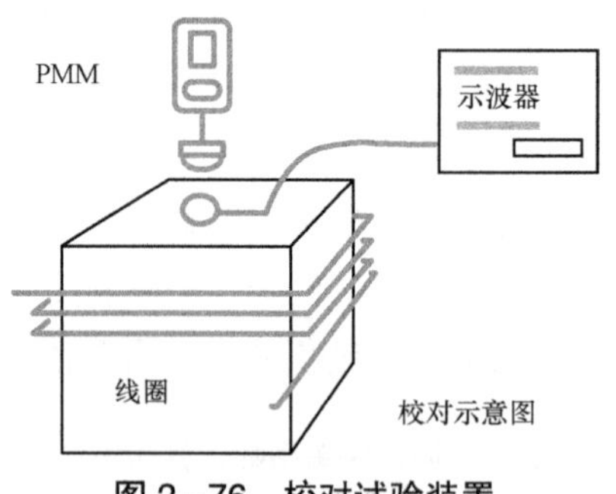

图 2－76　校对试验装置

试验中使用三种探头，分别为 BKH 系列环探头、HT 系列环探头，以及 7405 系列环探头，下面主要给出 HT6 的校对结果。图 2－77 为 HT6 探头和 PMM－8053A 标准场强仪的测量对比图，图中 HT6 的数据是按照探头的出厂探头系数的计算值，HT6 探头系数曲线如图 2－78 所示。从图 2－77 中可以看出，在 30 MHz 以内，PMM 标准仪器和 HT6 探头测量的数据吻合得非常好，HT6 的探头系数曲线可靠，同时根据前面分析，也表明低频区域探头输出电压等于感应电动势。

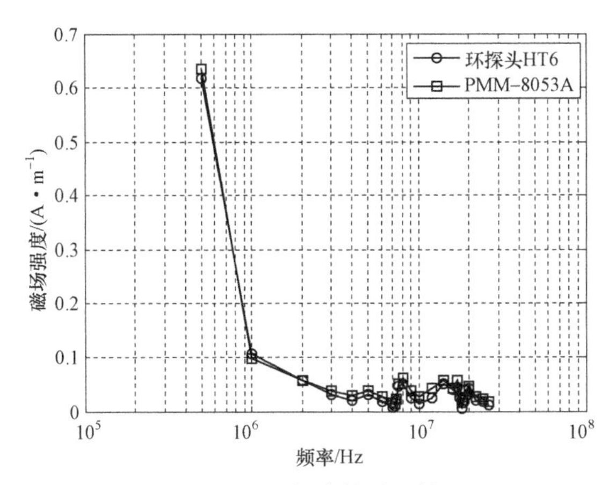

图 2-77　探头校对比较

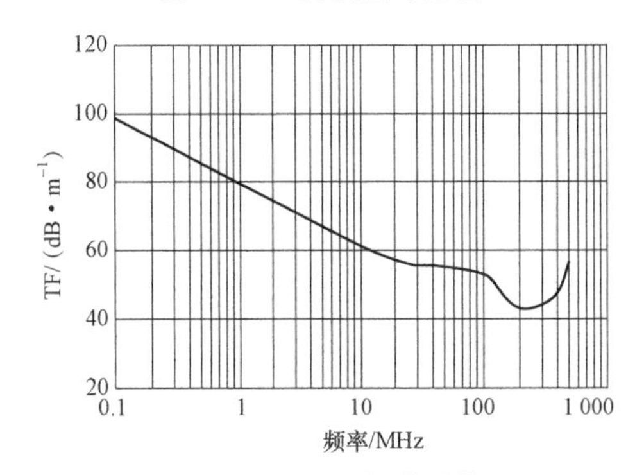

图 2-78　HT6 探头系数

（二）同轴电缆

环探头的输出电压信号通过电缆送入示波器进行显示和记录。同轴电缆存在分布的电感和电容，随着频率的升高，对输入信号的衰减也会逐渐增强。在类似的测量系统中，对电缆的衰减特性有相应的测量。

试验中使用的是 SYV-50-3 型同轴射频电缆，特性阻抗为 50 Ω，长度为 12 m。该型号的电缆满足 GB/T 14864—2013 标准的要求。标准要求对 200 MHz 的信号，在 20 ℃情况下，其衰减不大于 0.240 dB/m。因此，该条件下 12 m 长的 SYV-50-3 型同轴电缆的衰减应不大于 2.88 dB。考虑到被测信号频率范围不超过 30 MHz，则此种类型的同轴电缆衰减很小。

为了对电缆的衰减影响进行校验，试验测量了 12 m 长同轴电缆的衰减特性。图 2－79 所示为 12 m 长同轴电缆的幅值衰减特性，从图中数据可以看出，电缆的幅值衰减程度很小，与标准设计要求基本一致。

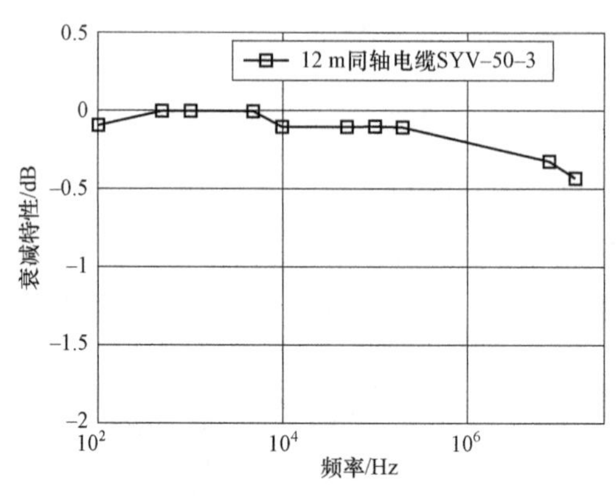

图 2－79　电缆衰减特性

（三）示波器

环探头通过电缆连接到示波器上，变化的磁场在环探头中感应出的电压信号由示波器显示并记录下来。示波器作为探头输出信号记录和显示的载体，具有十分重要的作用。同时，为了满足测量工作要求，也对示波器的性能有相对苛刻的要求。

试验中使用的两款示波器均为数字示波器，型号分别为 TDS7254B 和 YOKOGAWA 公司的 DLM2054 型示波器。TDS7254B 的带宽为 2 GHz，存储深度为 4 m，最高实时采样率为 20 GS/s，DLM2054 的带宽为 500 MHz，存储深度为 125 m，最高实时采样率为 2 GS/s。

数字示波器对输入的信号进行 A/D 转换，变换为数字信号存储在示波器的内存中，并显示出来。针对试验所测信号频谱在几十 MHz 以下的，示波器电缆连接通道则选用输入电阻为 1 MΩ的直通方式进行连接，此时示波器测量探头输出的是开路电压信号，端口输入电容为 20 pF。

示波器配合环探头在时域中测量脉冲电源系统产生的暂态电磁干扰信号，其持续时间很短，且不具备重复性，因此需要有效地抓取单脉冲暂态信号。此时需要选用示波器的单次触发方式，让示波器处于预采样状态，当设定的触发事件发生时，开始记录暂态信号，确保及时完整地记录被测单脉冲信号。

试验中直接采用环探头输出的感应电动势信号作为触发源，设置边沿型触发类型，根据触发信号波形幅值的大小，选择合理的触发电平。试验中最多使用了示波器的 4 路通道进行测量，此时可以外接 4 路测量探头。因为单个环探头只能测量磁场的单个方向的分量，因此 4 路信号可以实现定点的三个方向分量的测量以及多个测量点单方向分量的测量工作。配置示意图如图 2－80 所示。

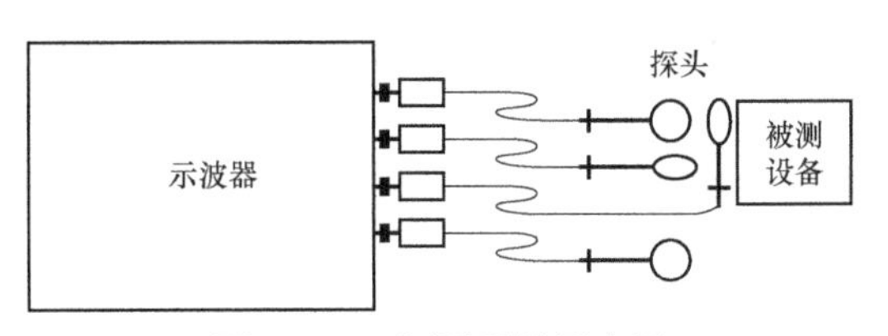

图 2－80　测量系统示意图

数字示波器在把模拟电压信号转化为数字信号时，必须要考虑采样定理的制约。为了达到完全获取被测信号所有信息的目的，采样过程中的采样率至少需要被测信号最高频率的 2 倍。实际工程中为了达到更好的采样效果，一般取 5 倍最高频率采样率来进行测量。例如，假设试验中被测信号最高频率为 50 MHz，则理论上最低的采样率需要 100 MS/s，在这种条件下才能通过采样后的数据完全还原出原来信号的所有信息，为了达到更好的测量效果，实际采样率推荐在 250 MS/s 以上。试验所用的 TDS7254B 和 DLM2054 两款示波器的带宽和实时采样率均可满足试验要求，试验中的实时采样率都在 250 MS/s 以上。

在满足采样定理的前提下，由于被测信号为时域暂态信号，为了完整地记录暂态信号，还需要数字示波器有足够的存储深度，存储深度的计算表达式为：

$$M = C \times Sa \times T \tag{2-102}$$

式中：Sa——实时采样率，GS/s；

T——记录信号持续时间，s；

M——存储深度，GS；

C——通道个数。

以 DLM2054 示波器为例，在 4 个通道同时工作的情况下，实时采样率为 1.25 GS/s，则记录 10 ms 信号所需存储深度大小 M 为：

$$M = 4 \times 1.25 \times 10 \times 10^{-3} = 0.05\text{（GS）} \tag{2-103}$$

即此时需要 50 MS 的存储深度。存储深度、带宽以及实时采样率相互制约，针对被测信号的频率范围，应选择合理的配置组合，满足测量工作的要求。

四、测试案例及分析

为了分析系统电磁干扰环境的特性，可通过试验测量系统的电磁干扰情况。脉冲功率电源电磁干扰测量工作主要侧重于电源系统中电磁干扰最严重的部分，根据前面对脉冲功率电源电磁环境的分析，可知干扰测量重点为：① 脉冲功率电源开关附近的电磁干扰；② 电源电抗器附近的电磁干扰；③ 汇流排以及电源负载导轨回路附近的电磁干扰。

电磁干扰测量工作均在时域中进行，通过试验得到系统关键部位的干扰磁场的时域波形。由于被测电源系统电流非常大，磁场相对于电场非常突出，因此主要测量磁场干扰信号。测量装置和配置要求如前面所述，环探头直接输出探头感应电动势波形，通过积分处理即可得到被测磁场的时域波形。试验测量主要侧重于系统电磁干扰环境的评估测量，测量精度和准确性要求不高。试验测量得到暂态时域信号后，给出了信号幅值大小、衰减情况和频谱等方面的特性分析。在综合测量结果分析的基础上，参考国家标准 GJB151A，评估电磁干扰水平，为电磁防护与加固提供支持。下面以脉冲功率电源的开关为例，给出电磁特性的测试及结果分析。

开关在脉冲功率装置中起着关键性作用。开关种类很多，其中各种电火花间隙（Spark Gap）开关应用最广，但随着技术的发展，可控硅开关的应用也较多。试验中所研究的电源分别采用三电极空气间隙开关和大功率可控硅开关。

测试案例中所用的三电极开关间隙为 3.5 mm，主电极半径为 4 cm，采用气体间隙开关的电源有 9 个电容储能模块，电容器组峰值充电电压为 5 kV，第 1 组到第 8 组单台电容容量为 15 mF，第 9 组为 54 mF，回路电感为 20 μH，电阻为 20 mΩ，产生的脉冲电流峰值约为 500 kA 量级；采用可控硅开关的电源为单个电容储能模块，电容器峰值充电电压为 10 kV，电容容量为 2 mF，所产生的脉冲电流峰值约为 50 kA 量级。

脉冲功率电源主电流上升沿为几百微秒，其频谱主要分布在 1 kHz 以下，而电源电磁干扰高频分量主要来源于开关。文献研究表明，三电极气体间隙开关产生的干扰信号主要的频谱范围在 100 MHz 以内；可控硅开关产生的干扰信号频谱一般不会超过这个频率范围。在空气中传播的 100 MHz 的电磁波的波长约为 3 m，根据实际脉冲电源的尺寸以及测量点距电源的距离可知，此电磁场属于辐射源的近场区域。因此，磁场和电场需要分开来测量。对于本案例中的两种脉冲功率电源，电场很小，因此只给出了磁场的测量与分析。

（一）气体间隙开关作用下的磁场分析

采用气体间隙放电开关的脉冲电源，其储能模块分序触发，图 2－81 为其测量分析结果。示波器的采样率为 500 MS/s，测量探头距离开关中心轴线 20 cm，电容器充电电压为 4 kV。

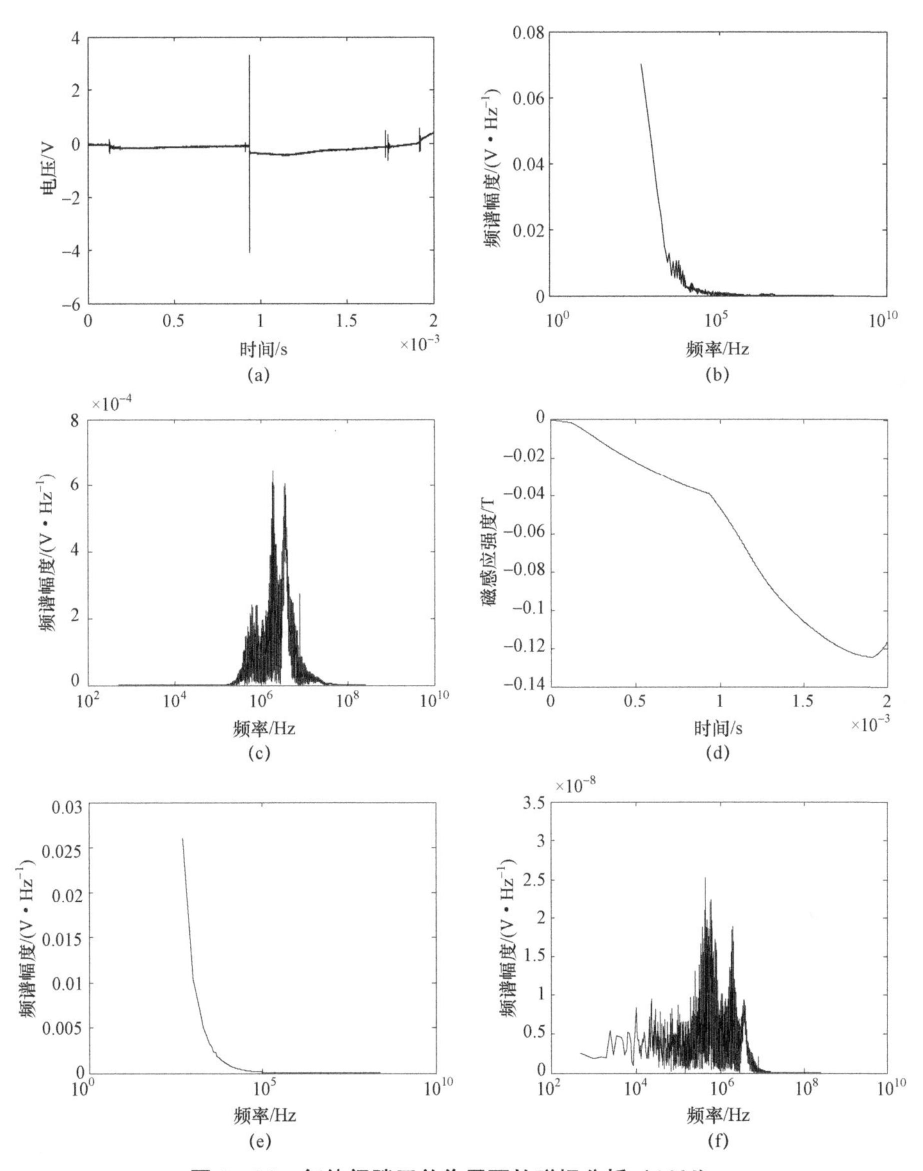

图 2－81 气体间隙开关作用下的磁场分析（4 kV）

（a）B－dot 波形；（b）B－dot 频谱；（c）B－dot 高频频谱；（d）磁感应强度波形；（e）磁感应强度波形频谱；（f）磁感应强度波形高频频谱

图 2－81（a）为环探头输出电压波形，即磁场的时间变化率，图中结果为探头上感应电动势的电压值，以下称为 B－dot 测量信号。从图中可以看出，峰值感应电动势可达 4 V 左右。图 2－81（b）为探头输出感应电动势信号的频谱，从图中可以看出，信号主要能量集中在低频，开关放电主电流对磁场贡献大，为了更好地观察开关导通过程中产生的高频信号频谱，对信号做 500 kHz 以上的高通滤波。图 2－81（c）是感应电动势波形的高频频谱，可知信号频段主要集中在 10 MHz 以下。对探头输出感应电动势做积分处理之后，得到图 2－81（d）的时域磁感应强度波形，图示峰值磁感应强度幅值为 0.125 T。图 2－81（e）和（f）分别为磁感应强度波形的频谱分析图，磁感应强度主要能量的频谱集中在低频，高频部分频谱集中在 10 MHz 以内。

（二）可控硅开关作用下的磁场特性

案例中的脉冲电源采用的可控硅开关型号为 KPC 2200，其仅有 1 个电容储能模块。测量分析结果如图 2－82 所示。示波器的采样率为 500 MS/s，测量探头距离开关中心轴线 19 cm，电容器充电电压为 8 kV。

图 2－82（a）为环探头输出电压波形，即磁场的时间变化率，图中结果为探头上感应电动势的电压值，从图中可以看出，峰值感应电动势可达 2 V 左右。图 2－82（b）为探头输出感应电动势信号的频谱，从图中可以看出，信号主要能量仍然集中在低频，开关放电主电流对磁场贡献大，为了更好地观察开关导通过程中产生的高频信号频谱，对信号做 500 kHz 以上的高通滤波，图 2－82（c）是感应电动势波形的高频频谱。对探头输出感应电动势做积分处理之后，得到图 2－82（d）的时域磁感应强度波形，图示峰值磁感应强度幅值为 0.030 T。图 2－82（e）和（f）分别为磁感应强度波形的频谱分析图，磁感应强度主要能量的频谱集中在低频，高频部分频谱集中在 1 MHz 以内。

电容器充电电压为 8 kV 时，对采用可控硅开关的脉冲电源，在与开关轴线垂直，与开关中心相交的直线上，磁场峰值衰减情况如图 2－83 所示。从图 2－83 可知，在距离可控硅开关轴线 10 cm 远处，磁感应强度峰值大小为 0.120 T，距离可控硅开关轴线 26 cm 远处，磁感应强度峰值大小衰减为 0.010 T 左右，磁场随距离衰减很快。

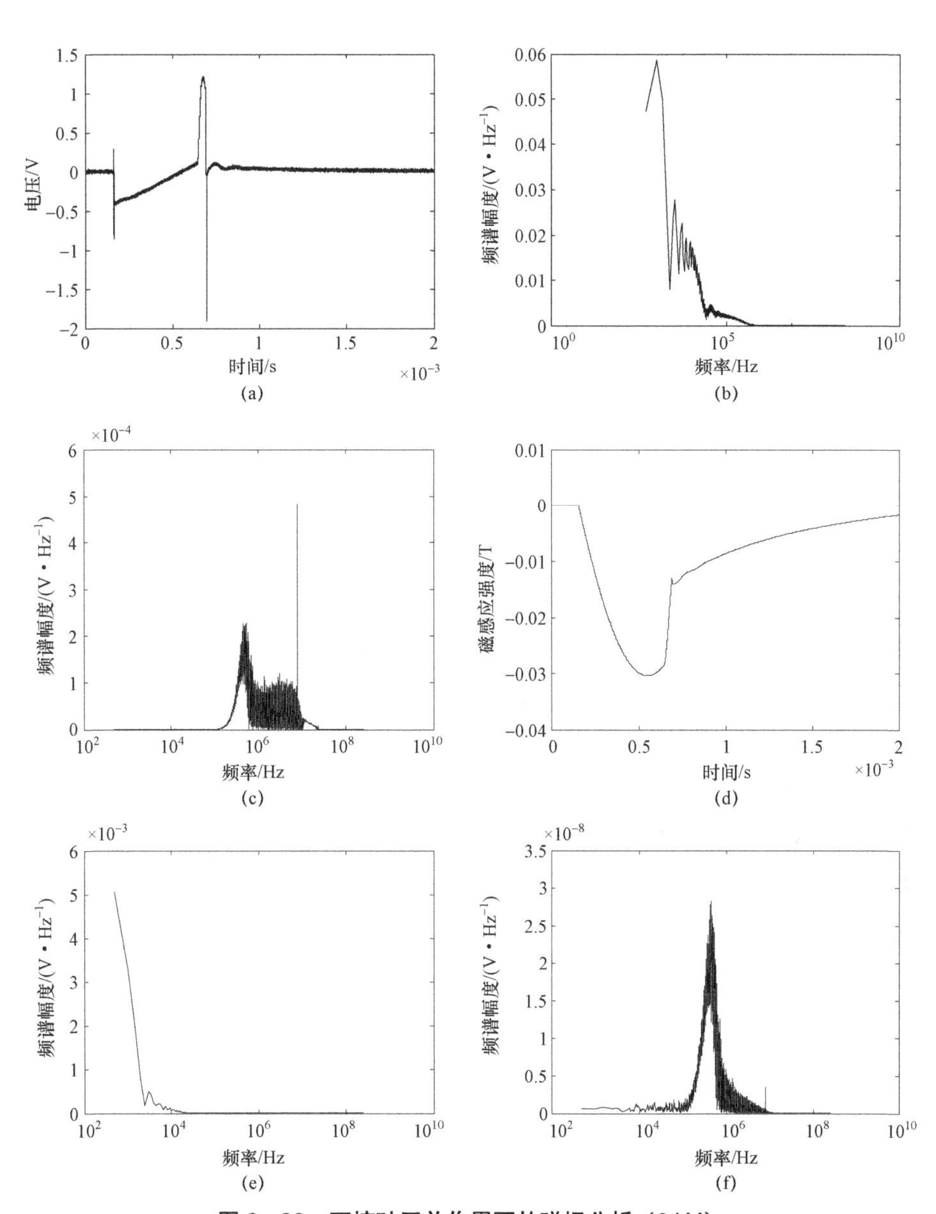

图 2-82　可控硅开关作用下的磁场分析（8 kV）

（a）B-dot 波形；（b）B-dot 波形频谱；（c）B-dot 波形高频频谱；

（d）磁感应强度波形；（e）磁感应强度波形频谱；

（f）磁感应强度波形高频频谱

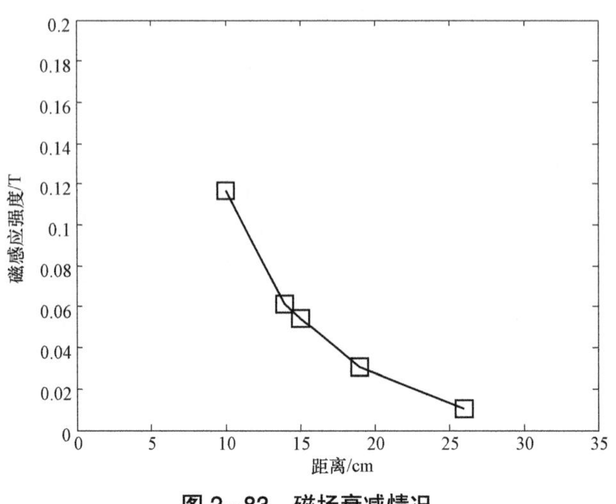

图 2-83 磁场衰减情况

根据两种开关的典型试验数据的频谱分析结果，可知气体放电开关的脉冲电源的 B-dot 测量信号频谱和可控硅开关脉冲电源的频谱的主频段都在 1 kHz 以内，主要由主脉冲电流产生。开关动作产生的高频信号相比较整个脉冲功率电源放电能量来说，占的比重很低。但开关动作会产生高频信号干扰，气体放电开关磁场高频区域，信号主要分布在 10 MHz 以内，而可控硅开关的磁场信号则主要分布在 1 MHz 以内。可控硅开关的高频信号比气体放电开关的高频信号的主频点约低一个数量级。

采用相同的方式，可以测量电磁轨道炮发射过程中任意一点、任意方向的电磁场环境特性，为分析和研究解决电磁轨道炮发射过程中的电磁干扰问题提供重要支撑。

第六节 电磁轨道炮过载性能测量

电磁轨道炮发射时，会产生近 $10 \times 10^4\,g$ 的过载量，为研究电磁轨道炮弹药的发射性能，需要对电磁轨道发射过程中的过载进行动态测试。

近些年随着动态存储测试技术在低功耗、微体积方向的不断发展，利用存储测试技术获取过载特性的方法得到了广泛运用。动态存储测试技术的基本工作原理如图 2-84 所示。该测试装置嵌入试验弹丸中，与弹丸一起发射。

测试系统工作时，在微处理器的控制下，传感器将采集到的加速度值转化成电量输出，电信号经由信号调理电路放大滤波后进行 A/D 转换并送入存储模块进行存储。发射完成后，将测试系统收回，连接到上位机读取数据后，做相应的数据处理。

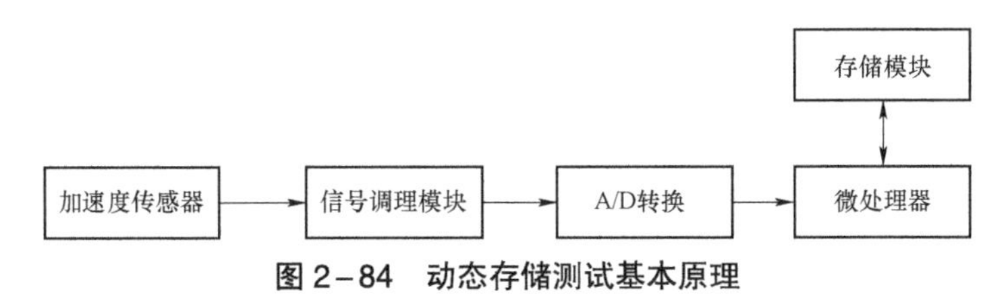

图 2-84　动态存储测试基本原理

动态测试技术是当前弹载测试技术的发展方向，然而在进行电磁轨道炮过载测试试验时，因其不同于常规火炮的发射方式，其膛内的强电磁场对绝大多数电子元件都会造成破坏，这将对一般的过载参数测试装置造成极大的毁伤。因此针对常规过载测试装置在强电磁环境下受到的电磁干扰影响问题，提出了电磁屏蔽技术，旨在通过壳体对电磁场进行有效屏蔽，使测试系统不受电磁干扰以保证电路系统稳定工作；同时，结合采集存储技术、低功耗设计，实现数据的获取及回收，最终得到电磁轨道炮的瞬态过载参数。

电磁屏蔽技术作为电磁轨道炮过载测试系统设计的重点，在设计中起着举足轻重的作用，因此寻找并采用合适的屏蔽技术，是消除强电磁干扰的关键所在。

目前，电磁屏蔽主要有两种方式：一是针对电磁干扰源，利用屏蔽材料对干扰源进行封闭，使干扰源产生的磁场不能外泄；二是针对电路系统，利用屏蔽材料将需要屏蔽的元件或电路封闭起来，使干扰源产生的磁场无法影响到电路或元件。

影响电磁屏蔽效果的因素很多，归纳起来主要有两类：一是屏蔽体材料的选择；二是屏蔽体的结构是否完整。如果屏蔽体不完整，将导致磁场泄漏，使屏蔽效果降低。

依据电磁屏蔽原理，屏蔽体的屏蔽性能主要取决于材料的电导率 R、磁导率 L 及厚度 d 等参数。电导率是屏蔽材料选择的重要依据，金属良导体如铜、铝、金、银等因为具有较高的电导率，经常被用作屏蔽材料。各种金属屏蔽材料的性能比较如表 2-3 所示。

表 2-3 各种金属屏蔽材料的性能比较

金属屏蔽材料	相对于铜的电导率（$\sigma_{Cu}=5.8\times10^7\ \Omega/m$）	$f=150$ kHz 时的相对磁导率	$f=150$ kHz 时的吸收损耗/（$dB\cdot m^{-1}$）
铜	1.00	1	51
铝	0.61	1	40
锌	0.29	1	28
黄铜	0.26	1	26
镉	0.23	1	24
镍	0.20	1	23
铁	0.17	1 000	650
45#钢	0.10	1 000	500
不锈钢	0.02	1 000	220

屏蔽材料选择的基本原则是：

（1）针对高频磁场的干扰，屏蔽材料应当选用电阻率较低的金属材料，利用金属材料中形成的涡流，消耗电磁场能量，实现对高频磁场的屏蔽作用。

（2）对于低频磁场，屏蔽材料的磁导率应该越高越好，这种情况下，磁力线会被束缚在高导磁材料中，磁场很难扩散到被屏蔽空间中，能够实现对低频磁场的屏蔽作用。

（3）在实际应用中，电磁环境往往比较复杂，需要同时对高频磁场和低频磁场进行屏蔽。可以采用多种金属材料组合的方式，利用多层结构对复杂频率特性磁场进行屏蔽。

从上一节关于电磁轨道炮电磁环境特性分析可知，电磁轨道炮发射时受到开关、电源等其他部件的影响，不仅存在低频分量，也可能存在高频分量。因此，要根据实际情况综合选用引信电磁屏蔽材料，既要考虑屏蔽罩重量，也要考虑屏蔽罩强度等各种因素，才能达到比较好的屏蔽效果。

为了有效屏蔽电磁炮膛内复杂的电磁环境，该设计采用 45#钢—紫铜—坡莫合金—纯铁—铝的多层组合材料作为过载测试装置的壳体材料，五层金属采用压力焊接工艺压为一体，同时为避免设备在外部接口处的电磁泄漏，选择具有弹性且屏蔽性能优越的导电橡胶衬垫进行密封，从而达到更好的屏蔽效果。

该过载测试装置的结构如图 2－85 所示，为了满足强度的要求，该结构的最外层选择 45#钢材料，内部依次为紫铜、坡莫合金、纯铁和纯铝，多层金属材料得以有效削弱电磁场造成的影响，结构体顶部设计为弧面形状，并将质软的软铝金属包裹于结构顶部，目的是在设备落地回收时起到缓冲作用。该测试装置的主结构三维模型图如图 2－86 所示。加速度传感器固定于纯铁层圆筒的底面上，介于铝筒与主结构体之间，铝筒结构内部放置电路板，与电池组、传感器的信号线和供电线通过铝筒底部的走线孔连接到采集电路板上，结构内部空隙部分通过聚氨酯灌封胶固化填充。多层金属材料制作而成的结构壳体对电磁场起到了有效的屏蔽作用。

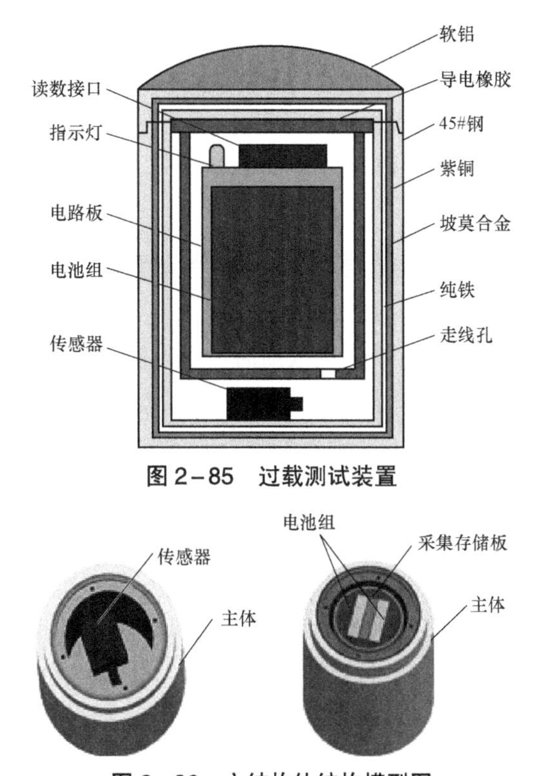

图 2－85　过载测试装置

图 2－86　主结构体结构模型图

过载测试系统的主要功能是获取运动载体的加速度信息，并对加速度模拟量经过数字量化及编码后，将数据进行存储，最后在试验完成后将数据可靠地回读。该采集存储系统主要由 A/D 转换单元、FPGA 控制单元、数据存储单元、电压转换单元组成，原理框图如图 2－87 所示。系统采用外部断线触发上电，经过程序延时之后，各模块开始工作。当 A/D 转换模块采集的信号大于所设定的阈值时，开始触发数据存储状态，FPGA 控制单元将编码后的数字信号进行缓存及打包，最后发送到 FRAM 数据存储单元。

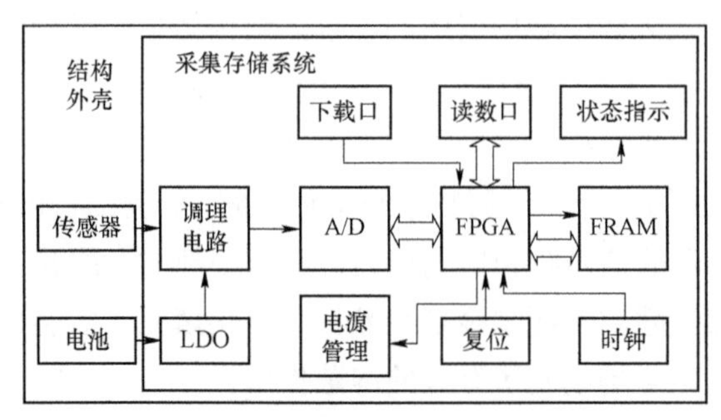

图 2－87　电路系统组成及原理框图

受整个系统结构小型化的限制，各元器件的选型都要本着节省空间的原则，选择小封装的芯片。该系统主控芯片选用系统 ACTEL 公司的 FPGA，型号为 AGLN250－cs81，尺寸仅为 5 mm×5 mm，大大减小了 PCB 布局空间。

该系列 FPGA 采用 Flash 结构，无须外围配置芯片，具有单芯片、非易失性、上电即行等优点，方便设计与开发。

为使得该测试系统拥有较长的续航时间，以保证系统在电量充足的状态下正常工作，本系统提出了电路的低功耗设计，主要从两方面进行：① 选择功耗较小的电子元件；② 从硬件电路设计方面考虑。

第七节　电磁轨道炮终点效能测试

从电磁轨道炮的工作原理可知，电磁轨道炮可以利用发射的超高速动能弹药，实现对目标的动能毁伤，其作用效果与传统火炮的穿甲弹有类似相同之处。为实现电磁轨道炮毁伤效能测试，可以采用各种靶板对电磁轨道炮弹药的终点效能进行评估。

电磁轨道炮试验中可以用的靶板包括单层金属靶板，也可以采用多层复合材料靶板，如图 2－88 所示。

复合材料靶板可以将各种金属材料、碳纤维材料进行复合，提高靶板的抗毁伤能力，然后利用轨道炮的终点动能产生的穿深毁伤效果，评估其毁伤能力，如图 2－89 所示。

图 2-88 复合材料结构

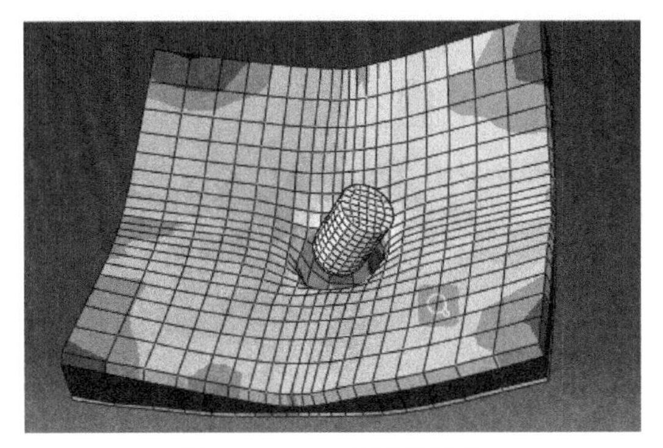

图 2-89 动能毁伤结果

为了测量弹丸的终点动能，通常需要测量弹丸的终点速度。传统的测速方法有很多，包括高速摄影、雷达测速、遥测速度、光电测速等。本节主要介绍基于网靶的终点速度测量方法。

终点测速系统主要由工控机、高速采集卡、信号调理电路和网靶组成，系统结构如图 2-90 所示。在测速现场，为提高网靶测速的可靠性，每次测量使用 3 块网靶，且按一定的距离依次放在靶标前。为有效减小现场和控制系统之间的杂波干扰，使用具有屏蔽作用的同轴电缆传输信号。计算机通过高速采集卡采集由调理箱电路传输过来的断靶信号，来计算弹丸的终点速度。

网靶的制作通常是用一根细金属丝在绝缘的矩形框架的左右两边框的接线柱上来回绕制成一个栅栏式，将电压或者是电流信号连接到网靶的金属丝上，一般要求网靶上两金属丝的距离约为弹丸直径的 1/4。制作网靶的金属丝应选用对弹丸速度影响较小的材质，同时注意金属丝的绝缘，避免出现短接现象。

将接触靶设计成断靶，在弹丸发射前，连接网靶形成的回路处于导通状态，当弹丸将靶面撞断后，此回路断开，产生一个正脉冲的电压信号。计算机采集两断靶时间，由计算公式求出弹丸在这段弹道上的平均速度。图 2-91 中 A 为靶信号输出端，K 为网靶，当网靶被撞断时就相当于 K 打开，此时 A

端将输出电压脉冲信号。根据相邻两个靶输出的电压脉冲信号之间的时间差，即可计算得到弹丸通过测试靶时的平均速度。

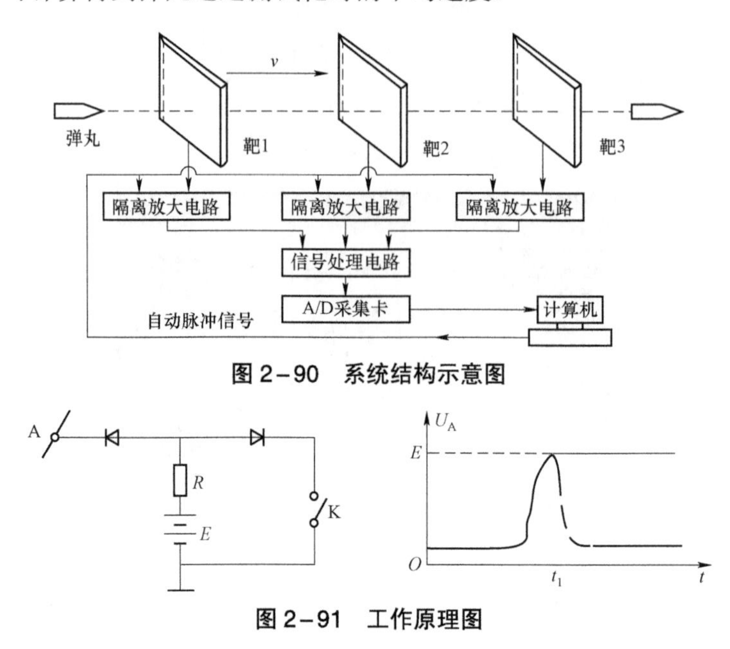

图 2-90 系统结构示意图

图 2-91 工作原理图

虽然采用金属丝制作网靶可以测量弹丸的终点存速，但是金属丝靶的制作比较复杂、制作周期长、金属线间距和缠绕松紧度对测试结果有较大影响，因此该方法经过改进，目前主要采用柔性薄膜印制电路断靶测试装置，该印制电路（PCB）测速靶，因具有加工、使用方便、可批量生产等特点，被得到广泛使用。

印制电路测速靶的原理如图 2-92 所示，通过在环氧玻纤布层压板（FR-4.0）上覆盖铜箔制作印制电路靶，铜箔以蛇形环绕的方式连续排布在玻纤板上，铜箔的端点连接输入和输出线路。印制电路靶实物如图 2-93 所示。

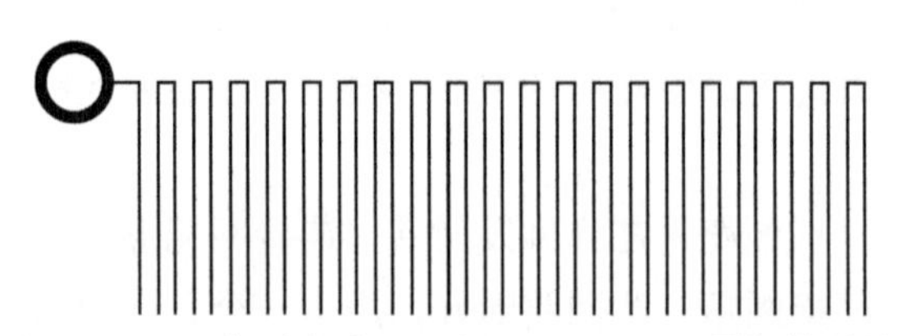

图 2-92 环氧玻纤布层压板（FR-4.0）覆铜箔结构

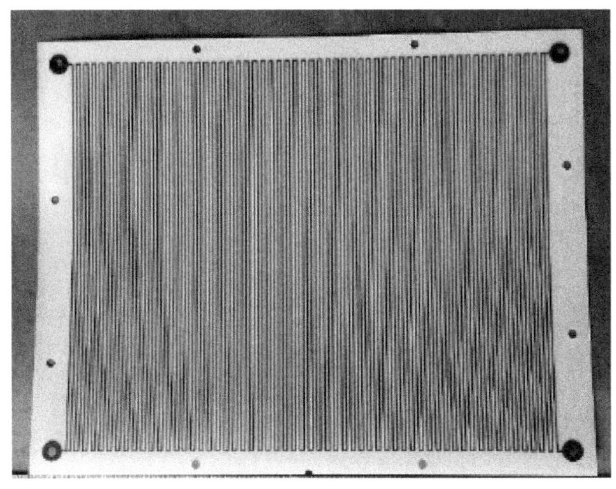

图 2-93　印制电路靶实物图

印制电路测速靶的测速实质等同于靶网测速原理，试验前在电路靶两端引出的导线上通入电流，当弹丸通过电路靶时，切断覆着在玻纤板上的铜箔，产生断路信号。与传统铜丝靶网破片速度测试装置相比，印制电路靶克服了铜线松紧不一致、铜线间距过大、作用不稳定的缺点，具有简单方便、一致性好、可靠性高等特点。

利用上述装置，可以测量电磁轨道炮发射的弹丸的终点存速，并根据终点存速，计算得到其终点动能，同时结合其对靶板的毁伤效果，评估其终点毁伤效能。

第三章　电磁轨道炮试验弹丸无损回收技术

第一节　无损回收技术现状

一、电磁轨道炮试验弹丸无损回收技术背景

在现代化弹药的研究过程中，为了更清楚地了解弹药的相关特性，开展相应的试验研究仍然是最基本、最主要的研究手段，而在试验研究的过程中，为了分析弹丸的弹道终点特性以及研究其他相关性质，往往需要对发射后的试验弹进行无损回收。例如，在新型弹药侵彻体试验研究中，为了确定弹丸的侵彻效应，观察弹丸的完整侵彻状态是研究过程中的必要手段，这就要求对试验弹丸进行软回收；在爆炸成型弹丸（EFP）的研究中，为了观察 EFP 的成型效果，其软回收对于其过程研究有着重要意义。因此，对高速弹丸的软回收是弹药研制过程中一种必要的技术手段。

在电磁轨道炮试验研究过程中，同样迫切需要超高速弹丸的软回收技术，主要原因有以下两点。

1. 枢/轨接触过程分析离不开电枢的软回收

电磁轨道炮发射过程中电枢/轨道之间的滑动电接触技术是电磁轨道炮本体的关键技术之一，它涉及超高速滑动电枢与轨道之间的损伤模式和损伤机理研究等，这些都会影响轨道的使用寿命，制约着电磁轨道炮的研究进程。由于对电枢/轨道之间的超高速滑动电接触的实时监测非常困难，目前采用的研究方法是依据基本理论，建立超高速滑动电接触模型，预测滑动电接触的特性和对轨道及电枢界面的影响，并根据发射后的滑动接触界面形貌与理论预测结果进行比较，反演滑动电接触真实过程。当前的试验困难在于超高速电枢的完整回收，以及由此获得的电枢经过滑动接触过程后滑动界面的原始形貌。因此，要实现电枢/轨道滑动电接触的有效分析，离不开电枢的无损回收。

2. 弹丸控制组件测试离不开软回收

作为一种超远程弹药，电磁轨道炮弹药要实现精确打击，必须带有弹载制导组件。但是在很短的轨道上，要将弹丸加速到超高速，其各组件必然承受较大的过载。在经历长脉冲、高过载、强磁场的环境后，弹丸制导电子组件能否可靠工作，是电磁轨道炮弹药研究过程中必须解决的重点难题。而判断其耐受恶劣环境能力最好的办法，就是将其可靠回收，因此，需要对模拟发射的电磁轨道炮弹药组件进行可靠软回收，防止其在终点作用过程中造成损坏，从而影响其性能分析与测试。

美国得克萨斯大学高技术研究所在电磁轨道炮研究过程中所展示的超高速电枢采用了硬回收技术，回收的电枢被撞坏变形，如图 3-1 所示，该回收的电枢原始形貌已经破坏，无法满足我们研究的需要。

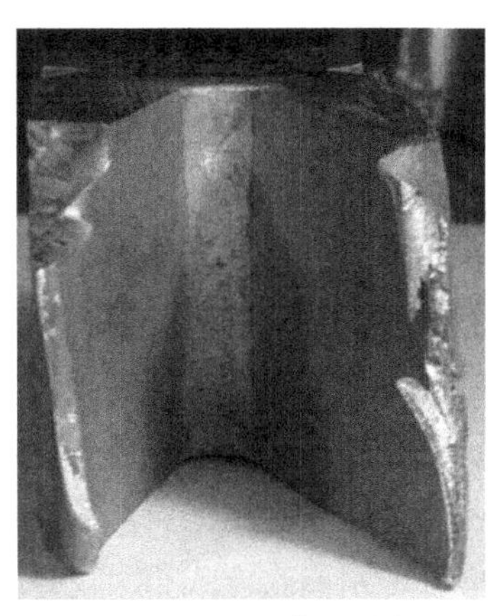

图 3-1 硬回收的电枢

二、试验弹丸回收技术现状

在高速弹丸的软回收试验方面，国内外都开展了一些相关的理论和试验研究，取得了一定的研究成果，主要集中在爆炸成型弹丸（EFP）、高速飞行体软回收试验、基于空气阻尼的弹丸软回收试验等方面，从而为电磁轨道炮超高速弹丸的软回收技术提供了经验借鉴。同时，国内外开展的一些关于弹丸水下运动的相关研究也为超高速弹丸的软回收提供了理论参考。

（一）EFP 软回收技术研究

爆炸成型弹丸（EFP）是通过爆炸来产生类似“弹丸”的侵彻体，并利用高速侵彻体终点动能实现对目标侵彻毁伤的一种弹药技术。EFP 的软回收技术是研究 EFP 战斗部性能的重要方法和手段。1957 年的 Allen 等人通过试验建立了刚性弹丸在介质中侵彻时作用在弹丸上的阻力模型，2005 年 Pope B M 和 David 等人首次将该模型运用到 EFP 的软回收技术研究中，提出了针对高速 EFP 的软回收装置的优化设计方案，并设计了 EFP 的软回收装置，从而为 EFP 的回收奠定基础，为 EFP 的设计和微观分析提供了有益参考。其中回收介质在装置中的结构布局如图 3-2 所示。

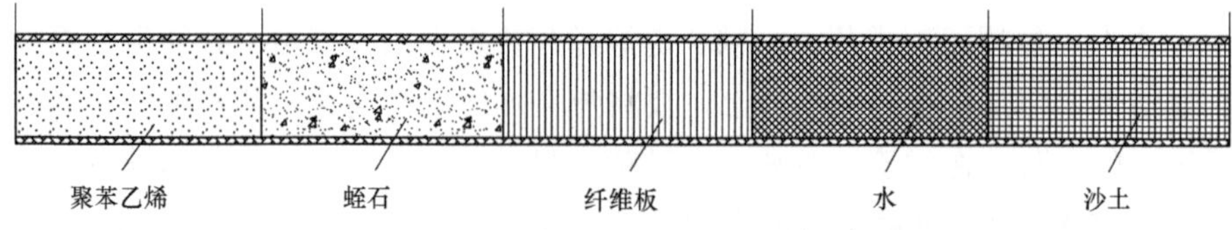

图 3-2 EFP 回收试验软介质在回收装置中的结构布局

2008 年，武汉军械士官学校的陆鸣和解放军理工大学的顾文彬等人在上述研究基础上，对 EFP 的回收方法进行了进一步的改进和完善，设计并开展了相应的 EFP 回收试验，回收初速度约为 2 300 m/s。通过 5 发弹丸的回收试验，得到了不同缓冲介质的阻力系数。试验表明：低密度介质能无损减速高速弹丸，而高密度介质可以保证弹丸飞行弹道稳定。回收时在回收装置前端放置低密度介质，后端放置高密度介质，通过将两种缓冲材料结合起来，采用不同的长度比例，可适应不同初速 EFP 的软回收需要。

但从回收方式和回收介质可以看出，上述试验装置均采取了分段回收的方式，并且采取了不同密度的回收介质，将介质按照密度从低到高的顺序排列于回收装置中。其中第一类试验装置所用的介质为聚苯乙烯、蛭石、纤维板、水、沙土；第二类试验装置所用的介质为不同状态下的发泡塑料、珍珠岩粉、水，其中多数介质为均匀介质或相对均匀介质。同时通过试验还可以发现，要实现 EFP 的软回收，要求介质的颗粒尺寸及颗粒间的距离远小于回收弹丸的尺寸。

上述试验在衡量 EFP 回收效果时，以回收到的 EFP 质量与发射前的质量的比值作为衡量指标，此外试验中虽然给出了回收距离，但并没有分析回收过程中 EFP 受到的过载情况。

（二）高速飞行体软回收技术研究

除了 EFP 的回收之外，国内相关单位针对其他高速飞行体的回收，也开展了相关研究。2006 年南京理工大学的费东年等人通过模拟计算分析，设计出了一种高速飞行体的无损回收装置，能够将初速为 900 m/s 的凸头飞行体无损回收。该装置由长度不同的四节回收箱构成，分别填充不同密度的泡沫铝材料，其中首节泡沫铝材料密度为 0.37 g/cm^3，长 9 m；第二节泡沫铝材料密度为 0.486 g/cm^3，长 5 m；第三节泡沫铝材料密度为 0.90 g/cm^3，长 2.5 m；第四节泡沫铝材料密度为 1.8 g/cm^3，长 1.5 m。其结构如图 3-3 所示。

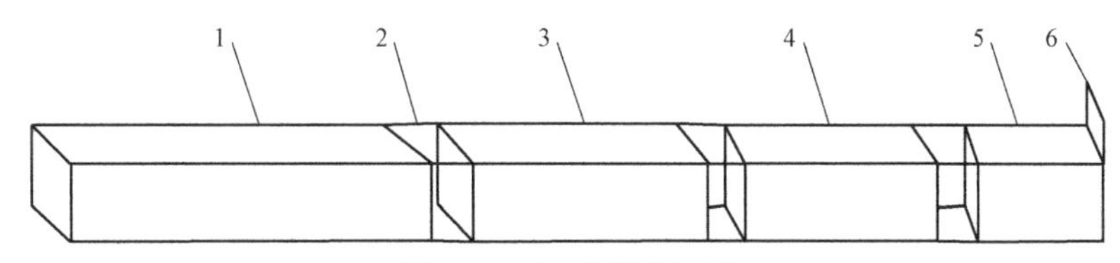

图 3-3　回收箱结构图

1—第一节回收箱；2—连接条；3—第二节回收箱；
4—第三节回收箱；5—第四节回收箱；6—挡板

2007 年，南京理工大学的蔡以涛在上述研究基础上，通过概念设计的方法给出了四种回收设计方案，对初速 900 m/s 的飞行体进行无损回收。给出的四种方案均采用四段回收箱，只是分别选用不同的回收介质。其中第一段介质密度为 0.36 g/cm^3，长度为 8 m，第二段介质密度为 0.62 g/cm^3，长度为 7.5 m；第三段介质密度为 1.2 g/cm^3，长度为 6.5 m；第四段介质密度为 1.6 g/cm^3，长度为 4 m。前两种方案中，介质分别采用上述密度的泡沫铝和泡沫锌材料；第三种设计方案中，将第三段回收箱长度增加至 8 m，第四段采用密度为 1.8 g/cm^3 的沙土，长度为 2 m。第四种方案中，将第一段回收介质选用密度为 0.3 g/cm^3 的木屑，长度为 18.25 m，后三段与前两种相同。

2015 年，南京理工大学的毛磊等人开展了利用高速铝制平头圆柱弹丸侵彻面粉的试验，其中面粉密度为 0.52 g/cm^3，弹丸材料采用硬铝合金 LY12 铝材料，直径为 35 mm，长度为 70 mm。试验中发射了 12 发弹丸，得到 7 发有效的试验数据。试验表明，该密度面粉对弹丸的阻力系数为 2.268，用面粉作为回收介质可在 1.8 m 的距离内将初速小于 1 200 m/s 的铝质平头圆柱弹丸进行无损回收。

上述试验装置研究总体来说有很多相似之处，均采取分四段回收的方式，回收介质采用变密度介质并且按照密度从低到高的顺序排布于回收装置中，并且弹丸在回收过程中受到的最大过载不超过 3 000*g*。

（三）基于空气阻尼的弹丸软回收技术研究

除了上述基于低密度介质的回收技术之外，2006 年 Yoo 等人曾经基于空气阻力，采用分段破膜法，对弹丸回收技术开展了数值仿真。在此基础上，以初速 500 m/s 的 20 mm 口径弹丸为例，设计了由三段同口径回收管组成的软回收系统，回收管总长度为 25 m。为进一步提高该装置的回收性能，2016 年潘孝斌等人对该系统进行了改进，采用了压缩空气阻尼单级破膜法，也就是在回收管中只形成单一密闭腔室，当弹丸在同口径的回收管内高速运动时，弹前气体受到压缩并产生运动阻尼，弹体在短距离内有效截停，从而实现无损回收。回收系统的总体结构如图 3-4 所示。

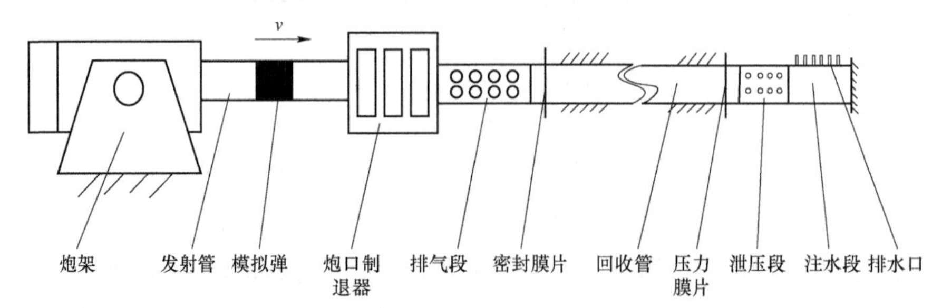

图 3-4 软回收试验系统回收装置示意图

该回收装置在回收方式和回收介质上与之前的研究均有较大的不同，利用了基于压缩空气的阻尼进行弹丸回收，可无损回收初速为 200～550 m/s 范围内的模拟弹，并且回收过程中弹丸受到的最大反向过载不超过其最大正向过载的 10%。

（四）关于水下弹丸运动的研究

高速弹丸在水中运动时由于空化现象会产生空泡。Tulin、Acosta、Geurst 和 Timman 对空泡现象的线性理论进行了大量的研究，其研究成果目前被广泛应用于各种不同二维翼形的求解之中。Ulman、Brennen、Kinnas、Alexander、Achkinadze 等人给出了采用不同数值方法求解空化及空泡的方法。

国内王昌明等进行了大量的试验研究，对水下弹丸的弹道特性进行了分析，建立了适合水下弹丸运动的速度-阻力回归模型，定性给出了弹丸在水下做高速运动时阻力与速度的平方成正比的关系，为优化弹丸结构设计及减小弹丸阻力提供了理论基础。顾建农、张志宏等通过理论分析，给出了弹丸入水侵彻距离与入水速度、弹丸水中速度与入水时间、弹丸水中侵彻距离与入水时间的数学预测模型，并通过试验验证了该模型的可行性。张伟、郭子涛等人进行了不同速度下的不同形状的弹丸入水试验，利用高速摄像机记录了从弹丸入水到空泡扩展的整个过程，并在此基础上提出了基于空泡数的阻力系数模型。

上述试验研究了弹丸在水中的运动规律，虽然研究目的是为了减小阻力，增加侵彻距离，但其理论模型的建立对于提高弹丸阻力、有效回收弹丸具有一定的参考意义。

三、现有弹丸软回收技术特点分析

对比分析国内外研究现状可以看出，目前弹丸软回收技术方面存在以下几个特点：

（1）可回收弹丸的初速低。目前弹丸的可回收速度大约都在 1 500 m/s 以下，还不能满足超高速弹丸的回收需要。虽然在 EFP 回收试验中，实现了速度为 2 300 m/s 的 EFP 的软回收，但由于对 EFP 软回收的判定标准较低，只要回收体质量满足要求，即可以认定为实现了软回收，所以 EFP 的回收初速度并不能作为其他弹丸实现可靠软回收初速的参考。

（2）回收的弹丸承受过载能力较强。目前已有的软回收试验中，回收的弹丸大多形状较为规则，呈圆柱状，且材质多为钢质，弹丸本身可承受的过载较大，回收时可以在相对较短的距离内截停而不损坏弹丸。

（3）回收装置距离较长。为了减小回收过程中弹丸受到的反向过载，回收装置普遍比较长，并采用了多段回收管或回收箱来实现。对于超高速弹丸来说，需要的回收装置长度可能成倍增加，现有方案难以满足回收装置结构紧凑的使用要求。此外，较长的回收距离也会增加弹丸和回收箱内壁擦碰的概率，造成弹丸的损伤。

（4）回收装置普遍采用分段变密度介质设计。为了达到回收要求，用同一种密度的回收介质很难在有限的距离内将飞行体截停下来，大多采取多级变密度回收介质对弹丸进行回收，一般按照回收介质密度由低到高的顺序排列于回收箱中。由于部分密度的介质无法直接得到，所以只能采用等效密度介质来代替。

四、电磁轨道炮超高速试验弹丸软回收技术的难点

目前国内外关于高速弹丸软回收试验的研究多采用圆柱体弹丸，弹体形状相对规律，在回收介质中高速飞行时受力较为均匀，除此之外，圆柱体弹丸回收试验对于软回收的要求相对宽松。例如，在高速铝质平头圆柱弹丸侵彻面粉的试验中，回收到的弹丸头部略微镦粗、长度缩短几毫米（弹丸原长度约 70 mm）的情况下，均可视为达到无损回收的目的，而电磁轨道炮中电枢的软回收却存在着更多的难点。

1. 回收过程中的摩擦热会造成电枢的损坏

目前电磁轨道炮多采用铝质 U 形电枢，发射速度可达到 2 500 m/s 以上，

想要无损回收该电枢还存在着很多技术难点。由于电枢的速度快、温度高，在回收过程中电枢与固体介质之间的摩擦会产生大量的热加剧电枢温升，而铝电枢质地软、熔点低，回收过程中会存在部分熔化现象，同时电枢在固体回收介质中运动时，介质颗粒容易划伤电枢界面，难以得到电枢滑动电接触后的原始形貌。

2. 电枢不规则的结构容易造成电枢的损坏

目前大部分的电磁轨道炮都采用U形电枢，由于U形电枢形状不规则，各点的厚度差异非常大，因此在回收过程中受力分布不均匀，同时会受到自身剪切力的作用，很容易造成电枢的变形和损坏。

3. 回收装置长度和反向过载之间的匹配设计

超高速弹丸回收过程中，要防止反向过载对弹丸组件造成损伤，同时又要满足回收装置结构紧凑、操作方便的要求。但是从上述分析可知，反向过载和回收装置的长度是呈负相关的，如何实现两者之间的匹配性设计，构建最优的回收方案，是超高速弹丸回收过程中需要解决的难题。

4. 低密度均匀回收介质的选取与设计

回收介质对回收装置的性能具有决定性作用。为实现回收装置长度和反向过载之间的优化匹配，通常需要选取特定密度的均匀介质，但这种均匀密度介质并不一定实际存在。为此，根据介质的物理特性，构建合适的替代介质，也是设计过程中的难点。

通过上述分析可以看出，电磁轨道炮超高速弹丸的软回收与普通弹丸的软回收相比，还存在着更多的难点，目前已有的弹丸软回收试验研究还难以实现电磁轨道炮超高速弹丸软回收的需求，但是其所用的变密度回收介质及多段回收的思路可以参考借鉴，同时上述的难点也是研究中需要解决的关键问题。

第二节　电磁轨道炮超高速试验弹丸软回收技术方案

超高速弹丸软回收技术的原理分析是实现电磁轨道炮超高速弹丸软回收的基础，也是软回收试验的理论指导。因此，根据流体力学理论、低速碰撞减速理论、弹道学、瞬态动力学等基本原理，参考目前已有的相关研究，结合当前建立的软回收模型以及弹丸侵彻靶板、弹丸水下运动等相关理论，设计构建了在相对短距离、低过载的情况下超高速弹丸软回收的理论模型，从而为电磁轨道炮超高速弹丸的软回收试验装置设计与验证试验提供依据。

一、电磁轨道炮超高速弹丸软回收原理

弹丸软回收的本质就是弹丸在安全过载情况下，使其通过不同密度的缓冲材料进行减速，最终使其速度衰减为零。武汉军械士官学校的陆鸣和解放军理工大学的顾文斌等人在 2008 年进行的 EFP 回收试验中曾得到结论：低密度介质能有效地无损减速高速弹丸，高密度介质可以保证弹丸飞行弹道稳定性，通过将不同密度的缓冲材料结合起来，在回收装置前端放置低密度介质，后端放置高密度介质，采用不同的长度比例，可实现高速弹丸的软回收需要。

根据美军设计的电磁轨道炮弹丸指标，弹丸在发射过程中受到的最大过载为 2×10^4g，故而要求回收装置能够无损回收初速达 2 500 m/s、可承受最大惯性力不高于 2×10^4g 的弹丸，传统的低密度材料很难满足设计要求。为此根据水下枪和水下弹丸设计理论，拟采用低密度流体作为电磁轨道炮超高速弹丸软回收的主用介质，其工作原理如图 3－5 所示。

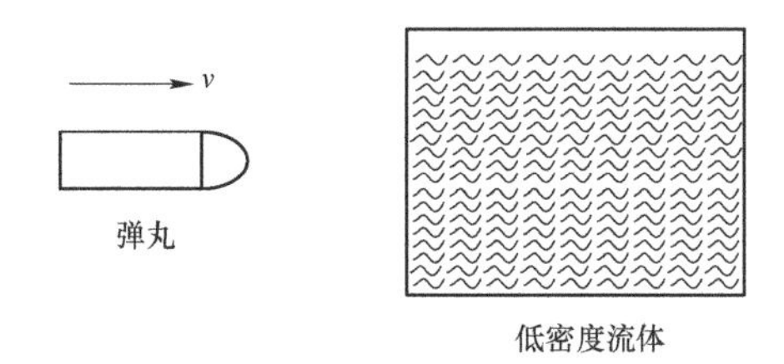

图 3－5　弹丸软回收工作原理

由于弹丸在回收介质中运行速度较快、时间较短，假设其弹道基本为一条直线，忽略竖直方向上的浮力、重力等，主要考察弹丸运动时水平方向的受力情况。根据流体中高速弹丸所受阻力理论，流体中弹丸受到的阻力与弹丸速度的平方成正比：

$$\frac{\mathrm{d}v}{\mathrm{d}t}=-bv^2 \tag{3-1}$$

式中，v 为弹丸瞬时速度；t 为时间；b 为衰减系数，表征介质中弹丸速度衰

减特性。在流体中，衰减系数 b 可以表示为：

$$b=\frac{\rho_{\mathrm{fluid}}AC_{\mathrm{D}}}{2m} \tag{3-2}$$

式中，ρ_{fluid} 为流体的密度；A 为弹丸的有效截面积；C_{D} 为阻力系数；m 为弹丸质量。通常把衰减系数 b 的倒数称为特征衰减长度，用 a 表示，其物理意义为速度衰减为初速的 $\frac{1}{\mathrm{e}}$（=0.368）时，弹丸在介质中的行程，为此，a 可以表示为：

$$a=\frac{2\rho_{\mathrm{projectile}}l}{\rho_{\mathrm{fluid}}C_{\mathrm{D}}} \tag{3-3}$$

式中，$\rho_{\mathrm{projectile}}$ 为弹丸等效密度；l 为弹丸有效长度。

根据上述理论可知，超高速弹丸回收理论的数学模型为：

$$\frac{\mathrm{d}v}{v}=-b\mathrm{d}x \tag{3-4}$$

对式（3-4）两边进行积分后可得：

$$v=v_0\mathrm{e}^{-bx}=v_0\mathrm{e}^{-\frac{x}{a}} \tag{3-5}$$

式中，x 为弹丸在介质中的行进距离；v 为弹丸的瞬时速度；v_0 为弹丸的初速度。由式（3-5）可得出弹丸经过某一段回收介质后的速度。

由式（3-1）～式（3-3）可知，高速弹丸在流体中某个时刻受到的过载（加速度的绝对值）与弹丸该时刻速度的平方成正比，与特征衰减长度成反比。要实现弹丸的软回收，关键是要在有限的距离内实现弹丸速度的有效衰减，并且保证在回收过程中弹丸受到的过载不超过其可承受的最大过载值。

考虑到实际工程成本，假设特征衰减长度 a 不超过 10 m，根据式（3-1）可知，在初速为 2 500 m/s 时，最大惯性力相当于 62 500g，这样的惯性加速度明显超过了 2×10^4g 的弹丸安全过载。同时，从上述分析可以看出，特征衰减长度越短，最大惯性力越大。为此，在弹丸的高速段，要尽可能采用低密度流体减速。在回收过程中，最根本的目的是对弹丸进行无损回收。从前面分析可知，弹药无损回收就是要求弹丸回收过程中受到的过载不超过 2×10^4g，在这一前提下要尽量保证回收装置距离短，而采用单一介质很难达到这样的预期，因此采取分段回收的设计方法。

二、电磁轨道炮超高速弹丸软回收整体方案设计

根据前面对弹丸软回收技术的国内外研究现状及现有弹丸软回收技术特点分析，为了解决电磁轨道炮超高速弹丸软回收的难点，基于弹丸软回收原理，结合电磁轨道炮弹丸的发射速度，拟采用分段式回收的方法，选用不同密度的流体介质，按照密度由低到高的顺序分布于回收装置中，对电磁轨道炮的弹丸进行软回收。

液体水作为常见的流体介质，其密度值确定且容易获取，可作为整体回收方案的一个回收段，而水的密度为 1 000 kg/m^3，考虑到电磁轨道炮弹丸承受过载 2×10^4g 的限制及 2 500 m/s 的超高初速度，若直接用水介质进行回收则明显会超出其安全过载，因此在水介质回收段前需设计更低密度介质回收段进行减速。吕庆敖等曾提出，利用气泵经导气管往肥皂水中吹气制得的水泡沫等效密度约为 100 kg/m^3，可以此为介质设计回收段，并置于水介质回收段之前。在水泡沫回收段之前以及水泡沫回收段与水介质回收段之间，可根据实际情况设置合适密度介质的回收段；同时，为了确保回收效果，可在水介质回收段后设置一段缓冲段。

根据上述分析，设计具体的回收方案如图 3－6 所示。从图 3－6 中可以看出，完整的超高速弹丸回收方案包括五段回收，依次为尘雾段、泡沫段、瀑布段、静水段、浸水纤维段，各段内的回收介质依次为沙尘或水雾、水泡沫、水瀑布、普通水、浸泡于水中的纤维，每段回收介质均处于保护容器内，每节回收箱的长度可根据需要自由调整。在回收过程中，可根据实际需要选择整体回收方案中的一段或几段搭配进行回收，以满足不同初速弹丸的回收需求。

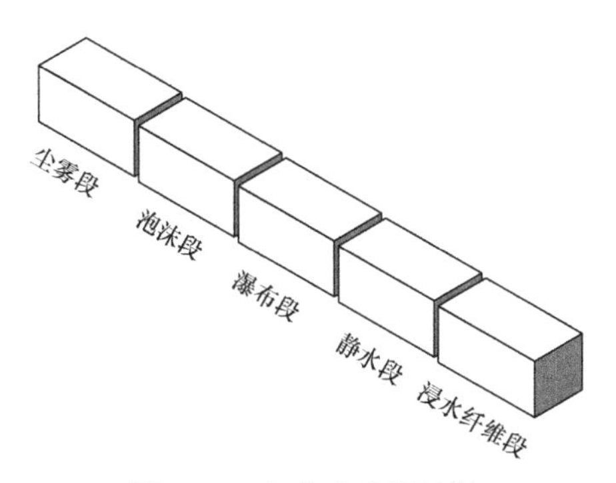

图 3－6　回收方案设计图

尘雾段内，用气泵鼓风经导气管搅动沙尘或水雾，使其弥散在空气中形成回收介质，由于空气密度为 1.29 kg/m^3，可通过配比使该段回收介质的等效密度为 1.29 kg/m^3 至 100 kg/m^3 之间的某一个或某几个确定值；泡沫段中，回收介质为水泡沫，可用气泵经导气管往肥皂水中吹气制得，其等效密度约为 100 kg/m^3；瀑布段中，瀑布面垂直于弹丸运动方向，弹丸依次穿过各个瀑布，瀑布的厚度和相邻的两个瀑布面之间的距离小于电枢的长度，把瀑布和空气看作一种特殊的变密度介质，控制瀑布的厚度与相邻瀑布之间的间距，使其等效密度为 100 kg/m^3 至 1 000 kg/m^3 之间的某一个或几个确定值；静水段中，回收介质为 1 000 kg/m^3 的水；浸水纤维段中，水中填充纤维，并且从前到后纤维分布逐渐密实，末端分布最为密实，具体分布如表 3－1 所示。

表 3－1　软回收方案各回收段回收介质及其密度

回收段名称	回收介质	介质（等效）密度/（kg・m^{-3}）
尘雾段	沙尘或水雾	1.29～100
泡沫段	水泡沫	约 100
瀑布段	瀑布与空气	100～1 000
静水段	水	1 000
浸水纤维段	水和纤维	—

以回收初速为 2 500 m/s、最大过载为 $2\times10^4\,g$ 的铝质弹丸和屏蔽罩为例，进行各回收段参数的计算。其中，弹丸和屏蔽罩的等效密度为 2 000 kg/m^3，假设其有效长度为 35 mm，长径比为 3:1。参考文献提供的试验测量数据：某型号水下枪口径为 6.1 mm，采用钢质弹丸，其有效长度为 135 mm、质量为 25 g、长径比为 22:1、等效密度约为 7 000 kg/m^3，在浅水中测量，该弹丸的特征衰减长度为 22 m，则阻力系数 $C_D=0.086$。其回收系统参数匹配设计的具体步骤如下：

（1）根据弹丸初速 2 500 m/s 和最大过载 $2\times10^4 g$，由式（3－1）可求得第一段的特征衰减长度不小于 32 m。

（2）根据特征衰减长度 32 m，参考弹丸参数有效长度 35 mm，根据式（3－3）求得该段回收介质密度不超过 50.87 kg/m^3，该密度值小于 100 kg/m^3，故第一段回收介质选择尘雾。

（3）由于水泡沫相对容易获取且等效密度值相对容易控制，为了方便下一段回收介质，选用水泡沫，经计算后设计尘雾段回收长度为 21.85 m，由式（3－5）可求得弹丸经过本段后的速度为 1 263 m/s，尘雾段参数设计完成。

（4）重复上述步骤设计第二段的参数。根据弹丸进入第二段的初速度 1 263 m/s 和最大过载 2×10^4g，求得本段特征衰减长度不小于 8.14 m。参考弹丸参数，得到本段回收介质密度约为 100 kg/m^3，选择泡沫水为回收介质。由于水的密度值确定且容易获得，为了方便下一段回收介质选用水，经计算后设计泡沫水介质长度为 9.37 m，得到弹丸经过泡沫段后的末速度为 399.43 m/s。

（5）重复上述步骤设计第三段的参数。根据弹丸进入第三段的初速度 399.43 m/s 和最大过载 2×10^4g，求得本段特征衰减长度不小于 0.814 m。参考弹丸参数，得到本段回收介质密度约为 1 000 kg/m^3，选择水作为回收介质。为了使弹丸经过静水段后速度降至 100 m/s 以下，设计水介质长度为 1.7 m，得到弹丸经过静水段后的末速度为 49.5 m/s。

（6）考虑到弹丸速度小于 100 m/s，第四段可作为最后一段，根据弹丸进入本段的初速度 49.5 m/s 和最大过载 2×10^4g，求得本段特征衰减长度为 0.012 5 m，介质可以采用浸水纤维。

根据上述计算分析，完整的 2 500 m/s 超高速铝质弹丸四段减速软回收设计方案参数如表 3－2 所示，回收过程中弹丸速度随回收距离的变化情况如图 3－7 所示。

表 3－2　超高速 2 500 m/s 铝质弹丸四段减速软回收设计方案

参数	尘雾段	泡沫段	静水段	浸水纤维段
最大过载	2×10^4g	2×10^4g	2×10^4g	2×10^4g
段内起始速度/（m · s^{-1}）	2 500	1 263	399.43	49.5
特征衰减长度/m	32	8.14	0.814	0.012 5
介质等效密度/（kg · m^{-3}）	50.87	100	1 000	—
减速介质	含尘雾的空气	泡沫水	静止水	浸水纤维
回收段理论长度/m	21.85	9.37	1.7	2
段内末速度/（m · s^{-1}）	1 263	399.43	49.5	0

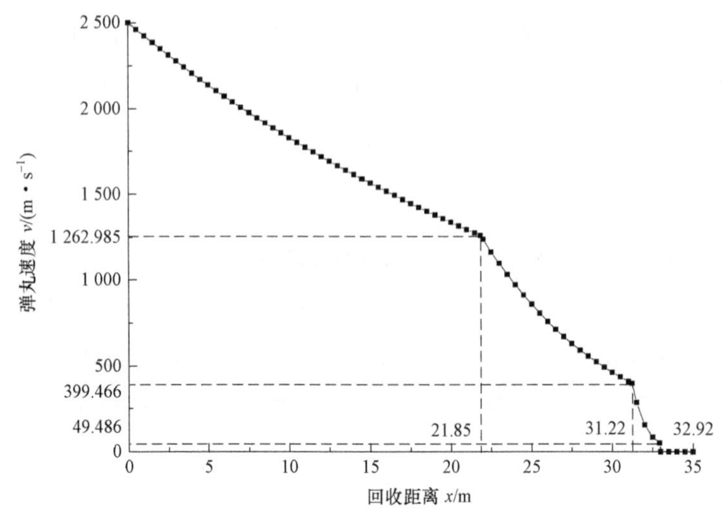

图 3-7　弹丸速度与回收距离的关系

从上述结果中可以看到，在本实施案例中，只选取了四段回收段即完成了铝质超高速弹丸的软回收技术设计，在不超过 35 m 的距离内可将初速为 2 500 m/s、最大过载不超过 2×10^4g 的铝质弹丸衰减至静止并无损回收，保证了软回收装置的简便性、可行性、有效性、实用性。但是，上述每一段参数的设计都是在基于阻力系数 $C_D=0.086$ 的前提下完成的，实际工作中每一段中的阻力系数值需要具体测量，如果实际测量值与 0.086 存在偏差，则按照上述公式修正衰减长度及后续设计参数即可。

第三节　电磁轨道炮超高速试验弹丸软回收仿真分析

前面基于理论分析，对电磁轨道炮超高速弹丸软回收方案的参数进行了分析计算。为进一步研究超高速弹丸软回收的特点规律，以 U 形铝质电枢组件为研究对象，运用动力学有限元软件 LS-DYNA，对 U 形铝质电枢软回收过程中的运动状态进行数值模拟分析，进而为电磁轨道炮超高速弹丸的回收试验奠定基础。

一、仿真方法概述

通过流体介质将电磁轨道炮超高速弹丸进行软回收，从本质上讲主要涉及流固耦合问题，数值模拟仿真的方法目前已经广泛用于对流体和固体的非线性耦合分析。

LS－DYNA 是目前用于通用显式非线性动力分析的最著名的程序，能够较为准确地模拟分析各种复杂的非线性问题，包括几何非线性（大位移、大转动、大应变等）、材料非线性（140 多种材料动态模型）和接触非线性（50 多种）等，在二维、三维非线性结构的高速碰撞、爆炸和金属成型等非线性动力冲击问题的求解上具有显著的优势。同时，LS－DYNA 还适用于传热、热流及流固耦合问题的求解。LS－DYNA 计算分析的可靠性在无数次的试验验证中得到证实，被广泛认定为工程应用领域最佳的仿真软件。为此，可利用 LS－DYNA 仿真软件强大的流固耦合功能，通过进行相关设置来对超高速弹丸回收过程进行仿真模拟。

LS－DYNA 的特点主要包括以下几个方面：① 强大的分析能力；② 丰富材料模型库；③ 易用的单元库；④ 充足的接触方式；⑤ 自适应网格剖分功能；⑥ ALE 和 Euler 列式；⑦ SPH 算法；⑧ 边界元法；⑨ 隐式求解；⑩ 热分析；⑪ 不可压缩流场分析；⑫ 跌落测试分析；⑬ 强大的软硬件平台支持以及其他方面等。

LS－DYNA 的分析过程主要包括问题的规划、前处理、求解以及后处理 4 个部分，如图 3－8 所示。

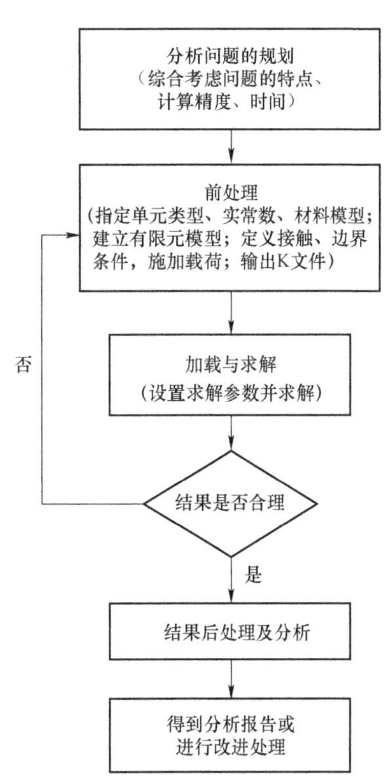

图 3－8 LS－DYNA 分析流程

LS－DYNA 程序主要有拉格朗日（Lagrangian）、欧拉（Eulerian）和任意拉格朗日－欧拉（Arbitrary Lagrangian-Eulerian，ALE）三种算法。拉格朗日（Lagrangian）和欧拉（Eulerian）型有限元方法广泛应用于流、固体力学问题的数值分析，这两种方法各有各的优势，但同时也各自存在相应的不足。

拉格朗日方法是以物质坐标系为基础，所描述的单元网格附着在分析结构的材料上，网格与结构一体，有限元节点即为物质点。随着材料的流动会产生单元网格的变形，能够非常精准地描述结构边界的运动，但是当结构变形过大时，可能使有限元网格产生极大的变形，导致网格畸变现象，使得求解发散，不利于计算的进行，因此该方法多用于固体结构的应力应变分析。欧拉方法则是以空间坐标系为基础，在划分网格时网格与分析的物质结构相互独立，在分析过程中网格始终保持在原来的空间位置，有限元节点即为空间点，其所在的空间位置始终保持不变，所分析的物质材料可以在网格中流动，可以有效解决极大变形问题和流体动力学的相关问题。由于该算法具有网格形状大小和空间位置始终不变的特点，在计算过程中计算数值的精度保持不变，但是该方法在物质边界的捕捉较为困难，尤其是结构分析中应变相对较小的时候，因此该方法多用于流体的计算中。

为了克服上述两种方法各自的缺点，Nor 和 Hirt 等人提出了将两种方法相结合的任意拉格朗日–欧拉（ALE）方法，并将其首次用于有限元差分方法中，来对流体动力学问题进行数值模拟。ALE 方法最初是为了满足核反应堆结构安全分析中非线性数值模拟计算的需要而被引入有限元法中。最初为了解决非黏性可压流体，Hughes 等人首先建立了 ALE 描述的一般运动学理论，Belytschko 等人在液泡膨胀数值模拟过程中提出了一种新的网格划分方法：物质边界上的网格采用拉格朗日方法描述，内部网格的参量可由边界上的参量得到。在此之后，Liu 和 Huerta 等人对 ALE 有限元的一般理论框架进行了更深的发展，推导了相关的计算公式，开发了基于瞬时 ALE 有限元法的计算机程序设计，并以此为基础研究了三维一体的动力学问题。ALE 方法吸收了拉格朗日方法和欧拉方法各自的长处，克服了各自的缺陷，可以解决许多只用单一有限元法难以解决的问题。ALE 方法首先在结构边界运动的处理上引进了拉格朗日方法的特点，故而能够精准地描述结构边界的运动，其次在内部网格划分中又吸取了欧拉方法的优点，使得内部网格单元独立于结构实体而存在，但是又不像欧拉方法中网格始终保持在原来的空间位置不变，该方法中网格可以根据实际情况在求解过程中适当调整位置，以使得网格不会出现极大的变形而导致畸变。目前，ALE 有限元法已经广泛用于解决大范围移动边界问题，成功用于流体力学的自由边界问题、流体结构相互作用问题、固体力学问题、塑性加工力学问题等的数值分析。

ALE 算法采用的网格，其每一步或者隔若干步都是根据物质区域的边界构造出来的，区别于传统的手工重分区处理扭曲网格的方法，ALE 算法相当于自动重分区的一种算法，有效避免了在严重扭曲的网格上进行计算。ALE

算法在数值模拟分析过程中会先执行一个或者几个拉格朗日时间步，此时单元的网格会随着材料的流动而产生变形，随后执行一个映射步或输运步。在这一步的过程中，首先，在网格拓扑关系固定的前提下保持变形后的物质边界条件对内部单元网格进行重新划分，称为 Smooth Step（光滑步）；随后，将变形网格中的单元变量和节点的速度矢量输运到重新划分后的网格中，称为 Advection Step（对流步）。因此，一个 ALE 计算步可以理解为先进行了一个普通的拉格朗日计算步，但是在计算过程中，为了避免网格畸变影响计算进行而对网格进行了自动的重新划分，然后进行了扭曲网格单元变量和节点速度矢量的映射，这属于二阶精度，比一阶精度的手工重分区要更精确。

为了更好地说明上述三种不同的算法，下面以一个长方形为例来进行说明。对于同一个物理过程，可以用不同的方式来描述，经过一个 dt 时间后，三种构型的具体变化情况如图 3-9 所示。

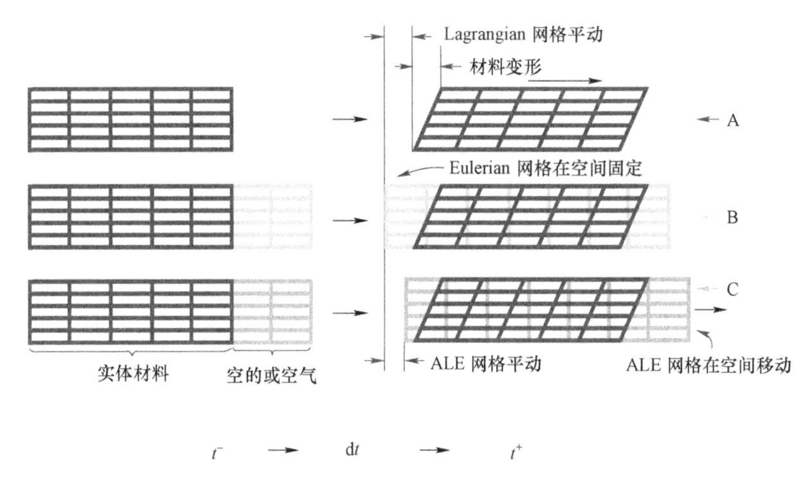

图 3-9　三种算法使用时的网格变形情况

对于拉格朗日描述而言，空间网格的节点与材料节点一致，当材料流动发生变形时空间网格也会跟着材料一起变形，如图 3-9 中 A 所示。对于欧拉描述而言，可以理解为有两层网格重叠在一起，一层是空间网格固定在空间中保持位置不变，另一层附着在材料上随着材料一起在固定的空间网格中流动，并执行下面两步：首先，材料网格以一个拉格朗日计算步变形（图 3-9 中 A 所示），然后拉格朗日单元的状态变量被映射或输送到固定的空间网格中去。这样的情况下网格总是保持位置不动并且不变形，相当于是材料在网格中流动，从而可以处理流体流动等大变形的问题，如图 3-9 中 B 所示。

对于 ALE 描述而言，与欧拉描述类似，可以理解为由两层网格重叠在一起，但与之不同的是，空间网格可以在空间内移动，其余与欧拉描述一样，物质的输送在两层网格之间发生，如图 3-9 中 C 所示，该方法可以处理一类问题——整个物体有空间的大位移，并且本身可能存在变形，如鸟撞玻璃、弹体侵彻等问题。

使用 ALE 方法既可以有效地跟踪物质结构边界的运动，又能很好地分析极大变形问题和流体动力学问题，故而在本章的数值模拟分析中选择了 ALE 算法进行仿真分析。

对于电磁轨道炮超高速 U 形铝质电枢的软回收研究主要采用流体介质，在回收过程中主要涉及的问题为流固耦合问题，同时由于 U 形铝质电枢材料和形状特点，在软回收研究阶段难免会存在变形问题，而电枢回收过程必然会有空间上的大位移，综合以上因素，本章在电枢软回收的数值仿真研究过程中主要运用 LS-DYNA 软件并采用 ALE 算法进行分析。仿真研究所用到的主要软件及思路为：基于 SolidWorks 建立结构模型，通过 ANSYS/Workbench 进行前处理并输出 K 文件，运用 LS-PrePost 对 K 文件进行修改，并将最后的 K 文件通过 LS-DYNA 进行计算，计算结果通过 LS-PrePost 进行后处理，并将得到的结果数据通过 Origin 进行整理，具体过程如图 3-10 所示。

二、仿真模型建立及合理性验证

（一）仿真模型的建立

完整的物理模型由电枢、空气域、回收介质域三个部分组成，电枢选用拉格朗日实体单元，采用*SECTION_SOLID 中常应力实体单元算法，空气域和回收介质域选用实体欧拉单元且采用*SECTION_SOLID_ALE 关键字下中心单点积分的 ALE 多物质单元算法，此算法一个单元内可以包含多种物质。因此在实体建模过程中电枢和流体域部分可相互独立，而空气域和回收介质域接触部分必须紧密连接以保证在网格划分的时候二者可以共节点，确保物质可以在两个区域的网格内流动。高速运动的结构在入水过程中往往会产生冲击波，并且可能被边界反射回来从而影响流体的冲击区域，为了保证冲击波可以顺利在水中传播，根据 Chuang 的观点，一般选取水域的宽度应为结构宽度的 4～5 倍。建模时电枢宽度与高度为 20 mm，空气域和回收介质域宽度和高度为 100 mm。对空气域和回收介质域四周施加无反射独立边界。网格划分时流体域高度和宽度方向各划分 15 份，并采取中间密集两端稀疏的方式，为了保证电枢头部网格的均匀性和致密性，设置弯曲部分的网格为 20 份。其结构模型如图 3-11 所示。

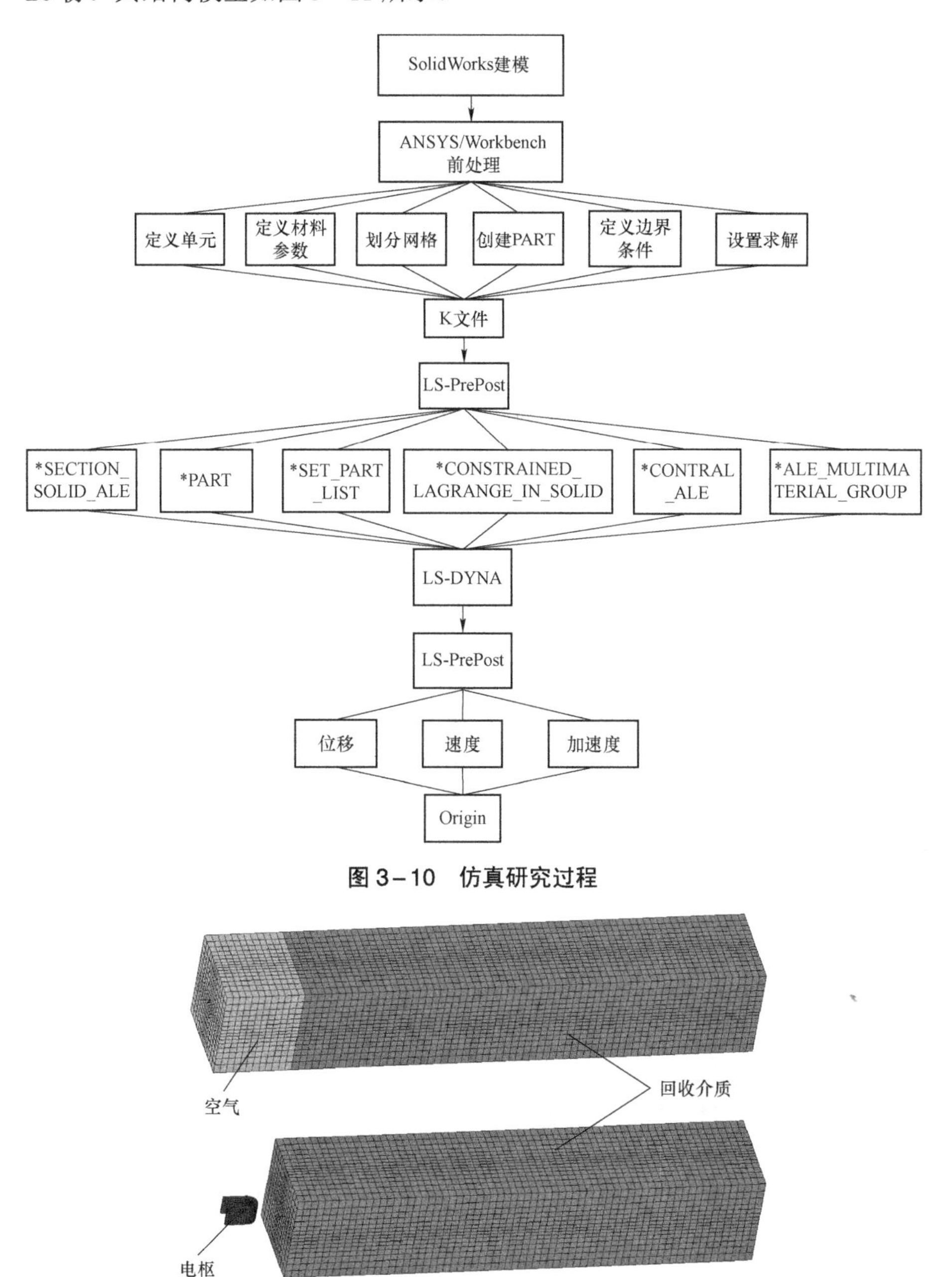

图 3-10 仿真研究过程

图 3-11 结构模型

对上述结构模型分别添加材料属性，其中电枢定义为铝合金材料，用关键字*MAT_PLASTIC_KINEMATIC 定义，各项参数设置如表 3－3 所示。

表 3－3　电枢材料参数设置

密度/（$kg \cdot m^{-3}$）	杨氏模量/Pa	泊松比	屈服应力/Pa	切线模量/Pa	硬化参数
2 770	7.1×10^{10}	0.33	2.8×10^{8}	5×10^{8}	1

空气采用*MAT_NULL 材料模型及*EOS_LINEAR_POLYNOMIAL 状态方程加以描述。线性多项式方程表示单位初始体积内的线性关系和压力值 P，即：

$$P = C_0 + C_1\mu + C_2\mu^2 + C_3\mu^3 + (C_4 + C_5\mu + C_6\mu^2)E$$

一般用该状态方程模拟空气，C_0～C_6 为常数，E 为空气内能，μ为比体积，如果μ＜0，则 $C_2\mu^2$ 和 $C_6\mu^2$ 两项设置为 0，其中 $\mu = \dfrac{\rho}{\rho_0} - 1 = \dfrac{1}{V} - 1$，$\rho$ 为空气密度，ρ_0 为空气初始密度，V 为相对体积。该状态方程可以用于模拟符合γ定律状态方程的气体：

各系数设置为 $C_0 = C_1 = C_2 = C_3 = C_6$，$C_4 = C_5 = \gamma - 1$，其中$\gamma$为单元热值率。

对空气而言，参数设置时 $C_0 = C_1 = C_2 = C_3 = C_6 = 0$，$C_4 = C_5 = 0.4$。空气的密度取为 1.29 kg/m^3，初始相对体积 V_0 取 1.0。

回收介质采用*MAT_NULL 材料模型及*EOS_GRUNEISEN 状态方程表示，冲击波速度－粒子速度（$v_s - v_p$）的三次曲线 Gruneisen 状态方程定义压缩材料的压力为：

$$P = \frac{\rho_0 C^2 \mu \left[1 + \left(1 - \dfrac{\gamma_0}{2}\right)\mu - \dfrac{a}{2}\mu^2\right]}{\left[1 - (S_1 - 1)\mu - S_2 \dfrac{\mu^2}{\mu + 1} - S_3 \dfrac{\mu^3}{(\mu + 1)^2}\right]^2} + (\gamma_0 + a\mu)E$$

式中，C 为冲击波速度 v_s，即 $v_s - v_p$ 曲线的截距（速度单位），由于在数值上与声音在介质中的传播速度相同，有时也称其为声音在该介质中的传播速度；S_1、S_2、S_3 为 $v_s - v_p$ 曲线斜率的系数；γ_0 为 Gruneisen 常数；a 为常数，是对γ_0 的一阶体积修正；$\mu = \dfrac{\rho}{\rho_0} - 1 = \dfrac{1}{V} - 1$，$V$ 为相对体积。

回收介质各参数具体设置如表 3－4 所示。

表 3－4　回收介质参数设置

C	S_1	S_2	γ	A	E_0	V_0
1 480	2.56	−1.96	0.493 4	1.393 7	256	1

本节中模型涉及固体电枢及流体域，故需进行流固耦合设置，流固耦合主要靠关键字*CONSTRAINED_LAGRANGE_IN_SOLID 来实现，定义耦合类型为加速度和速度约束型，即完成流固耦合关键字的设置，实现了电枢与流体耦合时力的传递。在*CONTROL_ALE 中设置默认的介质数值方法为 ALE 方法，两次对流间的循环数为 1，对流方法为二阶精度的 Van Leer＋Half Index Shift。

（二）仿真模型合理性对比验证

张伟等曾进行了平头弹丸入水试验，试验中平头弹丸长度为 26 mm，弹径为 12 mm，弹丸初速度分别为 75.4 m/s、118.8 m/s、142.7 m/s，试验通过测试得到了弹丸速度以及位移随时间的变化情况。为了验证上述仿真模型的合理性，根据上述试验中弹丸的参数建立相对应的验证仿真模型，如图 3－12 所示。分别设置弹丸初速度为 75.4 m/s、118.8 m/s、142.7 m/s，将仿真结果整理分析后得到电枢速度及位移随时间的变化曲线，如图 3－13 所示，然后将仿真结果与图 3－14 中的试验结果进行对比。

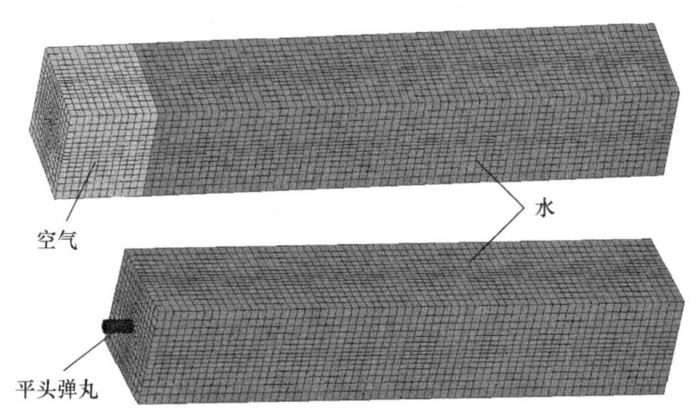

图 3－12　验证仿真模型

通过对比仿真结果与试验结果，可以发现弹丸在不同速度下入水后都表现出极强的衰减特性，且初速度越大衰减越快越明显，位移变化均是由快到慢，仿真得到的曲线与试验结果的速度及位移变化规律较为吻合，可认为仿真模型在规律探索上存在合理性。

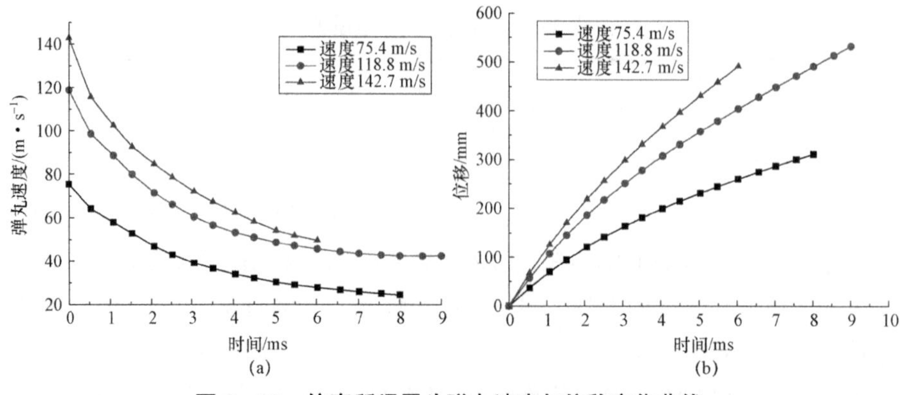

图 3-13 仿真所得平头弹丸速度与位移变化曲线

（a）速度变化曲线；（b）位移变化曲线

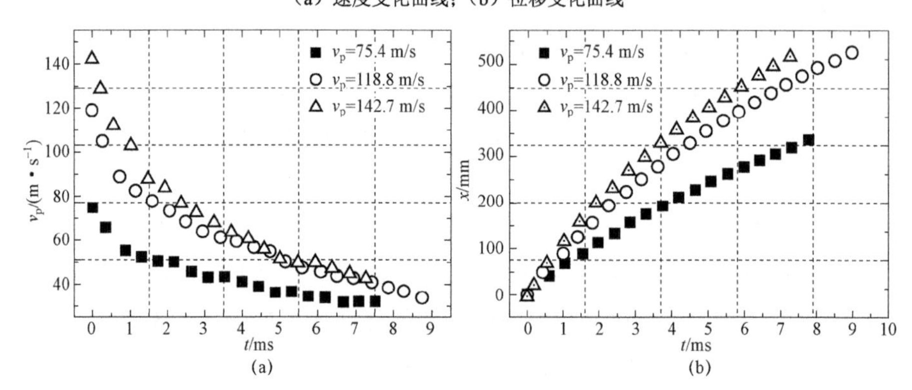

图 3-14 试验所测平头弹丸速度与位移变化曲线

（a）速度变化曲线；（b）位移变化曲线

三、电磁轨道炮电枢单介质回收特性分析

在前面已经分析了电磁轨道炮 U 形电枢软回收的难点，其中回收介质的选取对整体回收方案的性能与回收效果有着决定性作用。因此，研究介质密度对电磁轨道炮电枢回收特性的影响可为回收介质的选取提供有益参考。

电枢进行回收的要求就是电枢经过回收介质后的末速度衰减为 0，而能够软回收的重要保证就是电枢在回收过程中受到的过载（反向加速度）不超过其所能承受的极限，因此研究电枢速度在介质中的衰减规律及反向加速度变化情况对电枢的软回收具有重要意义。除此之外，电枢是否实现软回收的最直观结果为回收后的电枢是否发生变形，因此研究电枢的变形情况也是回收效果的直接体现。基于以上原因，本节主要从电枢速度、加速度变化情况及电枢变形情况进行分析，构建的两段回收介质仿真结构模型如图 3-15 所示。

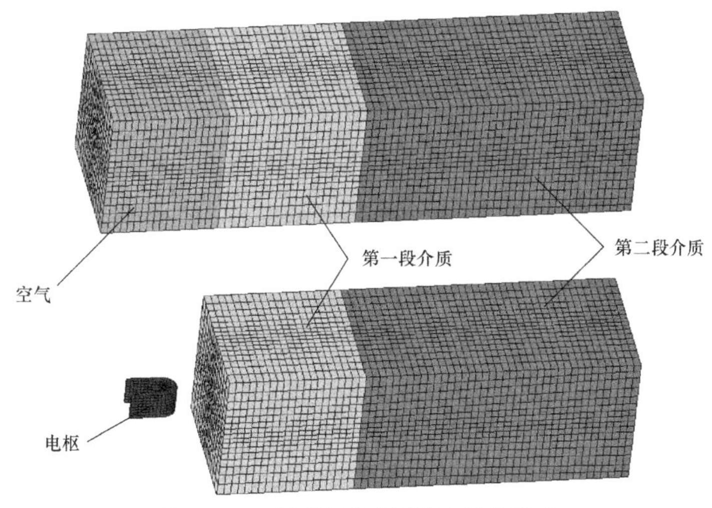

图 3-15　两段回收介质仿真结构模型

设置电枢初始速度为 2 500 m/s，修改 K 文件使得回收介质密度分别为 50 kg/m^3、100 kg/m^3、500 kg/m^3 和 1 000 kg/m^3，分析电枢速度、加速度随时间与位移的变化情况及电枢变形情况。

对仿真结果进行后处理，分析后得到电枢速度、加速度变化曲线，如图 3-16 所示。其中黑色曲线为电枢速度变化曲线，对应左侧纵坐标，红色曲线为电枢加速度变化曲线，对应右侧纵坐标。从图中我们可以看出，电枢进入回收介质后，速度表现出极强的衰减特性，在进入介质瞬间速度急剧衰减，随后衰减速度逐渐趋于平稳，与之相对应，在速度急剧衰减的同时产生极大的反向加速度，并在速度衰减最剧烈的瞬间达到最大值，随后加速度值逐渐减小，最后趋于稳定。

当介质密度为 50 kg/m^3 时，电枢在 0.4 m 的距离内速度衰减为 1 800 m/s 左右，同时最大反向加速度约为 1.26×10^6g；当介质密度为 100 kg/m^3 时，电枢在 0.37 m 的距离内速度衰减为 1 400 m/s 左右，同时最大反向加速度约为 2.57×10^6g；当介质密度为 500 kg/m^3 时，电枢在 0.2 m 的距离内速度衰减为 500 m/s 左右，同时最大反向加速度约为 9.25×10^6g；当介质密度为 1 000 kg/m^3 时，电枢在 0.14 m 的距离内速度衰减为 330 m/s 左右，同时最大反向加速度约为 1.4×10^7g。可见随着回收介质密度的提高，电枢进入介质的瞬间速度衰减程度变大，反向加速度值也随之增大，介质对电枢减速作用逐渐增强，并且在更短的距离内电枢衰减至更低的速度。

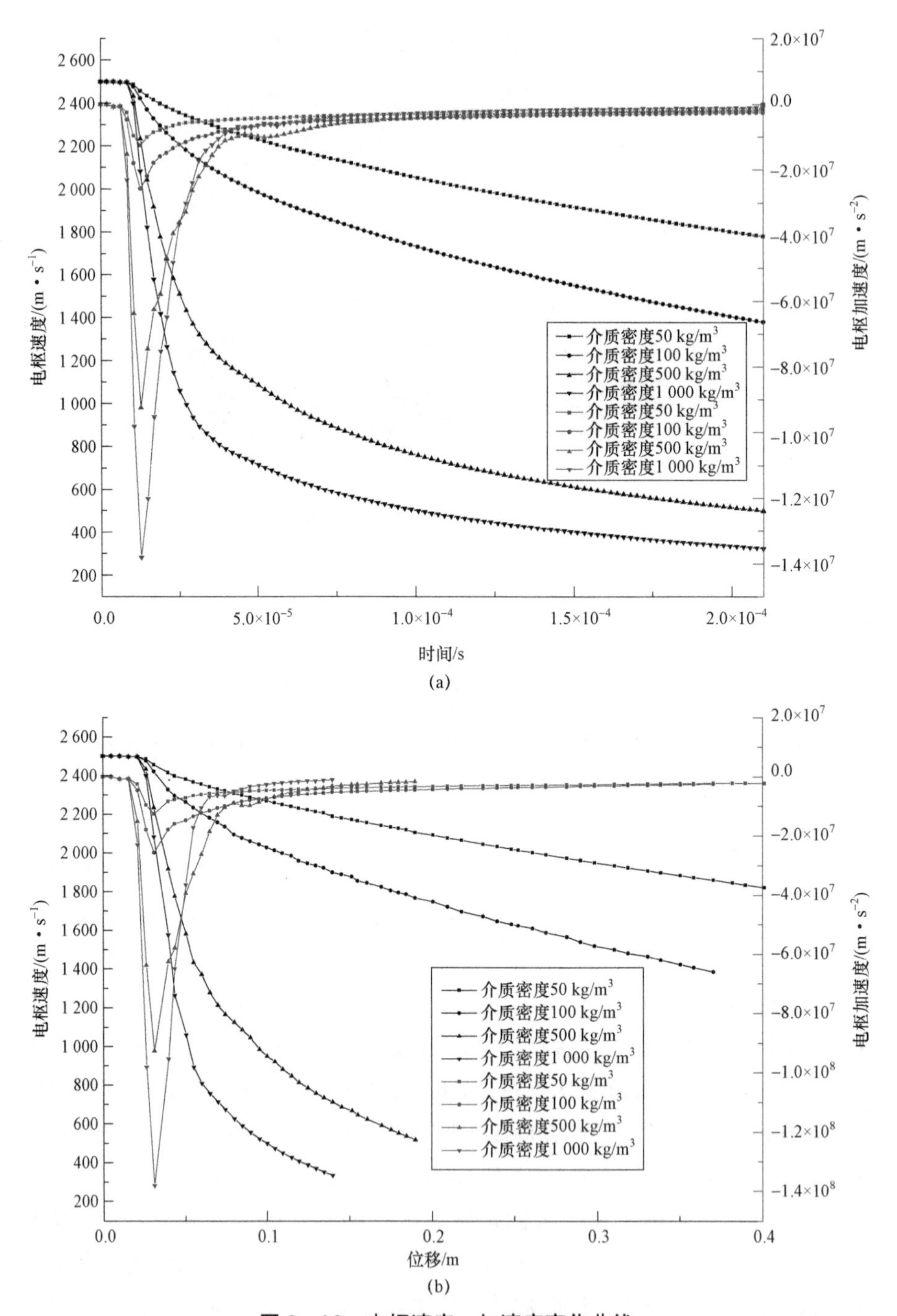

图 3-16 电枢速度、加速度变化曲线

(a) 电枢速度、加速度随时间变化曲线；(b) 电枢速度、加速度随位移变化曲线仿真分析中设置的电枢材料为铝合金，当电枢受到的过载过大时可能会产生变形情况，无法实现电枢的软回收。为了直观了解电枢在进入介质前与进入不同密度介质时的形变情况，截取其不同时刻、进入不同介质的状态，如图 3－17、图 3－18 所示。图 3－17 为电枢进入介质前状态，U 形电枢形状完整无变形情况；图 3－18 为电枢进入不同密度介质时的状态。通过对比图 3－18 中各图与图 3－17，可以发现：当电枢进入密度为 50 kg/m^3 的介质中时，电枢头部无变形，电枢尾部稍微张开；电枢进入密度为 100 kg/m^3 的介质时，电枢头部有所镦粗，整体长度略有变短；电枢进入密度为 500 kg/m^3 的介质时，电枢头部镦粗明显，整体长度明显变短，电枢整体变形较为严重；当电枢进入 1 000 kg/m^3 的介质时，电枢头部镦粗更加明显，整体长度缩至更短，电枢整体变形更为严重。

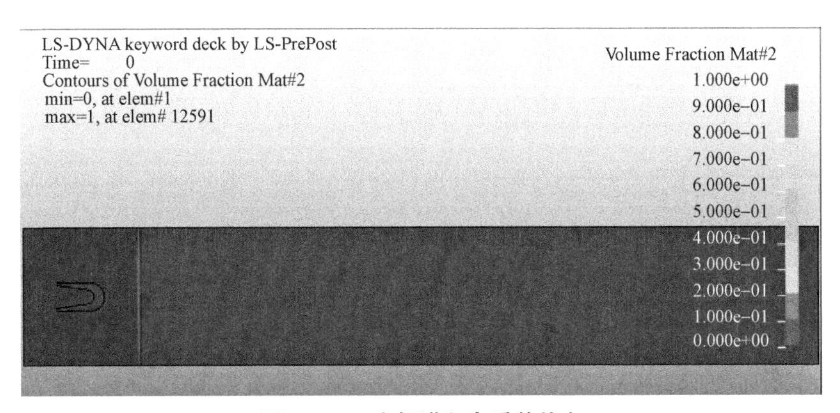

图 3－17　电枢进入介质前状态

综合上述分析可以看到，当电枢以 2 500 m/s 的初速度进入回收介质时，无论介质密度大小，电枢速度均会有所衰减，并且衰减程度随介质密度的增加而增强；电枢进入介质瞬间会受到极大的反向加速度，达到最大值后趋于稳定，加速度最大值随介质密度的增加而变大；电枢会产生不同程度的变形，而且随着介质密度的增加，变形程度更加严重，尤其是当介质密度超过 500 kg/m^3 时，电枢严重变形，已经不符合软回收的要求。

随着介质密度的增加，电枢在介质中的运动距离减少，且电枢在更短的距离内获得更大的速度衰减；若要实现电枢的软回收，采用低密度介质可以保证电枢不变形且反向加速度不过大，但低密度介质中电枢速度衰减程度小，衰减速度慢，运动距离过长。为了能够在较短距离内实现电枢的软回收，故可采用多段介质回收的方法。

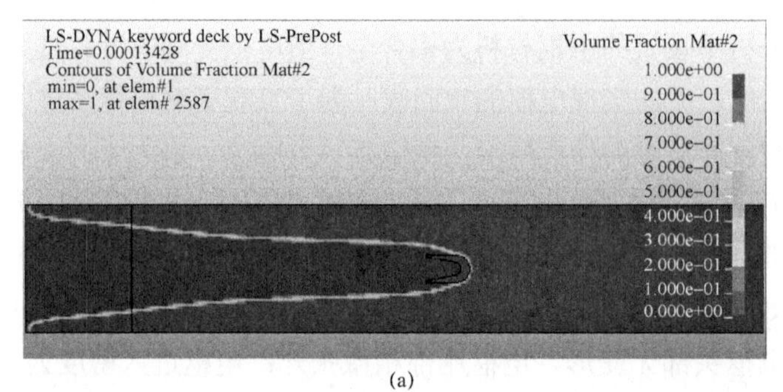

(a)

(b)

(c)

(d)

图 3-18　电枢在不同密度介质中的变形情况

（a）介质密度为 50 kg/m^3；（b）介质密度为 100 kg/m^3；

（c）介质密度为 500 kg/m^3；（d）介质密度为 1 000 kg/m^3

通过上述分析可知，通过数值仿真可以分析超高速弹丸的回收过程，采用相同的方式，可以分析不同密度介质、多段介质回收的过程和特性，从而为提出电磁轨道炮超高速弹丸的软回收方案提供依据和支撑。

四、两段介质下的电枢回收分析

设置电枢初始速度为 2 500 m/s，修改 K 文件使得两段介质密度分别为 20 kg/m^3 和 50 kg/m^3、50 kg/m^3 和 100 kg/m^3、100 kg/m^3 和 500 kg/m^3 以及 500 kg/m^3 和 1 000 kg/m^3，分析电枢速度、加速度随时间与位移的变化情况及电枢变形情况。

（一）电枢速度、加速度变化情况分析

两段介质回收电枢速度、加速度变化曲线如图 3－19 所示，其中黑色曲线为电枢速度变化曲线，对应左侧纵坐标，红色曲线为电枢加速度变化曲线，对应右侧纵坐标。从整体而言，电枢进入介质后速度表现为衰减特性，随后衰减速度趋于平稳，随着介质密度的提高，电枢速度衰减程度变大，介质对电枢的减速作用逐渐增强，低密度时由于模型介质长度有限而电枢初速度过高，电枢穿过整段介质而速度几乎保持不变；电枢在进入回收介质瞬间产生极大的反向加速度，随后加速度值逐渐减小，最后趋于稳定，随着回收介质密度的提高，电枢进入介质瞬间的反向加速度值也随之增大。

当介质密度为 20 kg/m^3 和 50 kg/m^3 时，电枢在 0.3 m 的距离内速度衰减为 2 000 m/s 左右，同时最大反向加速度约为 4.6×10^5g；当介质密度为 50 kg/m^3 和 100 kg/m^3 时，电枢在 0.28 m 的距离内速度衰减为 1 700 m/s 左右，同时最大反向加速度约为 8.6×10^5g；当介质密度为 100 kg/m^3 和 500 kg/m^3 时，电枢在 0.32 m 的距离内速度衰减为 740 m/s 左右，同时最大反向加速度约为 2.57×10^6g；当介质密度为 500 kg/m^3 和 1 000 kg/m^3 时，电枢在 0.32 m 的距离内速度衰减为 250 m/s 左右，同时最大反向加速度约为 5.54×10^6g。由此可见，采用两段介质进行回收与只用单一介质相比，电枢能够在更短的距离内获得更大的速度衰减，同时承受更小的过载。

从仿真结果还可以看出，电枢进入介质后出现了两次速度衰减程度瞬间变大的情况，加速度值也出现了两次瞬间变大的情况，这是因为回收过程用了两段不同密度的回收介质的缘故，分别在电枢从空气进入第一段介质和进入第二段介质时产生，从图 3－19（b）中速度变化时的位移基本相同也可验证这一结论。

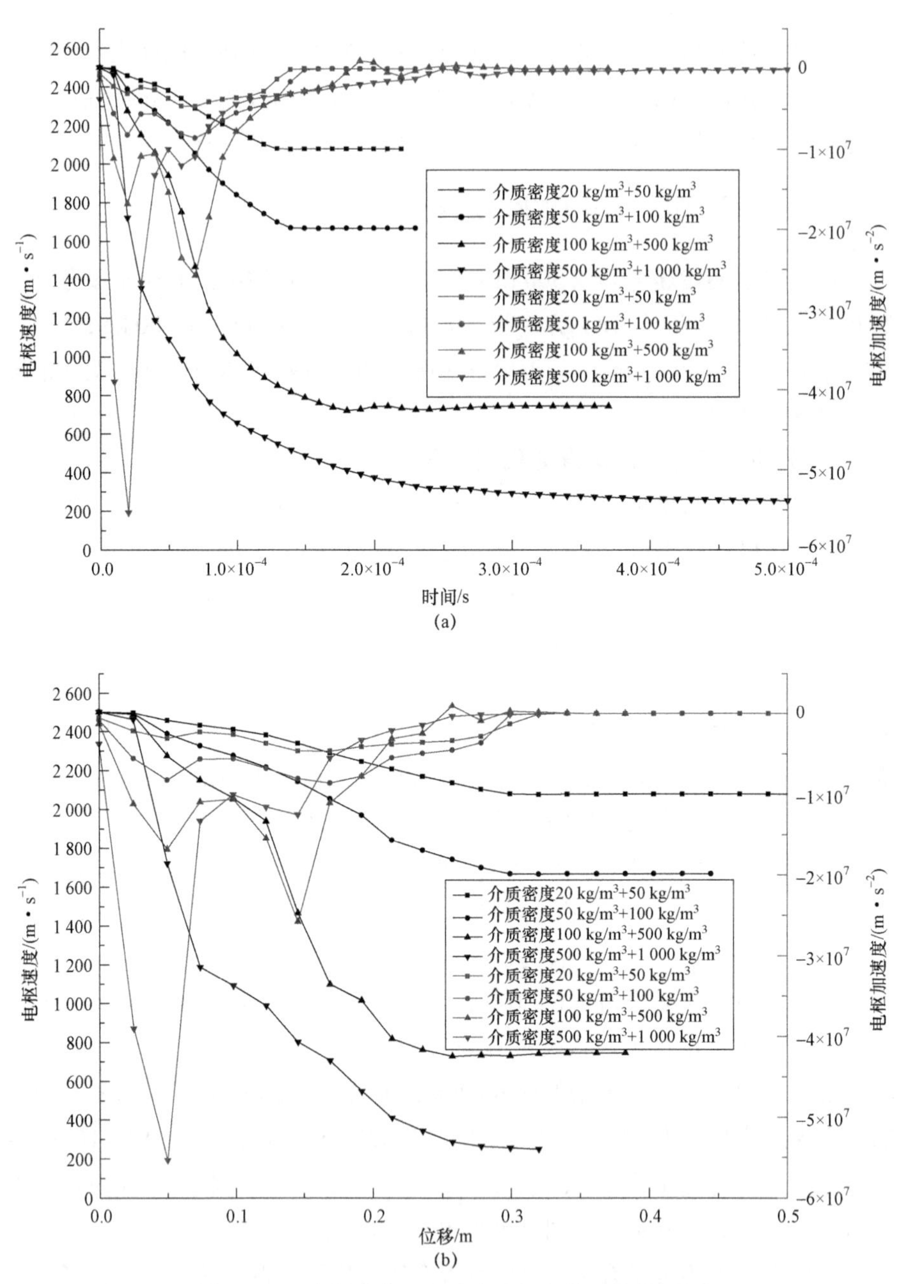

图 3-19 电枢速度、加速度变化曲线（附彩插）

（a）电枢速度、加速度随时间变化曲线；（b）电枢速度、加速度随位移变化曲线

（二）电枢变形情况分析

电枢为铝合金材料，受到的过载过大时会产生变形，无法实现软回收。

为了直观了解电枢在进入介质前与进入不同密度介质时的变形情况，截取其不同时刻、进入不同介质时的状态，如图 3-20、图 3-21 所示。图 3-20 为进入介质之前的 U 形电枢的完整形态；图 3-21 为电枢进入不同密度介质时的状态。通过对比图 3-21 中各图与图 3-20，可以发现：当电枢进入两段密度为 20 kg/m^3 和 50 kg/m^3 的介质时，电枢头部无变形，尾部稍稍张开，但张开幅度比直接进入 50 kg/m^3 的介质中小；电枢进入密度为 50 kg/m^3 和 100 kg/m^3 的介质时，电枢略有镦粗，整体长度略有变短，但变化程度比直接进入 100 kg/m^3 的介质小；电枢进入密度为 100 kg/m^3 和 500 kg/m^3 的介质时，电枢头部镦粗，长度变短，宽度变大，变形较为严重，但变形程度比直接进入 500 kg/m^3 的介质小；电枢进入密度为 500 kg/m^3 和 1 000 kg/m^3 的介质时，电枢镦粗更加明显，长度缩至更短，整体变形更为严重，但变形程度比直接进入 1 000 kg/m^3 的介质小。

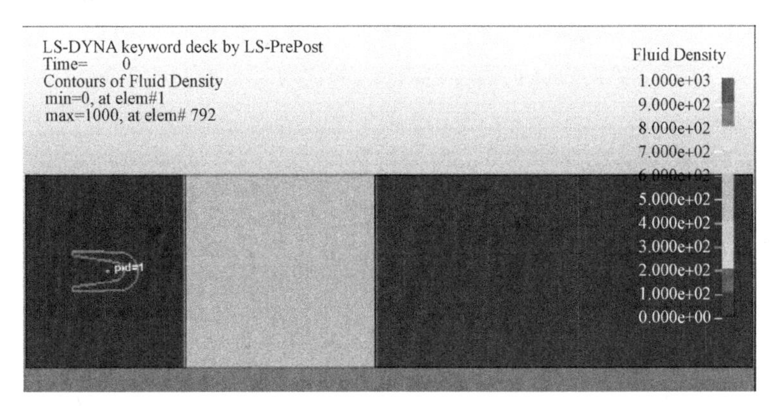

图 3-20　电枢进入介质前状态

从仿真结果分析可知：电枢进入两段回收介质时，整体上变化规律与进入一段回收介质基本相同，速度都会呈现衰减现象，且衰减程度随介质密度的增加而增强，加速度值随着介质密度的增加而增大，受到的过载超过可承受的范围时电枢会产生变形，且变形程度随着介质密度的增加而加重。除此之外可以发现，电枢经过一段低密度介质缓冲之后进入高密度的介质中时，所受到的过载（反向加速度值）要比直接进入该高密度介质小，直观表现在电枢经过低密度介质缓冲后的变形程度有所减轻；同时相比只进入该低密度介质，电枢速度在更短的距离内衰减程度更大。上述结果可以说明，采用两段不同密度的回收介质进行回收与只用一种介质相比，能够在一定程度上解决过载和回收介质长度的矛盾。

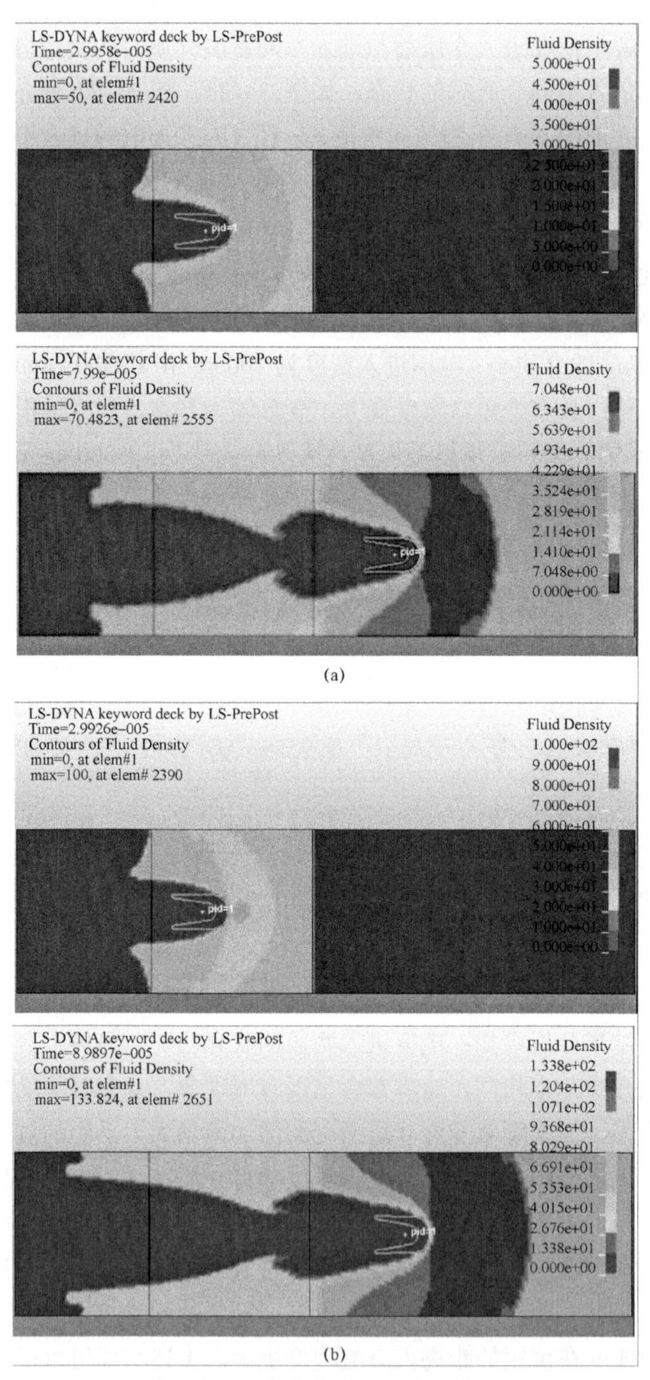

图 3-21　电枢在不同密度介质中的变形情况（附彩插）

（a）介质密度 20 kg/m^3 + 50 kg/m^3；（b）介质密度 50 kg/m^3 + 100 kg/m^3

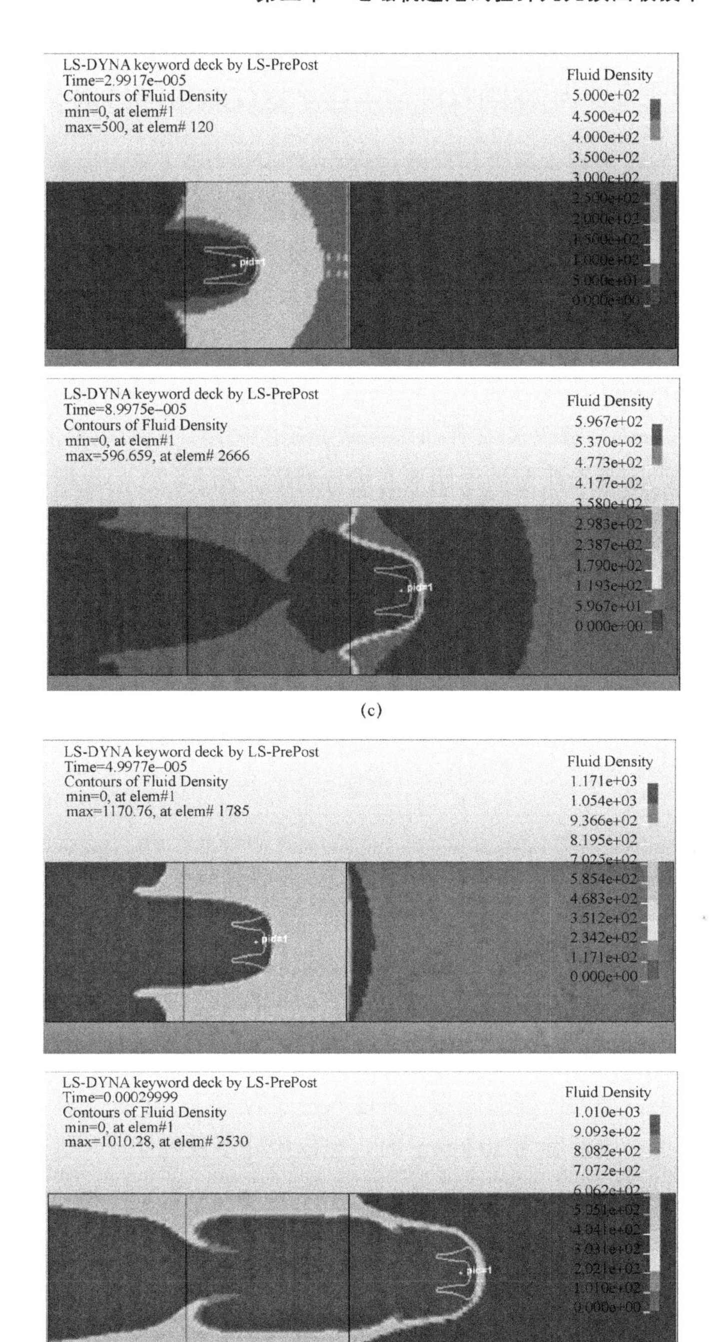

(d)

图 3-21　电枢在不同密度介质中的变形情况（续）

（c）介质密度 100 kg/m^3 + 500 kg/m^3；（d）介质密度 500 kg/m^3 + 1 000 kg/m^3

五、U 形铝质电枢回收过程中可承受过载极限分析

电枢软回收的根本要求是回收过程中受到的过载（反向加速度）值不超过其所能承受的极限，而判断是否超过其极限的最直观的标准就是电枢回收后是否发生变形。因此，通过电枢回收过程中发生变形的临界值，可确定电枢在回收过程中所能承受的最大过载以及该速度下可选用回收介质的最大密度值。

（一）不同初速电枢软回收可选最大密度介质分析

设置电枢初始速度分别为 2 500 m/s、2 000 m/s、1 500 m/s、1 000 m/s、700 m/s、400 m/s，修改 K 文件改变回收介质的密度，观察电枢的变形情况，并与电枢进入回收介质前的原始形态进行对比。图 3－22 为电枢原始形态。

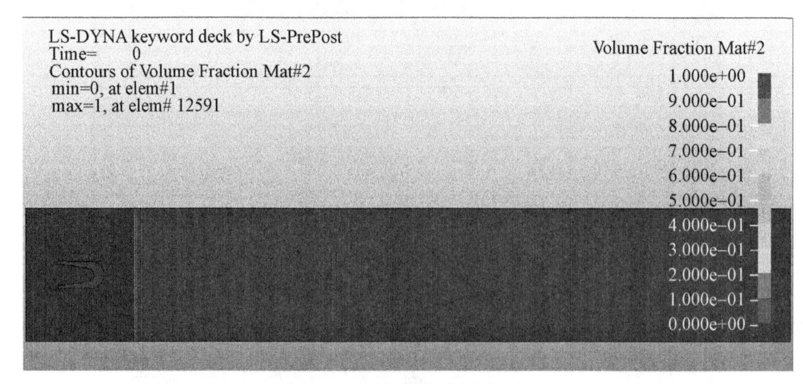

图 3－22 电枢原始形态

1. 电枢速度为 2 500 m/s 时的情况分析

介质密度分别为 20 kg/m^3、30 kg/m^3、35 kg/m^3 时电枢的变形情况如图 3－23 所示。通过观察对比图 3－23 与图 3－22 可以发现，电枢进入密度为 20 kg/m^3 的介质时不发生变形，而进入密度为 35 kg/m^3 的介质时发生了微小的变形；当介质密度为 30 kg/m^3 时，电枢恰好不发生变形，可初步认定初速为 2 500 m/s 的 U 形铝质电枢软回收的最大介质密度为 30 kg/m^3。

2. 电枢速度为 2 000 m/s 时的情况分析

介质密度分别为 40 kg/m^3、45 kg/m^3、50 kg/m^3 时电枢的变形情况如图 3－24 所示。通过观察对比图 3－24 与图 3－22 可以发现，电枢进入密度为 40 kg/m^3 的介质时不发生变形，而进入密度为 50 kg/m^3 的介质时发生了微小的变形；当介质密度为 45 kg/m^3 时，电枢恰好不发生变形，可初步确定初速为 2 000 m/s 的 U 形铝质电枢软回收的最大介质密度为 45 kg/m^3。

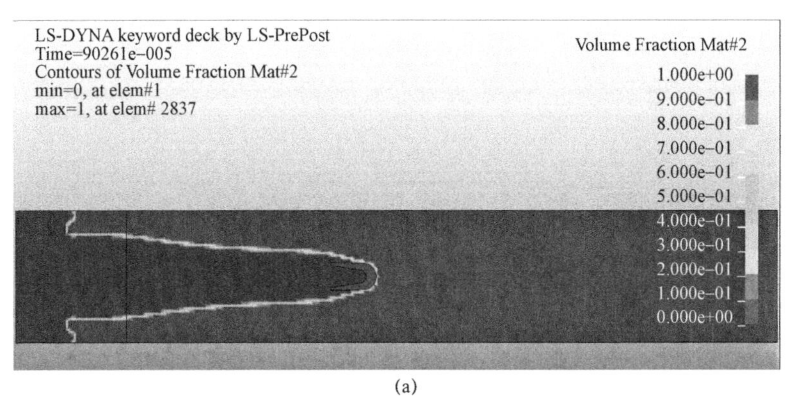

(a)

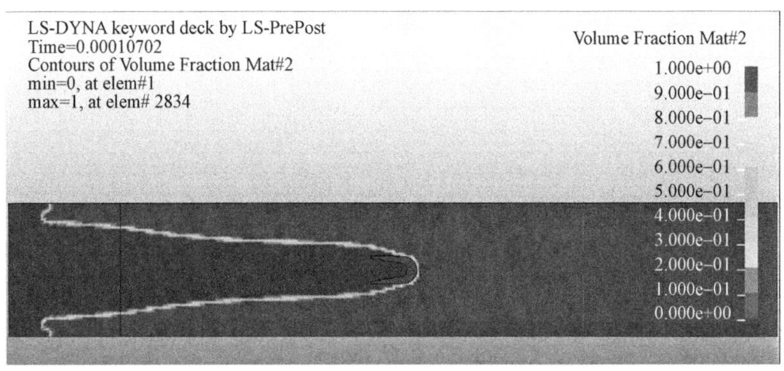

(b)

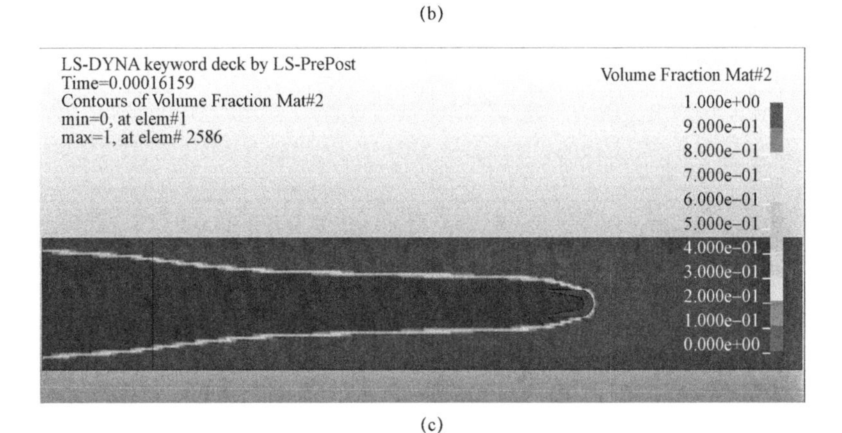

(c)

图 3-23　速度为 2 500 m/s 的电枢进入不同密度介质后状态

（a）介质密度 20 kg/m^3；（b）介质密度 30 kg/m^3；（c）介质密度 35 kg/m^3

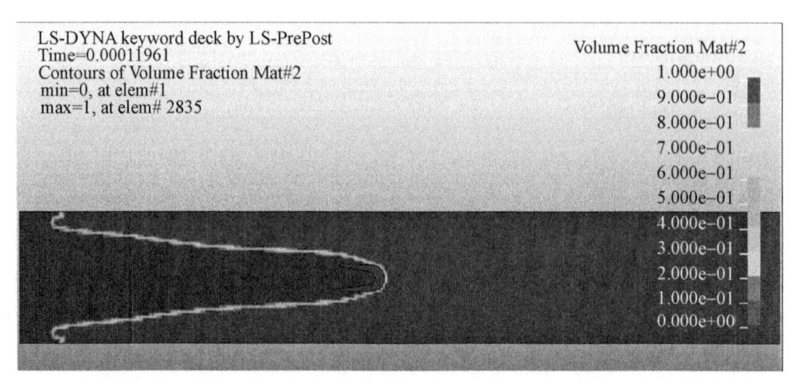

(a)

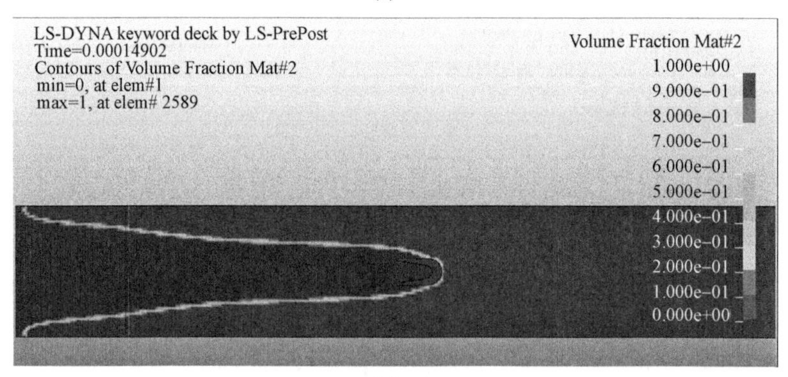

(b)

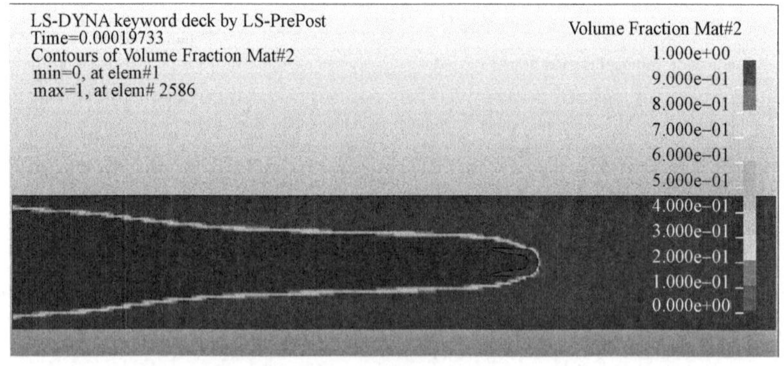

(c)

图 3-24 速度为 2 000 m/s 的电枢进入不同密度介质后状态

（a）介质密度 40 kg/m^3；（b）介质密度 45 kg/m^3；（c）介质密度 50 kg/m^3

3. 电枢速度为 1 500 m/s 时的情况分析

介质密度分别为 50 kg/m^3、80 kg/m^3、100 kg/m^3 时电枢的变形情况如图 3－25 所示。通过观察对比图 3－25 与图 3－22 可以发现，电枢进入密度为 50 kg/m^3 的介质时不发生变形，而进入密度为 100 kg/m^3 的介质时发生了微小的变形；当介质密度为 80 kg/m^3 时，电枢恰好不发生变形，可初步确定初速为 1 500 m/s 的 U 形铝质电枢软回收的最大介质密度为 80 kg/m^3。

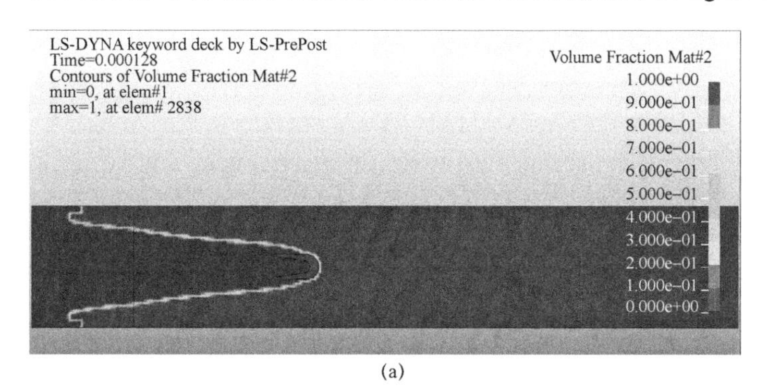

(a)

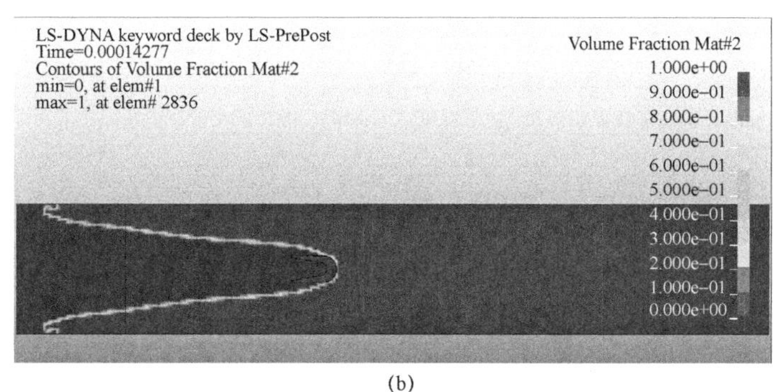

(b)

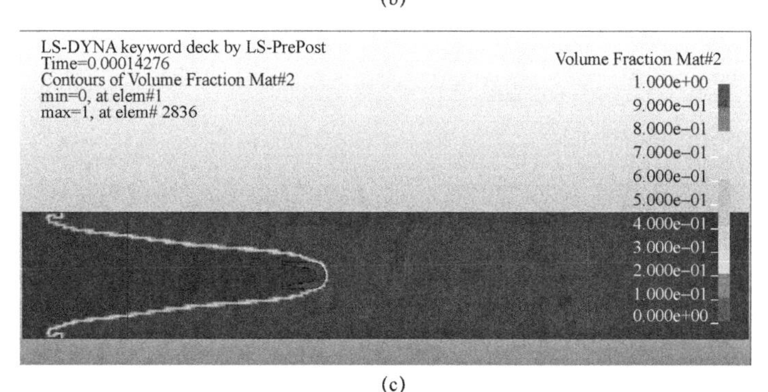

(c)

图 3－25　速度为 1 500 m/s 的电枢进入不同密度介质后状态

(a) 介质密度 50 kg/m^3；(b) 介质密度 80 kg/m^3；(c) 介质密度 100 kg/m^3

4. 电枢速度为 1 000 m/s 时的情况分析

介质密度分别为 100 kg/m³、150 kg/m³、200 kg/m³ 时电枢的变形情况如图 3－26 所示。通过观察对比图 3－26 与图 3－22 可以发现，电枢进入密度为 100 kg/m³ 的介质时不发生变形，而进入密度为 200 kg/m³ 的介质时发生了微小的变形；当介质密度为 150 kg/m³ 时，电枢恰好不发生变形，可初步确定初速为 1 000 m/s 的 U 形铝质电枢软回收的最大介质密度为 150 kg/m³。

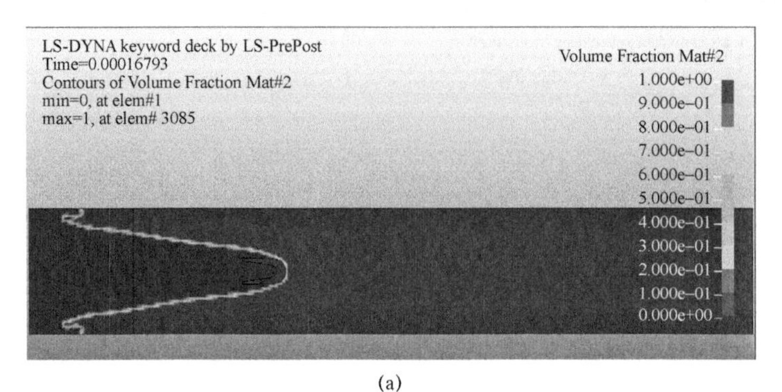

(a)

(b)

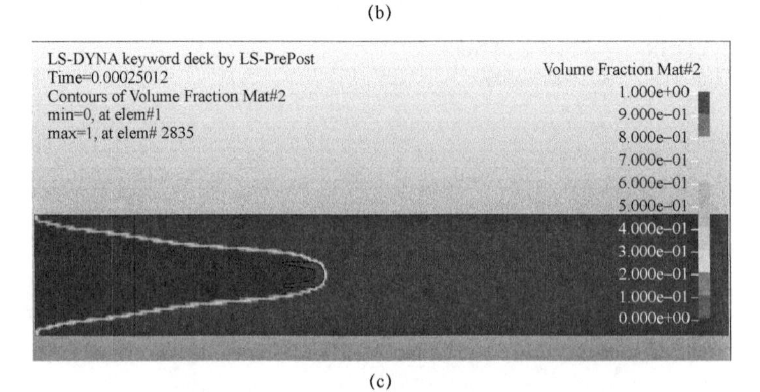

(c)

图 3－26　速度为 1 000 m/s 的电枢进入不同密度介质后状态

（a）介质密度 100 kg/m³；（b）介质密度 150 kg/m³；（c）介质密度 200 kg/m³

5. 电枢速度为 700 m/s 时的情况分析

介质密度分别为 250 kg/m^3、300 kg/m^3、350 kg/m^3 时电枢的变形情况如图 3－27 所示。通过观察对比图 3－27 与图 3－22 可以发现，电枢进入密度为 250 kg/m^3 的介质时不发生变形，而进入密度为 350 kg/m^3 的介质时发生了微小的变形；当介质密度为 300 kg/m^3 时，电枢恰好不发生变形，可初步确定初速为 700 m/s 的 U 形铝质电枢软回收的最大介质密度为 300 kg/m^3。

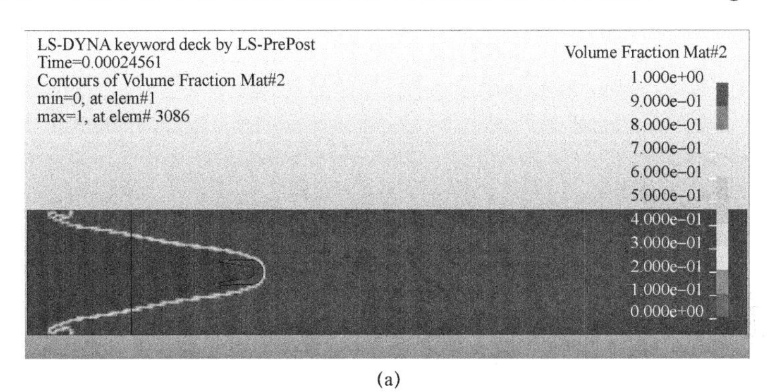

(a)

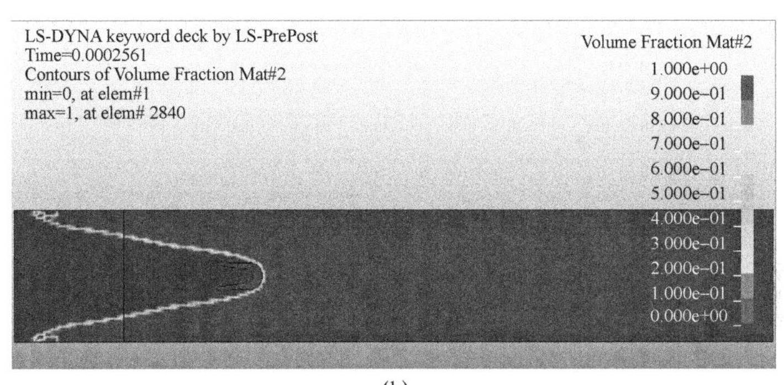

(b)

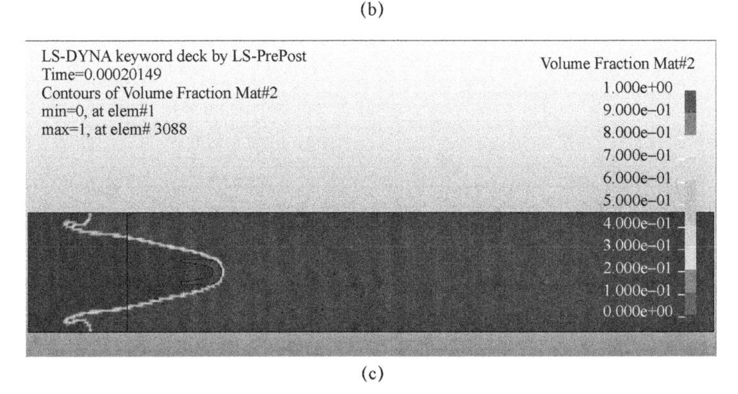

(c)

图 3－27　速度为 700 m/s 的电枢进入不同密度介质后状态

(a) 介质密度 250 kg/m^3；(b) 介质密度 300 kg/m^3；(c) 介质密度 350 kg/m^3

6. 电枢速度为 400 m/s 时的情况分析

介质密度分别为 900 kg/m^3、1 000 kg/m^3、1 100 kg/m^3 时电枢的变形情况如图 3－28 所示。通过观察对比图 3－28 与图 3－22 可以发现，电枢进入密度为 900 kg/m^3 的介质时不发生变形，而进入密度为 1 100 kg/m^3 的介质时发生了微小的变形；当介质密度为 1 000 kg/m^3 时，电枢恰好不发生变形，可初步确定初速为400 m/s的U形铝质电枢软回收的最大介质密度为1 000 kg/m^3。

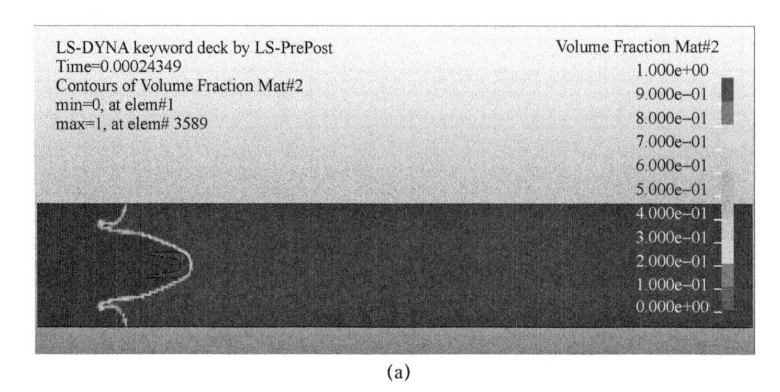

(a)

(b)

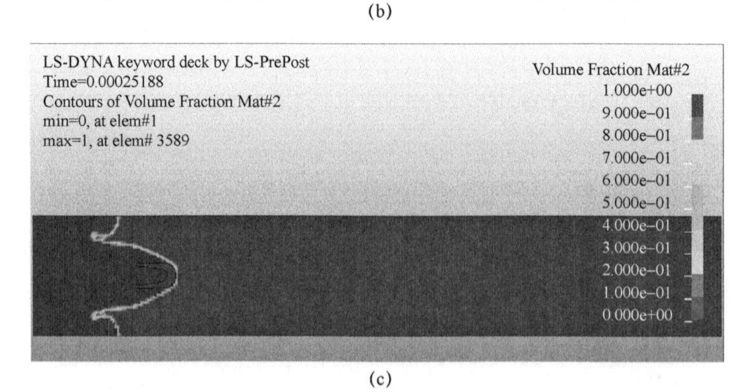

(c)

图 3－28　速度为 400 m/s 的电枢进入不同密度介质后状态

（a）介质密度 900 kg/m^3；（b）介质密度 1 000 kg/m^3；（c）介质密度 1 100 kg/m^3

通过上述研究分析可以发现，当电枢速度为 2 500 m/s、2 000 m/s、1 500 m/s、1 000 m/s、700 m/s、400 m/s 时，软回收电枢可选用的最大介质密度为 30 kg/m^3、45 kg/m^3、80 kg/m^3、150 kg/m^3、300 kg/m^3、1 000 kg/m^3，电枢速度与最大介质密度关系如图 3－29 所示。

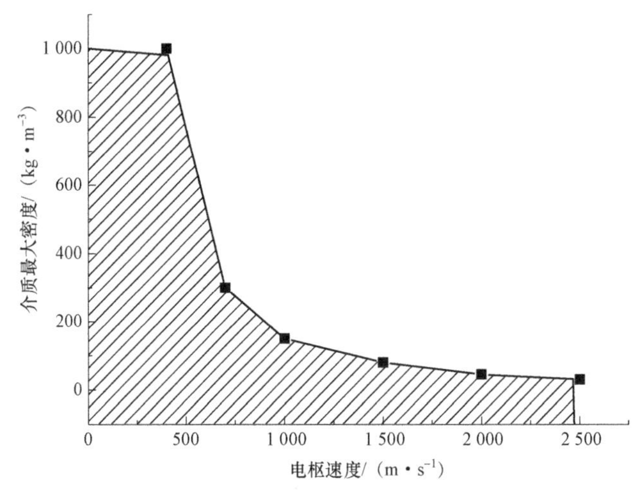

图 3－29　电枢速度与介质最大密度关系

从图 3－29 中可以看出，随着电枢速度的提高，可选用的介质密度减小，且减小幅度越来越小。在该范围内对曲线进行拟合，得到回收介质最大密度 ρ_{max} 与电枢速度 v 的关系为 $\rho_{max}=7\times10^7\times v^{-1.884}$。在图 3－29 中，曲线下方的阴影区域为安全区域，即电枢以该区域内的速度进入该区域内密度的回收介质均不会发生变形，该区域密度的介质是回收中可采用的回收介质。

（二）U 形铝质电枢可承受最大过载分析

在上一节的分析中确定了不同初速的电枢软回收可选介质的最大密度值，为了研究 U 形铝质电枢在回收过程中可承受的过载极限，通过上述仿真给出不同速度的电枢在对应的最大密度介质中的加速度曲线，如图 3－30 所示。

从图 3－30 中可以看出，同样的模型下，电枢速度越快，进入介质时的时间越短，不同速度的电枢进入其相对应的最大密度介质瞬间的最大过载值基本相同，大约为 8×10^5g，稍有偏差是由于一定初速下回收介质的最大密度值是根据电枢的变形情况确定的，而电枢未变形时的介质密度值与微变形时的介质密度值之间的情况尚未进一步研究，存在一定的误差。因此，对于U形铝质电枢，在形状、材料一定的情况下，无论初速度值为多少，当电枢侵入该速度下回收可选的最大密度介质时，电枢所受到的过载大约为8×10^5g。由此可得：在本节研究误差允许范围内，不考虑电磁轨道炮超高速弹丸其他组件的情况下，电磁轨道炮U形铝质电枢回收过程中可承受的过载极限值约为8×10^5g，只要电枢在回收过程中所受到的过载值不超过该极限，理论上均可实现软回收。

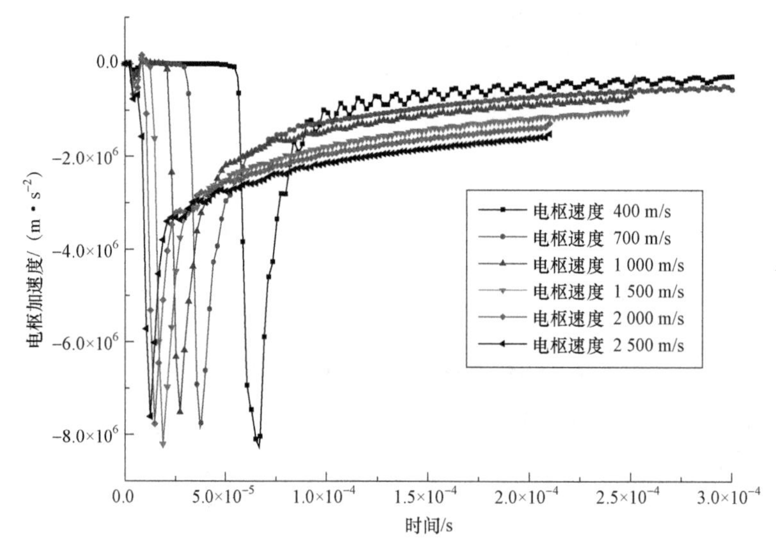

图3-30 不同速度电枢在最大密度介质中的加速度

第四节 超高速U形铝质电枢回收方法

一、超高速U形铝质电枢回收方案设计

基于上节中对电磁轨道炮U形电枢各形状参数的研究，结合电磁轨道炮超高速弹丸软回收整体方案设计方法，对电磁轨道炮U形铝质电枢的回收方案各参数进行设计。

针对初速为2 500 m/s的U形电枢，在其可承受最大过载不超过8×10^5g的情况下，设计了四段回收的方案，具体参数如表3-5所示。

表 3-5　最大过载为 8×10^5g 情况下 U 形铝质电枢软回收设计方案

参数	尘雾段	瀑布段	静水段	浸水纤维段
最大过载	8×10^5g	8×10^5g	8×10^5g	8×10^5g
回收介质	含尘雾的空气	瀑布与空气	静止水	浸水纤维
介质等效密度/（$kg\cdot m^{-3}$）	71.1	300	1 000	—
段内起始速度/（$m\cdot s^{-1}$）	2 500	1 216.79	666.465	80.15
回收段理论长度/m	0.574	0.114	0.12	0.5
段内末速度/（$m\cdot s^{-1}$）	1 216.79	666.465	80.15	0

将回收过程中理论上电枢速度随位移的变化情况绘制成曲线，如图 3-31 所示。从图中可以看出，当电枢回收过程中最大过载为 8×10^5g 时，在不超过 2 m 的距离内即可实现电枢的软回收。

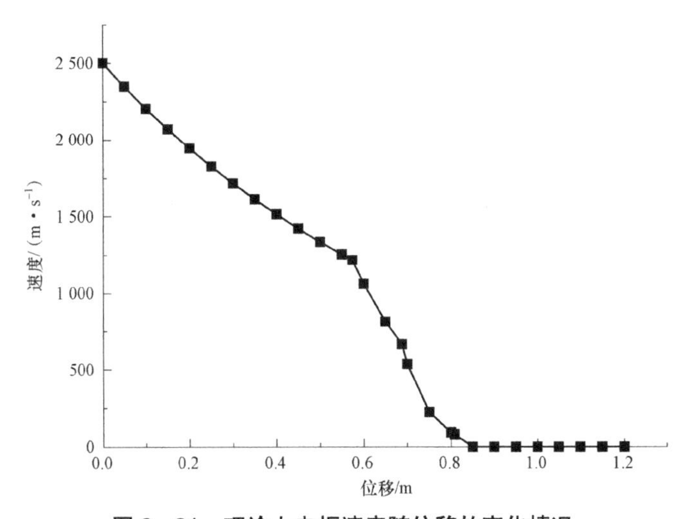

图 3-31　理论上电枢速度随位移的变化情况

上述软回收方案的设计基于电枢在回收过程中受到的最大过载为 8×10^5g，而该过载值是从电枢的临界变形条件求得的，是 U 形铝质电枢可承受的过载极限，也是回收方案设计过程中可选择的最大过载限制值。在上述软回收方案的设计过程中，计算各段参数时将最大过载取值为 8×10^5g，未考虑设计过程中的过载余量，忽略了加工过程中材料本身可能存在的问题及其他误差，所求得的回收距离为理论上的最短距离，比实际情况要稍短。

当电磁轨道炮发射过程中弹丸受到的最大过载为 2×10^4g 时，对电磁轨道炮 U 形铝质电枢的回收方案进行设计，具体参数如表 3－6 所示。

表 3－6　最大过载为 2×10^4g 情况下 U 形铝质电枢软回收设计方案

参数	尘雾段 1	尘雾段 2	泡沫段	浸水纤维段
最大过载	2×10^4g	2×10^4g	2×10^4g	2×10^4g
回收介质	含尘雾的空气	含尘雾的空气	水泡沫	浸水纤维
介质等效密度/（$kg\cdot m^{-3}$）	1.773 5	7.7	100	—
段内起始速度/（$m\cdot s^{-1}$）	2 500	1 200	332.9	20
回收段理论长度/m	23.4	9.42	1.59	1
段内末速度/（$m\cdot s^{-1}$）	1 200	332.9	20	0

回收过程中电枢速度随位移的变化情况如图 3－32 所示。从图中可以看出，当回收过程中最大过载为 2×10^4g 时，通过四段介质减速可在 35 m 的距离内实现电枢的软回收。

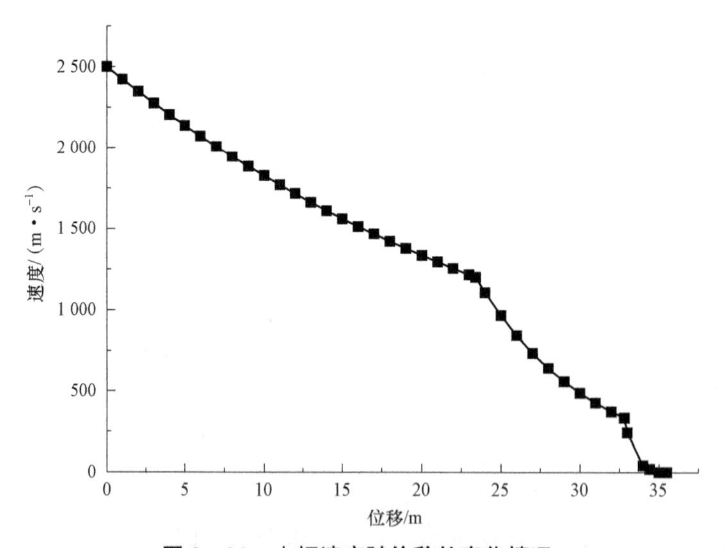

图 3－32　电枢速度随位移的变化情况

上述两种设计方案分别以 U 形铝质电枢可承受的极限过载以及弹丸在电磁轨道炮发射过程中所受到的过载为最大过载进行设计计算，第一种情况未考虑设计过程中的过载余量及其他可能存在的误差，而第二种情况余量过大导致回收距离过长，实际应用中工程成本过高，所得到的结果分别为两种极限条件下的方案。

为了降低实际应用中的工程成本，同时留有一定的过载余量以保证电枢软回收安全，以 2×10^5g 为最大过载进行方案设计，电枢各参数与之前保持一致，具体设计方案如表 3－7 所示。

表 3－7　最大过载为 2×10^5g 情况下 U 形铝质电枢软回收设计方案

参数	尘雾段 1	尘雾段 2	泡沫段	浸水纤维段
最大过载	2×10^5g	2×10^5g	2×10^5g	2×10^5g
回收介质	含尘雾的空气	含尘雾的空气	水泡沫	浸水纤维
介质等效密度/（$kg\cdot m^{-3}$）	8.867	37.7	100	—
段内起始速度/（$m\cdot s^{-1}$）	2 500	1 200	399.4	68.1
回收段理论长度/m	4.68	1.65	1	0.5
段内末速度/（$m\cdot s^{-1}$）	1 200	399.4	68.1	0

在回收过程中电枢速度随位移的变化曲线如图 3－33 所示。从图中可以看出，当回收过程中的最大过载为 2×10^5g 时，通过四段介质回收可在 8 m 的距离内将电枢无损回收。

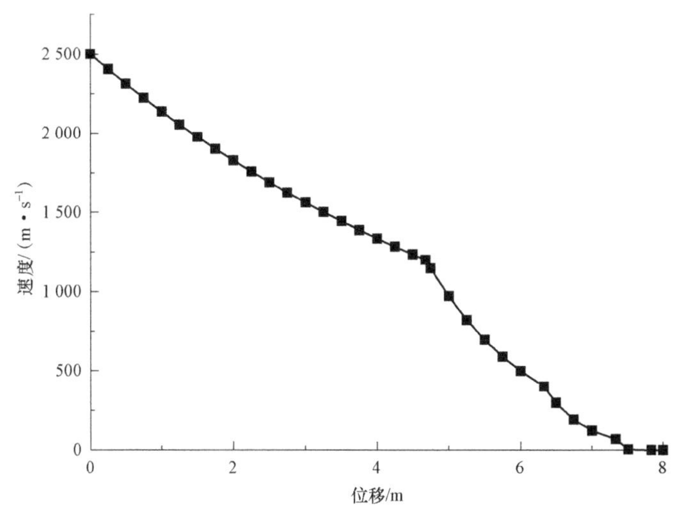

图 3－33　电枢速度随位移的变化曲线

本回收方案在计算过程中既考虑到了回收过载余量，又降低了实际应用工程成本，理论上具有一定的可行性。

二、超高速 U 形铝质电枢回收方案仿真分析

在上一节中，针对初速为 2 500 m/s，最大过载分别为 8×10^5g、2×10^4g 及 2×10^5g 的 U 形铝质电枢设计了完整的回收方案，为了对上述理论计算结果进行仿真分析，根据上述数据，建立完整的数值仿真模型。

考虑到电枢尺寸与回收距离之间的差距，为了方便建模与分析，对最大过载为 8×10^5g 的回收方案进行仿真研究，具体的数值仿真模型如图 3-34 所示，其中尘雾段为 0.574 m，瀑布段为 0.114 m，静水段为 0.12 m，浸水纤维段为 0.5 m。

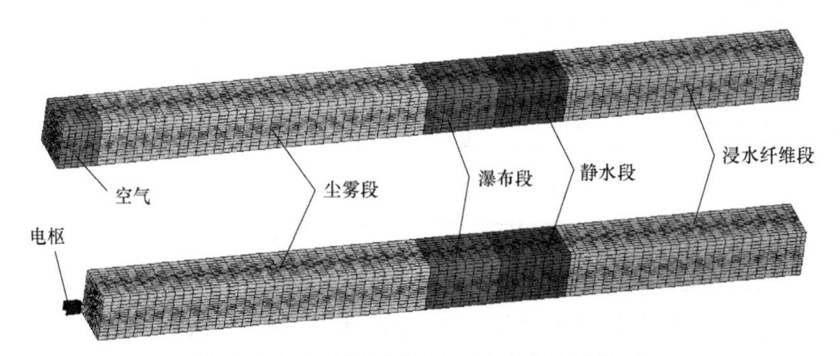

图 3-34　U 形电枢四段回收方案仿真模型

材料模型的建立及流固耦合等设置均与前节保持一致，其中材料模型建立过程中各回收段的回收介质密度参数如表 3-5 所示，分析 U 形电枢在四段回收过程中速度、加速度的变化情况以及电枢的变形情况。

（一）速度、加速度变化情况分析

对仿真结果进行后处理，得到电枢在整个回收过程中速度、加速度变化的曲线，如图 3-35 所示，其中黑色曲线为电枢速度变化曲线，对应左侧纵坐标，红色曲线为电枢加速度变化曲线，对应右侧纵坐标。从图 3-35（a）中可以看出，在整个回收过程中，电枢速度逐渐衰减并最终停止。在回收过程中电枢出现了三次速度衰减程度瞬间变大的情况，同时与之相对应的电枢加速度值也出现了三次瞬间变大的情况，这是由于在回收过程中采用了多段不同密度的回收介质的缘故；从图 3-35（b）中电枢速度、加速度随位移的变化关系也可以看到，速度、加速度发生突变的时刻也正是电枢从一个回收

段进入下一个回收段的时刻。将图 3-35（b）中仿真得到的电枢速度随位移的变化曲线与图 3-31 中理论计算得到的电枢速度随位移变化曲线进行对比，可以发现曲线的变化趋势及数值基本吻合，理论计算与仿真计算的结果一致，也证明了仿真模型的合理性和正确性。

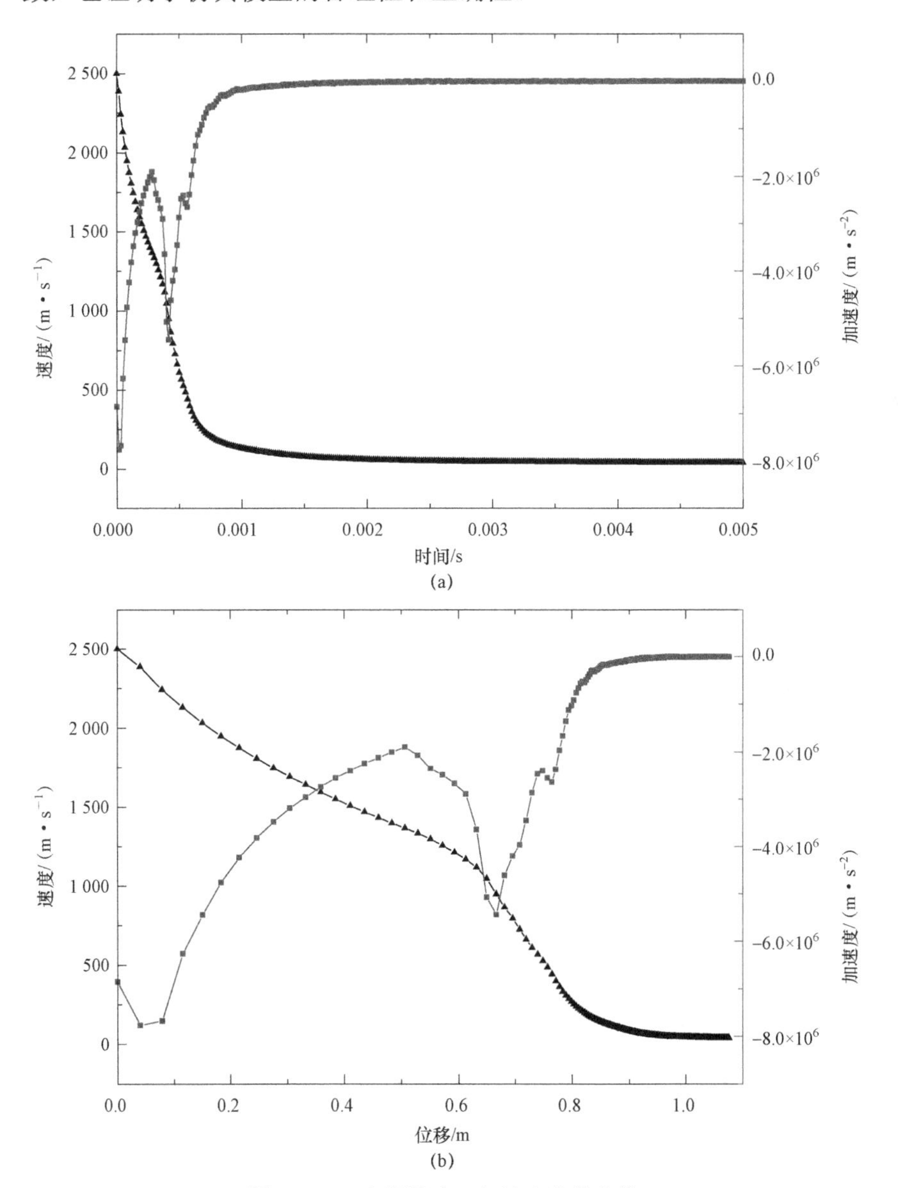

图 3-35 电枢速度、加速度变化曲线

（a）电枢速度、加速度随时间变化曲线；（b）电枢速度、加速度随位移变化曲线需要注意的是，在本次仿真研究中设置了四个回收段，但是只出现了三次速度与加速度的突变情况，这是由于最后一段设置为浸水纤维段，回收介质主要是水与浸在水中的纤维，整体密度从前到后逐渐增大，该段前一部分介质密度与前一回收段静水段密度基本相同，这两段之间没有出现密度突变的情况，因此电枢在这两段之间穿过时没有出现速度、加速度的突变。

从数值上来看，电枢速度值从 2 500 m/s 逐段衰减至 0，最后成功实现回收，但是否实现软回收还需要确认在回收过程中其受到的过载值是否超过其设计的极限。在方案设计时该 U 形铝质电枢的最大过载值为 8×10^5g，从图 3-35 中可以看到，电枢在回收过程中进入不同回收段时加速度瞬间增大的程度逐渐减小，这是由于电枢的速度降低而回收介质密度未达到该速度下可选用介质的最大密度的缘故。电枢在整个回收过程中受到的最大过载值出现在电枢进入第一段回收段时，但其数值并未超过 8×10^5g 的极限，因此从数值分析上可以得出结论：电磁轨道炮 U 形电枢软回收的方案具有可行性。

（二）电枢变形情况研究

为了更直观地了解电枢在回收前后的状态，需要分析电枢在回收过程中的变形情况，于是研究了电枢在整个回收过程中进入不同回收段时的变形情况，截取其进入不同介质时的状态，如图 3-36、图 3-37 所示。其中图 3-36 为电枢在回收前的状态，图 3-37 为电枢在不同回收段中的状态。通过对比图 3-37 与图 3-36 可以发现：电枢在不同回收段中均未发生变形情况。仿真表明在过载没有超过其可承受过载极限值的情况下，经过四段回收后，能够实现电枢的软回收。

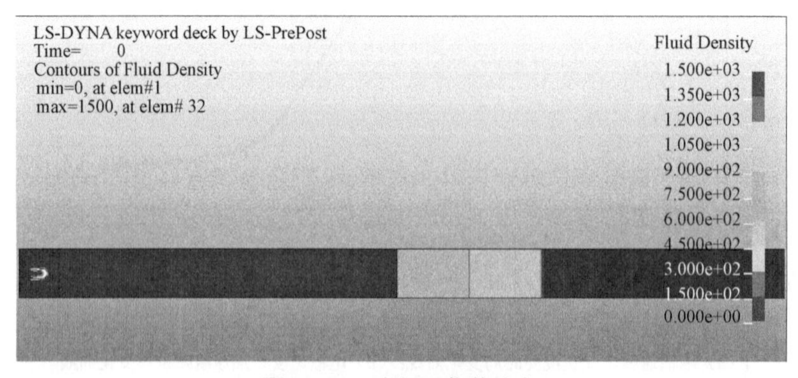

图 3-36 电枢回收前状态

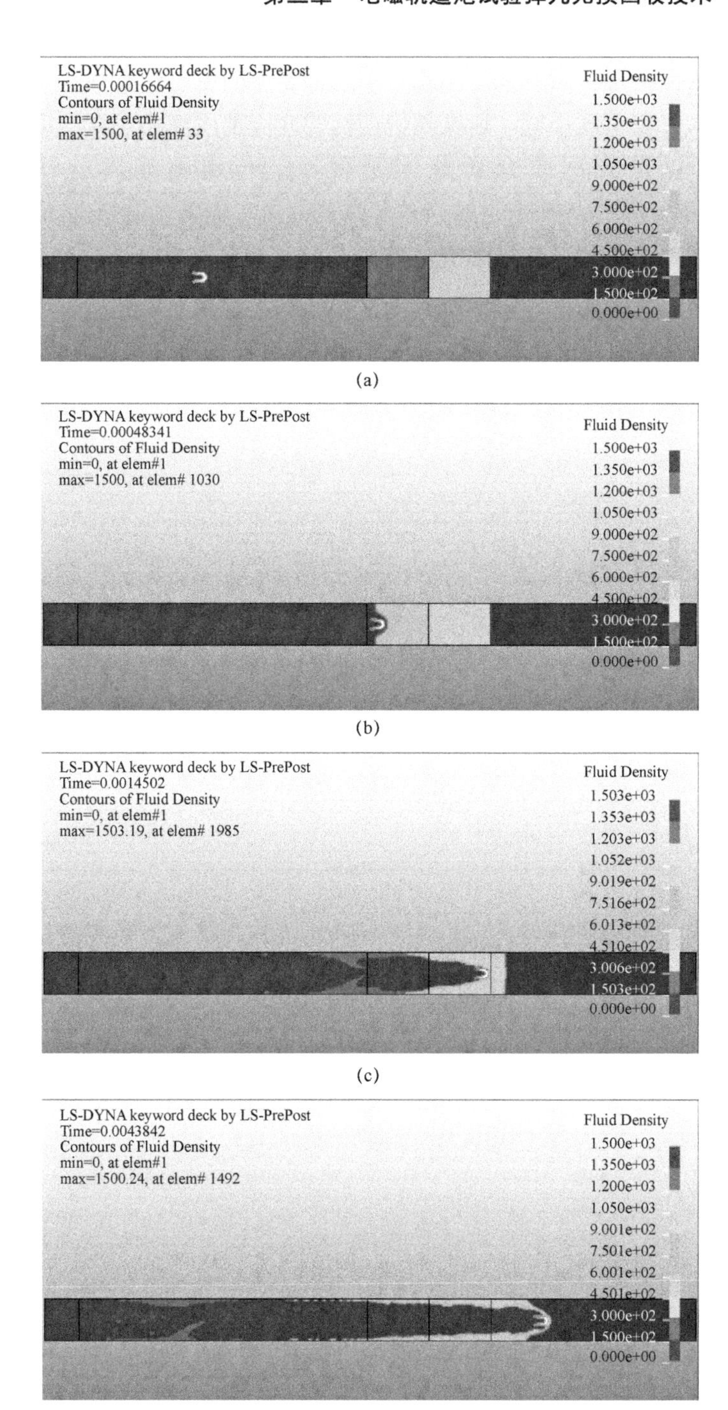

图3-37　电枢在不同回收段中的状态

从上述分析可以得到如下结论：不同初速度的电枢在软回收过程中可以选用的最大介质密度不同，速度越快可选的介质密度越小，在一定范围内进行拟合可以得到回收介质最大密度ρ_{max}与电枢速度 v 的关系为$\rho_{max}=7\times10^{7}\times v^{-1.884}$；在一定的误差允许范围内，电磁轨道炮 U 形铝质电枢回收过程中可承受的过载极限值约为$8\times10^{5}g$。对于初速为 2 500 m/s 的 U 形铝质电枢，可采用四段回收的方式进行软回收，当最大过载为$8\times10^{5}g$时，回收距离不超过 2 m；当最大过载为$2\times10^{4}g$时，回收距离不超过 35 m；当最大过载为$2\times10^{5}g$时，回收距离不超过 8 m。

第四章　基于相似模化法的轨道炮性能评估技术

虽然电磁轨道炮的发射原理简单，但是作用机理非常复杂，涉及电磁、温度、应力等多物理场。现阶段电磁轨道炮依然属于新概念武器范畴，近半个世纪以来其技术水平一直处于探索研究阶段。为了实现电磁轨道炮的工程化应用，尚有众多的技术难关需要一一攻克。其中很重要的一方面就是电磁轨道炮性能评估技术。

开展电磁轨道炮的性能评估和工程化研究的过程中，利用全尺寸和高能量的电磁轨道炮进行分析无疑是最快的，但是，其成本和条件要求较高，因此，目前大部分电磁轨道炮的研究都是以中小口径电磁轨道炮发射器作为主要研究平台。基于中小口径电磁轨道炮进行基础研究，可以节约研究成本、缩短研究周期，但是为了使在中小口径模型原理研究中得到的研究结论具有普适性，能够有效地将研究成果和关键技术拓展到大口径原型发射器中，需要以正确的相似模化方法作为理论依据。本章主要介绍基于相似模化法的电磁轨道炮性能评估技术。

第一节　相似模化方法在电磁轨道炮中的应用

一、相似理论及相似模化方法

相似模型化对比研究法（简称模化方法）是指不直接研究某一物理系统，而是通过对与物理系统的工作过程和规律密切相似的另一物理系统（一般是缩小、简化的）进行研究，再根据研究结果预测原物理系统性能的方法，其中被预测的物理系统是原型，而与原型的工作过程和规律相似的物理系统是模型。模化方法本身是一种探索自然规律的试验研究方法，使研究人员能用较少的人力、物力和较短时间完成对原型工作原理和规律的了解，同时作为技术传递工具，可以把在模型研究中得到的结论和成果拓展到原型中。

近百年来，美国、英国和苏联等国家对相似模化方法进行了大量的研究，并基于该理论指导了流体动力、传热等工程问题的实践。中华人民共和国成立后我国才开始研究相似模化方法，但是经过多年的发展，相似模化方法目前已广泛应用于我国的国防工业、汽车工业和航空航天等许多技术领域里。

相似理论是说明自然界和工程中各种相似现象、相似原理的学说，是模化方法的理论依据，它的理论基础是关于相似的三个定理。

相似第一定理可表述为：对相似的现象，各相似指标式等于 1（对相似的现象，在对应时间、对应点上的同名相似准则数值相同）；

相似第二定理可表述为：当一物理系统有 n 个物理量，其中 k 个物理量的量纲相互独立，则 n 个物理量可表示成 $n-k$ 个相似准则之间的函数关系；

相似第三定理可表述为：对同类现象，凡单值性条件相似，且由单值量组成的定型准则相同，则现象相似。

在不同的文献资料中对相似定理的命名方法和顺序有所不同，但是利用相似理论指导模型试验的基本思路和步骤相近。首先，应立足相似逆定理，从几何条件、介质条件、边界条件和初始条件等单值性条件出发，正确、全面地确定现象的参量；其次，在确定参量基础上，通过相似正定理提示的原则建立起该现象的全部Π项（相似准则）；最后，将所得Π项按Π定理的要求组成Π关系式，以用于模型设计和模型试验结果的推广。

相似准则是由数个物理量组成的一无量纲的综合数群，能反映出现象相似的数量特征，并只有在相似现象的对应点和对应时刻上相等，具有无限推广的功能。相似常数是指在一对相似现象的所有对应点和对应时刻上，有关物理量的比值均保持不变的量，但是在另一对相似现象中其比值有可能会变化。相似准则的导出是模化方法中的关键环节，目前相似准则的导出方法主要有定律分析法、方程分析法和量纲分析法。其中方程分析法具有结构严密、分析过程程序明确等优点，适用于能够写出描述现象微分方程组的情况，电磁轨道炮的相似模化就属于此类。

二、发射器物理场和弹丸动力学的相似模化方法

电磁轨道炮的发射过程是典型的多物理场耦合过程，电磁能转换为弹丸动能的过程伴随着材料的焦耳热温升和应力场变化。因此，在电磁轨道炮中物理场相似是现象相似的基础，物理场的相似模化是电磁轨道炮相似模化方

法的首要任务。此外，速度作为发射类武器中最关键的技术指标之一，在电磁轨道炮中又与刨削损伤和速度趋肤效应等现象有直接联系。因此在电磁轨道炮中，需要同时进行多物理场和弹丸动力学的模化。

Hsieh 和 Kim 首次以固体电枢电磁轨道炮为例，提出了一种机电系统的模化方法。该方法利用电磁场、温度场和运动方程组描述一个典型机电系统。电磁场由以下方程组描述：

$$\nabla \times \boldsymbol{H} = \boldsymbol{j} \tag{4-1}$$

$$\nabla \times \boldsymbol{E} = -\frac{\partial \boldsymbol{B}}{\partial t} \tag{4-2}$$

$$\nabla \cdot \boldsymbol{B} = 0 \tag{4-3}$$

$$\boldsymbol{B} = \mu \boldsymbol{H} \tag{4-4}$$

$$\boldsymbol{j} = \sigma \boldsymbol{E} \tag{4-5}$$

式中，$\boldsymbol{H}$ 为磁场强度，$\boldsymbol{B}$ 为磁感应强度，$\boldsymbol{j}$ 为电流密度，$\boldsymbol{E}$ 为电场强度，μ 为磁导率，σ 为电导率。由于假设了系统尺寸远小于波长，因此忽略了位移电流项，即假设系统为磁准静态场。

考虑到焦耳热后，热扩散方程为：

$$\nabla \cdot K\nabla T + \frac{\boldsymbol{j} \cdot \boldsymbol{j}}{\sigma} = c_p \frac{\partial T}{\partial t} \tag{4-6}$$

式中，T 为温度，K 为热导率，c_p 为单位体积热容。

添加电磁力分量后，运动微分方程可表示为：

$$\nabla \cdot \boldsymbol{S} + \boldsymbol{j} \times \boldsymbol{B} = \rho \boldsymbol{a} \tag{4-7}$$

式中，$\boldsymbol{S}$ 为应力张量，ρ 为材料密度，$\boldsymbol{a}$ 为加速度。

作者首先从电磁场方程组推导出了相似关系：为了实现模型和原型机电系统中磁感应强度 $\boldsymbol{B}$ 的匹配（是指原型与模型中空间上对应的两个点的特定物理属性在对应时刻大小相同），除了需要满足系统的几何形状相似的条件以外，时间的相似常数应与几何相似常数的平方相同，电流密度的相似常数应与几何相似常数的倒数相同。随后，作者把分析结果代入温度场和运动方程后发现，在上述条件下模型和原型中温度场与应力场也呈镜像分布。最后，利用 EMAP3D 程序，以固体电枢电磁轨道炮为例进行了静态条件下的电热耦合仿真，并把电磁力结果导入 ABAQUS 软件进行了应力场分布的仿真。图 4-1 所示为全尺寸原型和 0.707 缩比模型的电枢前端面温度场计算结果比较，图中显示温度场在原型与对应模型中的分布规律相似、幅值相同，仿真结果验证了理论推导结果。

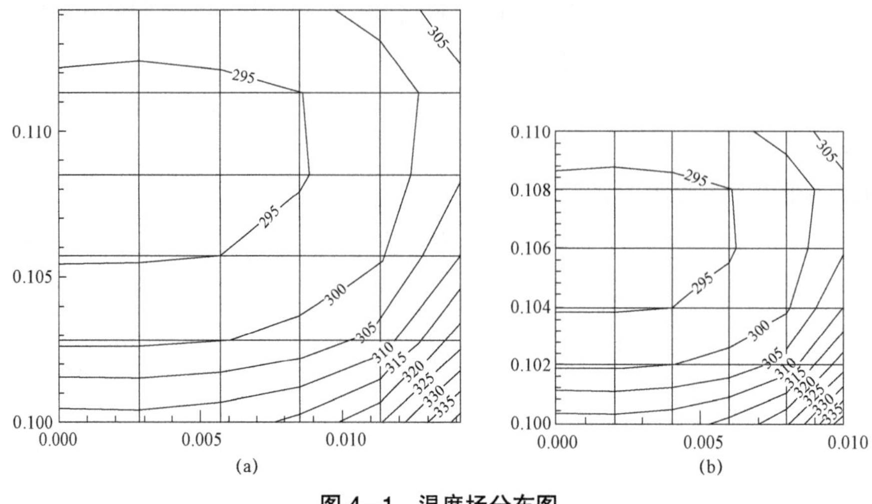

图 4-1 温度场分布图

(a) 原型；(b) 模型

本章以固体电枢电磁轨道炮为例系统地描述了机电系统的电磁场、温度场和运动（应力场）方程，在此基础上提出了一种可匹配物理场的机电系统模化方法，为后续研究奠定了基础。但存在以下不足：在理论推导之前，就假设了模型和原型的材料相同，并未考虑材料参数的变化；在相似常数的推导过程中，先从电磁场方程中得到了相似常数，并把结果代入温度场和运动方程中得到了验证，因此其结果存在偶然性，在分析过程中并未严格遵守相似理论；存在的不足中最为关键的是未考虑电磁力引起的结构变化，忽略了弹丸运动引起的系统几何形状的改变。如果按照本节的模化方法，弹丸位移的相似常数会与初始几何相似常数不同，即随着弹丸的移动，对应时刻模型和原型的几何形状不再相似。

Yun 提出了线性模化方法（Linear Scaling）和匹配模化方法（Matching Scaling）。线性模化是指模型和原型中物理场和相关变量的分布特性相同，而幅值与对应的相似常数呈比例的现象；匹配模化是指类似于文献［60］中的方法，使指定的物理场呈镜像（分布和幅值皆相同）或使指定的物理量相同的方法。Yun 在文献［60］的多物理场方程组基础上，添加了弹丸的动力学方程和轨道表面压力方程，并通过分析得出了相似关系式。按照 Yun 的线性模化方法，将几何尺寸、弹丸质量、电流幅值和时间的相似常数作为输入相似常数，并且保证时间相似常数与几何相似常数的平方相等时，通过调整其他输入相似常数，可以实现不同比例的线性模化；而时间相似常数与几何相似常数的平方不相等时，会出现非线性现象，在一定范围内可以实现近似模化。根据 Yun 的匹配模化方法，当时间的相似常数与几何相似常数的平方相同，且电流幅值的相似常数与几何相似常数相同时，可实现磁场、温度场和应力场的匹配；在此基础上通过改变弹丸质量的相似常数，就可分别实现弹丸加速度、速度和位移的匹配。

本章提出了轨道炮线性模化方法；试图同时实现发射器物理场和弹丸动力学参数的匹配；提出了时间相似常数与几何相似常数的平方不相等时的近似模化概念，并通过实例对部分弹丸动力学参数进行了验证。但存在以下不足：假设了模型和原型材料相同，并未考虑材料参数的变化；类似于文献［60］，未考虑弹丸运动引起的几何形状变化，在文献［62］的匹配模化方法中，如果匹配弹丸的动力学参数（如加速度、速度或位移），则根据时间相似常数的特性可知，弹丸位移的相似常数与初始的几何相似常数不再相等。这时即使满足时间相似常数与几何相似常数平方相等的条件，也不能实现对应时刻原型和模型几何形状的相似，因此物理场只能是近似模化。

Satapathy 和 Vanicek 在文献［60］和文献［62］的基础上考虑到弹丸运动的边界条件后，指出了当模型和原型材料参数相同时，不能同时实现发射器物理场和弹丸动力学参数的匹配。而通过改变弹丸负载质量的方法，可以调整弹丸整体质量的相似常数，进一步可以分别实现弹丸的加速度、速度和位移的匹配，但此时由于边界条件不再相似，因此其物理场属于近似模化。作者对上述三种不同的近似模化，通过有限元仿真的方法，从能量分配、电流分布、温度分布的角度分析了近似模化的近似程度，并得出了匹配速度的近似模化最优，匹配加速度的近似模化最差的结论。图 4-2 显示原型与不同模型轨道内表面温度分布的比较图，从图中可以看出，由于在弹丸运动作用下边界条件不相似，因此不能精确匹配其物理场分布，只能实现近似模化。本节内容纠正了文献［60］和文献［62］中忽略边界条件的不足；把能量分配性能指标引入模化过程中；提出并分析了分别匹配弹丸加速度、速度和位移的近似模化性能。其不足在于：依然未考虑材料参数的变化。

总之，由于目前电磁轨道发射器物理场的模化方法只考虑了相同材料条件下的模化，因此必须满足时间相似常数与几何相似常数平方相同的条件。在匹配弹丸动力学参数时，进一步会导致发射器长度和弹丸质量的相似常数取值过大的问题，将加大模化方法的实现难度。

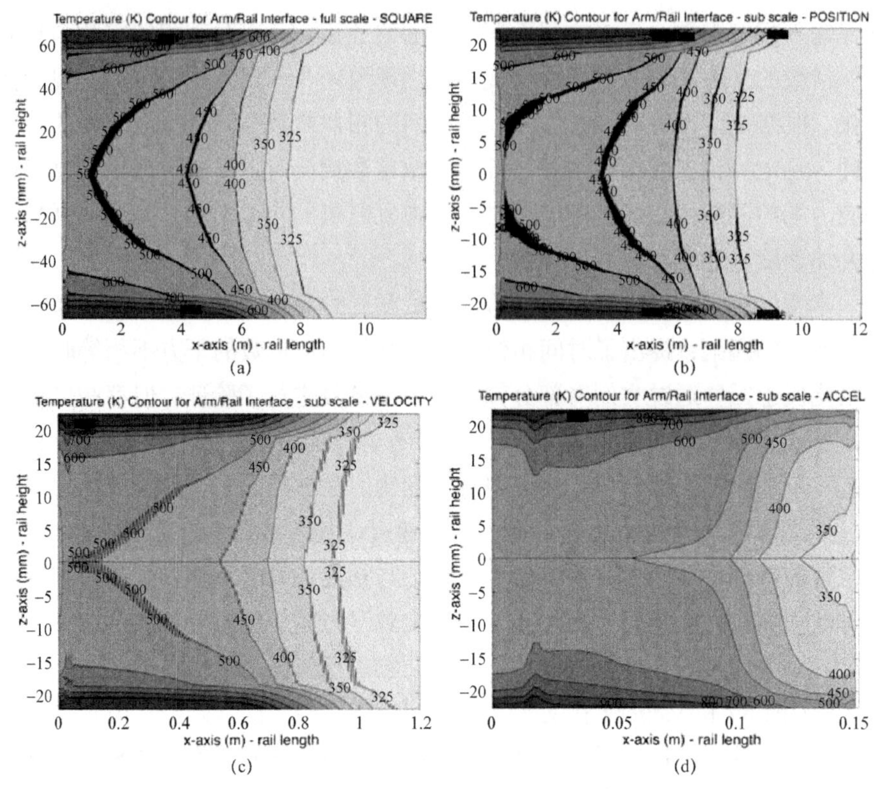

图 4-2 原型与不同模型的轨道内表面温度场分布图

（a）原型；（b）匹配位移的模型；（c）匹配速度的模型；（d）匹配加速度的模型

三、驱动电路的相似模化方法

Zhang 等提出了采用电容器为能源的电磁轨道炮驱动电路模化方法，其等效电路如图 4-3 所示。该文献从电磁轨道炮物理场的模化方法出发，以电流、弹丸位移、时间等参数为中间变量，把物理场的模化延伸到了驱动电路的模化中。该模化方法针对类似于文献［62］中匹配弹丸加速度、速度或位移的模化方法，给出了可实现各模化方法的电路参数相似常数。此外，文中给出了电阻方程和电感方程中将弹丸位移替换为几何参数的近似模化方法，并通过数值计算的方法验证了其近似程度。该文献的意义在于首次提出了可实现电磁轨道炮物理场相似和弹丸动力学参数匹配的驱动电路模化方法，同时给出了电路的近似模化方法。不足点在于：该文献引用的物理场模化方法未考虑弹丸运动引起的边界条件变化，即引用的模化方法本身不能实现物理场的完全相似，因此按照文献中描述的电路模化方法，也只能实现物理场的近似模化。

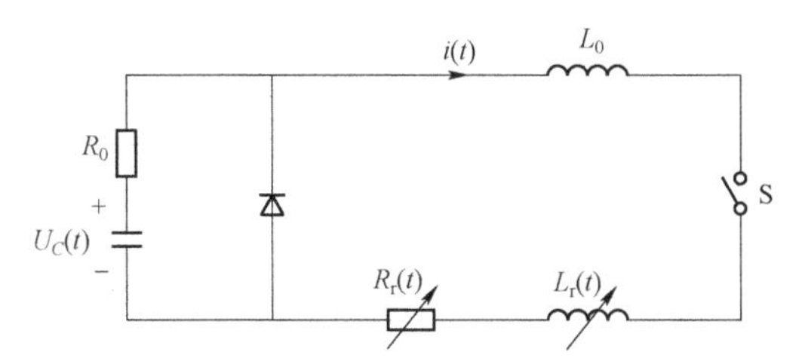

图 4-3 电容器驱动电磁轨道炮的等效电路

Sung 和 Odendaal 总结和分析已发表的文献后提出了电路模化方法，并通过数值模拟的方法验证了该方法下电路参数和弹丸动力学参数的模化性能，该方法的研究思路与文献［63］类似，但在数值模拟中考虑了二极管的正向偏压等非理想条件。此外，文中给出了 *RLC* 电路试验结果，通过对设置不同的电容器初始电压的方法，分析了电路模化过程中的非线性现象。最后，通过相似理论分析了轨道炮发射频率等具体工程问题。该文的意义在于，在电磁轨道炮模化过程中，考虑到了实际工程应用背景，并提出了以相似理论作为分析工具可以解释具体工程问题的可能性。

与发射器物理场的模化方法相比，驱动电路的模化相对简单。原因在于驱动电路的模化是在发射器物理场模化方法基础上进行的，因此，一旦选择了一种发射器物理场的模化方法，则激励电流波形需要满足的条件也被确定，进一步驱动电路中电参数的相似常数随之也被确定。

四、其他相似模化方法

Zhang 等研究了电磁轨道炮的非线性模化方法。与之前电磁轨道炮模化方法相关文献的关注点不同，此文献重点研究了滑动摩擦、空气、电流的阻力模型以及它们在不同速度条件下的适用性。该文献认为：由于摩擦系数随着滑动速度的变化而改变，因此摩擦阻力具有非线性特性，而且其非线性在低速段更为明显，但是在高速段，摩擦阻力模型可以简化到电流阻力模型中并且能够实现线性模化方法；在电磁轨道炮的发射速度范围内（尤其在低速时），可以忽略空气阻力。该文的意义在于对比分析了不同阻力模型在不同发射阶段对弹丸动力学的影响程度，并且首次将阻力模型引入电磁轨道炮模化方法中。Tang 通过有限元仿真的方法，分析了不同口径电枢在相同电流上升时间和电流线密度条件下电流密度分布的集中程度，得出了与小口径电枢相比在大口径电枢中电流密度集中程度更严重的结论，从另一角度分析了大小口径电枢中电流密度分布的相似性规律。

以上文献主要是相似理论在电磁轨道炮研究中的应用情况，此外相似理论在电磁线圈炮中也有应用。Zhang 等采用类似于文献［63］的方法，针对电容器驱动电磁线圈炮研究了相似模化方法。在电路方程、弹丸动力学方程和电磁场扩散方程组基础上获得了各物理量的相似常数，并通过试验和数值模拟的方法进行了验证。Zou 等采用类似的方法，基于新设计的电磁线圈炮基础上得到了相似常数，并利用有限元仿真进行了验证。

第二节　轨道物理场相似模化方法

在电磁轨道炮中轨道起着承载电流、导引弹丸运动的关键作用，轨道槽蚀、刨削等表面状态以及与电枢的滑动电接触性能影响着电磁轨道炮的单次发射性能和轨道的多次使用寿命，而轨道的电磁、温度、应力等多物理场是其决定性因素。因此，在电磁轨道炮相似模化方法研究中，确保模型与原型轨道物理场的相似是实现发射器性能相似的前提条件。

每一种材料都具有其特定的导电、导热等固有性能，而且不同材料之间具体参数的非线性亦不尽相同，材料参数更不能被人为地随意改变。因此，在进行相似模化方法研究时，为了简化模化程序，在模型与原型中尽可能采用相同材料。

然而，如何同时实现物理场的相似模化、弹丸速度的匹配和几何尺寸的线性缩比是目前基于相同材料电磁轨道炮相似模化方法的研究难题之一。因此，打破原型和模型中采用相同材料的相似模化研究一贯思维方式，基于目前常用的金属材料，研究物理场和弹丸动力学的相似模化，提出一种基于不同材料的新相似模化方法，旨在实现相同材料模化方法中无法实现的目标。为了与前两种轨道物理场模化方法进行区别，将基于不同材料的相似模化方法命名为轨道物理场相似模化方法Ⅲ。

一、基于相同材料的轨道物理场相似模化方法Ⅰ

在本节，针对目前电磁轨道炮物理场模化方法中，匹配弹丸速度时模型与原型轨道边界条件不相似等问题，根据电磁轨道炮的发射环境和轨道工作特点，对轨道物理场控制方程进行先展开后简化处理，得出简化的轨道物理场控制方程。在此基础上，利用相似理论中的方程分析法进行相似转换获得轨道物理场相似模化方法Ⅰ。通过本节研究预计得出，在时间相似常数与发射器横截面相似常数平方相同的条件下，能否同时实现轨道物理场相似和弹丸速度匹配的可行性结论。

（一）控制方程

电磁轨道炮的结构示意图和坐标轴方向设置如图 4-4 所示。弹丸由电枢和战斗部（载荷）两部分组成，当轨道中馈入电流时，电枢受到电磁力并推动战斗部加速运动。假设现有两个几何形状相似、大小不同的电磁轨道炮发射器，为了便于分析和描述，将小型发射器设为模型，大型发射器设为原型。

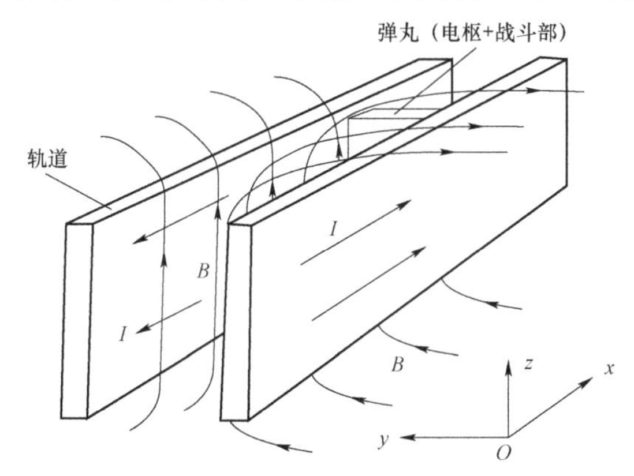

图 4-4　电磁轨道炮的结构示意图及坐标轴

原型发射器轨道的物理场由以下方程组描述，可反映轨道的电磁场、温度场和应力场的分布情况和扩散过程。

$$\nabla\times\boldsymbol{B}=\mu\boldsymbol{j} \tag{4-8}$$

$$\nabla\times\frac{\boldsymbol{j}}{\sigma}=-\frac{\partial\boldsymbol{B}}{\partial t}+\nabla\times(\boldsymbol{v}\times\boldsymbol{B}) \tag{4-9}$$

$$\nabla\cdot K\nabla T+\frac{\boldsymbol{j}\cdot\boldsymbol{j}}{\sigma}=c_p\frac{\partial T}{\partial t} \tag{4-10}$$

$$\nabla\cdot\boldsymbol{S}+\boldsymbol{j}\times\boldsymbol{B}=\rho\boldsymbol{a} \tag{4-11}$$

式中，$\boldsymbol{B}$ 为磁感应强度，μ为磁导率，$\boldsymbol{j}$ 为电流密度，σ 为电导率，$\boldsymbol{v}$ 为微元体的速度，K 为热导率，c_p 为单位体积热容，T 为温度，t 为时间，$\boldsymbol{S}$ 为应力张量，ρ为材料的密度，$\boldsymbol{a}$ 为微元体的加速度。

在膛内运动的电磁轨道炮弹丸动力学方程可以表示为：

$$F=\frac{1}{2}L'I^2=ma_p \tag{4-12}$$

$$v_p=\int_0^t a_p\mathrm{d}t \tag{4-13}$$

$$u_p = \int_0^t v_p \mathrm{d}t \tag{4-14}$$

式中，F 为电枢受到的电磁力；L'是发射器的电感梯度，并假设在线性缩比发射器横截面尺寸时其值不变；I 为施加到炮尾端的驱动电流；m 为弹丸总质量；a_p 和 v_p 为弹丸加速度和速度；u_p 为弹丸位移，设弹丸出炮口时刻弹丸位移与轨道长度相等（实际上，由于弹丸初始位置离轨道炮尾端具有一段距离，因此是近似相等）。

在式（4-8）～式（4-11）中，∇ 为哈米尔顿算符，可以表示为：

$$\nabla = \frac{\partial}{\partial x}\boldsymbol{x}_0 + \frac{\partial}{\partial y}\boldsymbol{y}_0 + \frac{\partial}{\partial z}\boldsymbol{z}_0 \tag{4-15}$$

式中，$\boldsymbol{x}_0$、$\boldsymbol{y}_0$ 和 $\boldsymbol{z}_0$ 为图 4-4 中坐标轴的单位向量。

将式（4-15）代入式（4-8）～式（4-11）中，并按向量展开，则原型轨道的物理场方程变为：

$$\begin{pmatrix} 0 & -\frac{\partial}{\partial z} & \frac{\partial}{\partial y} \\ \frac{\partial}{\partial z} & 0 & -\frac{\partial}{\partial x} \\ -\frac{\partial}{\partial y} & \frac{\partial}{\partial x} & 0 \end{pmatrix} \cdot \begin{pmatrix} B_x \\ B_y \\ B_z \end{pmatrix} = \mu \begin{pmatrix} j_x \\ j_y \\ j_z \end{pmatrix} \tag{4-16}$$

$$\begin{aligned} &\begin{pmatrix} 0 & -\frac{\partial}{\partial z} & \frac{\partial}{\partial y} \\ \frac{\partial}{\partial z} & 0 & -\frac{\partial}{\partial x} \\ -\frac{\partial}{\partial y} & \frac{\partial}{\partial x} & 0 \end{pmatrix} \cdot \frac{1}{\sigma} \begin{pmatrix} j_x \\ j_y \\ j_z \end{pmatrix} = \\ &-\begin{pmatrix} \frac{\partial B_x}{\partial t} \\ \frac{\partial B_y}{\partial t} \\ \frac{\partial B_z}{\partial t} \end{pmatrix} + \begin{pmatrix} 0 & -\frac{\partial}{\partial z} & \frac{\partial}{\partial y} \\ \frac{\partial}{\partial z} & 0 & -\frac{\partial}{\partial x} \\ -\frac{\partial}{\partial y} & \frac{\partial}{\partial x} & 0 \end{pmatrix} \cdot \begin{pmatrix} 0 & -v_z & v_y \\ v_z & 0 & -v_x \\ -v_y & v_x & 0 \end{pmatrix} \cdot \begin{pmatrix} B_x \\ B_y \\ B_z \end{pmatrix} \end{aligned} \tag{4-17}$$

$$K\left(\frac{\partial^2 T}{\partial x^2} + \frac{\partial^2 T}{\partial y^2} + \frac{\partial^2 T}{\partial z^2}\right) + \frac{1}{\sigma}\left(j_x^2 + j_y^2 + j_z^2\right) = c_p \frac{\partial T}{\partial t} \tag{4-18}$$

$$\begin{pmatrix} \dfrac{\partial \sigma_x}{\partial x}+\dfrac{\partial \tau_{yx}}{\partial y}+\dfrac{\partial \tau_{zx}}{\partial z} \\ \dfrac{\partial \sigma_y}{\partial y}+\dfrac{\partial \tau_{zy}}{\partial z}+\dfrac{\partial \tau_{xy}}{\partial x} \\ \dfrac{\partial \sigma_z}{\partial z}+\dfrac{\partial \tau_{xz}}{\partial x}+\dfrac{\partial \tau_{yz}}{\partial y} \end{pmatrix}+\begin{pmatrix} 0 & -j_z & j_y \\ j_z & 0 & -j_x \\ -j_y & j_x & 0 \end{pmatrix}\cdot\begin{pmatrix} B_x \\ B_y \\ B_z \end{pmatrix}=\rho\begin{pmatrix} a_x \\ a_y \\ a_z \end{pmatrix} \tag{4-19}$$

根据电磁轨道炮及轨道的工作原理和特点，可以做如下近似假设：

（1）电流在轨道上全部沿着轨道轴线方向流动，即图 4-4 中的 x 方向，忽略其他方向上的分量，则施加到轨道尾部端面的驱动电流可以表示为：

$$I=\int_A j_x \mathrm{d}A \tag{4-20}$$

式中，A 为单根轨道横截面积。

（2）由于在如图 4-4 所示的电磁轨道炮中 z 方向上的磁场最强，而且只有 z 方向分量磁场才会对电枢的运动和轨道的振动产生作用，因此在本模化方法中忽略 x 和 y 方向磁场分量，只考虑 z 方向的磁场分量。

（3）虽然轨道在发射过程中发生振动，但是与电枢运动相比，切割磁力线的作用可忽略不计，因此在轨道物理场方程中忽略动生电动势项。

基于以上假设，式（4-16）～式（4-19）可以简化为：

$$\begin{pmatrix} 0 & -\dfrac{\partial}{\partial z} & \dfrac{\partial}{\partial y} \\ \dfrac{\partial}{\partial z} & 0 & -\dfrac{\partial}{\partial x} \\ -\dfrac{\partial}{\partial y} & \dfrac{\partial}{\partial x} & 0 \end{pmatrix}\cdot\begin{pmatrix} 0 \\ 0 \\ B_z \end{pmatrix}=\mu\begin{pmatrix} j_x \\ 0 \\ 0 \end{pmatrix} \tag{4-21}$$

$$\begin{pmatrix} 0 & -\dfrac{\partial}{\partial z} & \dfrac{\partial}{\partial y} \\ \dfrac{\partial}{\partial z} & 0 & -\dfrac{\partial}{\partial x} \\ -\dfrac{\partial}{\partial y} & \dfrac{\partial}{\partial x} & 0 \end{pmatrix}\cdot\frac{1}{\sigma}\begin{pmatrix} j_x \\ 0 \\ 0 \end{pmatrix}=-\begin{pmatrix} 0 \\ 0 \\ \dfrac{\partial B_z}{\partial t} \end{pmatrix} \tag{4-22}$$

$$K\left(\frac{\partial^2 T}{\partial x^2}+\frac{\partial^2 T}{\partial y^2}+\frac{\partial^2 T}{\partial z^2}\right)+\frac{1}{\sigma}j_x^2=c_p\frac{\partial T}{\partial t} \tag{4-23}$$

$$\begin{pmatrix} \dfrac{\partial \sigma_x}{\partial x}+\dfrac{\partial \tau_{yx}}{\partial y}+\dfrac{\partial \tau_{zx}}{\partial z} \\ \dfrac{\partial \sigma_y}{\partial y}+\dfrac{\partial \tau_{zy}}{\partial z}+\dfrac{\partial \tau_{xy}}{\partial x} \\ \dfrac{\partial \sigma_z}{\partial z}+\dfrac{\partial \tau_{xz}}{\partial x}+\dfrac{\partial \tau_{yz}}{\partial y} \end{pmatrix}+\begin{pmatrix} 0 & 0 & 0 \\ 0 & 0 & -j_x \\ 0 & j_x & 0 \end{pmatrix}\cdot\begin{pmatrix} 0 \\ 0 \\ B_z \end{pmatrix}=\rho\begin{pmatrix} a_x \\ a_y \\ a_z \end{pmatrix} \tag{4-24}$$

对式（4－21）～式（4－24）进行矩阵运算后，得到进一步简化的原型轨道物理场控制方程组：

$$\frac{\partial B_z}{\partial y}=\mu j_x \tag{4-25}$$

$$\frac{1}{\sigma}\frac{\partial j_x}{\partial y}=\frac{\partial B_z}{\partial t} \tag{4-26}$$

$$K\left(\frac{\partial^2 T}{\partial x^2}+\frac{\partial^2 T}{\partial y^2}+\frac{\partial^2 T}{\partial z^2}\right)+\frac{1}{\sigma}j_x^2=c_p\frac{\partial T}{\partial t} \tag{4-27}$$

$$\frac{\partial \sigma_y}{\partial y}+\frac{\partial \tau_{zy}}{\partial z}+\frac{\partial \tau_{xy}}{\partial x}-j_x B_z=\rho a_y \tag{4-28}$$

（二）模化方法Ⅰ的相似准则推导

1. 单值性条件

（1）几何条件：包括轨道、电枢在内发射器所有部件的形状和尺寸。

（2）介质条件：材料的磁导率μ、电导率σ、热导率K、单位体积热容c_p、材料密度ρ等参数。

（3）边界条件：位移约束等力学边界条件、驱动电流等电磁边界条件、环境温度和电枢/轨道界面上由摩擦热等引起的热流边界条件，其中传入轨道部分的电枢/轨道界面摩擦热流密度为：

$$q_f=\lambda_r\mu_f v_p P_{mt} \tag{4-29}$$

式中，λ_r表示总摩擦热流中传入轨道的比值，μ_f为摩擦系数，P_{mt}为电枢/轨道间有效基础压强。实际上摩擦系数与电枢/轨道滑动速度、界面温度等接触状态息息相关，但是为了简化分析，在模型与原型物理场相似的前提下假设摩擦系数为常数。因此，利用式（4－29）表示轨道温度场边界条件热流密度时，为了满足边界条件的相似，应保证对应时刻模型与原型中弹丸速度和电枢/轨道接触压强分别相等。

（4）初始条件：初始时刻驱动电流大小、弹丸位置、初始温度等。

2. 相似转换

利用式（4－25）～式（4－28）表示原型轨道物理场，为了与原型电磁轨道炮相关物理量进行区分，用上标“′”标注模型相关物理量，而由于假设了在线性缩比发射器横截面尺寸时发射器电感梯度不变，因此依然用L'同时表示模型发射器的电感梯度，则模型轨道的物理场可表示为：

$$\frac{\partial B_z'}{\partial y'} = \mu' j_x' \tag{4-30}$$

$$\frac{1}{\sigma'}\frac{\partial j_x'}{\partial y'} = \frac{\partial B_z'}{\partial t'} \tag{4-31}$$

$$K'\left(\frac{\partial^2 T'}{\partial x'^2} + \frac{\partial^2 T'}{\partial y'^2} + \frac{\partial^2 T'}{\partial z'^2}\right) + \frac{1}{\sigma'} j_x'^2 = c_p' \frac{\partial T'}{\partial t'} \tag{4-32}$$

$$\frac{\partial \sigma_y'}{\partial y'} + \frac{\partial \tau_{zy}'}{\partial z'} + \frac{\partial \tau_{xy}'}{\partial x'} - j_x' B_z' = \rho' a_y' \tag{4-33}$$

假设模型与原型轨道几何尺寸在x、y、z不同坐标轴方向上分别为C_x、C_y、C_z倍关系，$x' = C_x x$，$y' = C_y y$，$z' = C_z z$，即在不同方向上的几何相似常数不同。相似常数是指在一对相似现象的所有对应点和对应时刻上，有关物理量的比值均保持不变的量，本文中其他物理量的相似常数也用“$C_{下标}$”的方法描述。

将所有物理量的相似常数代入式（4－30）～式（4－33）后，得到：

$$\frac{C_{B_z}}{C_y}\frac{\partial B_z}{\partial y} = C_\mu C_{j_x} \mu j_x \tag{4-34}$$

$$\frac{C_{j_x}}{C_\sigma C_y}\frac{1}{\sigma}\frac{\partial j_x}{\partial y} = \frac{C_{B_z}}{C_t}\frac{\partial B_z}{\partial t} \tag{4-35}$$

$$K'\left(\frac{C_K C_T}{C_x^2}\frac{\partial^2 T'}{\partial x'^2} + \frac{C_K C_T}{C_y^2}\frac{\partial^2 T'}{\partial y'^2} + \frac{C_K C_T}{C_z^2}\frac{\partial^2 T'}{\partial z'^2}\right) + \frac{C_{j_x}^2}{C_\sigma}\frac{1}{\sigma} j_x^2 = \frac{C_{c_p} C_T}{C_t} c_p \frac{\partial T}{\partial t} \tag{4-36}$$

$$\frac{C_{\sigma_y}}{C_y}\frac{\partial \sigma_y}{\partial y} + \frac{C_{\tau_{zy}}}{C_z}\frac{\partial \tau_{zy}}{\partial z} + \frac{C_{\tau_{xy}}}{C_x}\frac{\partial \tau_{xy}}{\partial x} - C_{j_x} C_{B_z} j_x B_z = C_\rho C_{a_y} \rho a_y \tag{4-37}$$

将式（4－34）～式（4－37）与式（4－25）～式（4－28）比较后，可以得到相似常数关系式如下：

$$\frac{C_{B_z}}{C_y}=C_\mu C_{j_x} \tag{4-38}$$

$$\frac{C_{j_x}}{C_\sigma C_y}=\frac{C_{B_z}}{C_t} \tag{4-39}$$

$$\frac{C_K C_T}{C_x^2}=\frac{C_K C_T}{C_y^2}=\frac{C_K C_T}{C_z^2}=\frac{C_{j_x}^2}{C_\sigma}=\frac{C_{c_p} C_T}{C_t} \tag{4-40}$$

$$\frac{C_{\sigma_y}}{C_y}=\frac{C_{\tau_{zy}}}{C_z}=\frac{C_{\tau_{xy}}}{C_x}=C_{j_x}C_{B_z}=C_\rho C_{a_y} \tag{4-41}$$

在本模化方法中假设模型与原型采用相同材料，因此令$C_\mu=C_\sigma=C_K=C_{c_p}=C_\rho=1$。在此基础上为匹配原型与模型轨道的磁场和温度场，令$C_{B_z}=C_T=1$，则从式（4–38）～式（4–40）可以得到：

$$C_{j_x}C_y=1 \tag{4-42}$$

$$\frac{C_t}{C_y^2}=1 \tag{4-43}$$

$$C_x=C_y=C_z \tag{4-44}$$

从式（4–44）可以看出，为精确匹配模型与原型中的温度场，不同方向上的相似常数应相同。当不同方向上的几何相似常数不相同时，会导致热扩散方程中热传导项的不匹配。然而在电磁轨道炮毫秒量级的瞬态发射环境下，由热扩散引起的轨道温度场的模化误差将非常有限，因此在近似意义下可忽略式（4–44）条件。

从式（4–42）和式（4–43）可以得到对应的两个相似准则：

$$j_x y=\text{不变量}=\Pi_1 \tag{4-45}$$

$$\frac{t}{y^2}=\text{不变量}=\Pi_2 \tag{4-46}$$

根据相似第三定理可知，在单值性条件相似的基础上，定型准则在数值上相同，则现象相似。因此即使在不同方向上几何相似常数不相同的情况下，只要按照Π_1、Π_2就可实现模型与原型轨道之间磁场和温度场的匹配。利用相似常数将模化方法Ⅰ的条件可以更直观地表述为：电流密度的相似常数与横截面几何相似常数的倒数相同（电流幅值相似常数与横截面几何相似常数相同），时间相似常数与发射器横截面几何相似常数的平方相同。而从式（4–41）

可以看出，如果在不同方向上的几何相似常数不相同，则不能匹配轨道的应力场。

类似于物理场方程组的分析方法，通过对式（4－12）～式（4－14）和式（4－20）的分析，可以得到弹丸动力学参数相关物理量的相似常数关系式，如下：

$$C_I^2 = C_m C_{a_p} \tag{4-47}$$

$$C_{v_p} = C_t C_{a_p} \tag{4-48}$$

$$C_{u_p} = C_t C_{v_p} \tag{4-49}$$

$$C_I = C_{j_x} C_y C_z \tag{4-50}$$

从式（4－42）～式（4－50）可以看出，轨道物理场和弹丸动力学相关物理量的相似常数之间并不独立，而是以电流和几何相似常数为中间变量彼此相互关联。确定物理场方程组相关相似常数后，根据需要匹配的弹丸动力学参数（如加速度、速度或位移），通过改变弹丸质量相似常数的方法，可以实现其他弹丸动力学相关物理量相似常数的调整。

二、基于相同材料的轨道物理场相似模化方法Ⅱ

针对轨道物理场相似模化方法Ⅰ中，不能实现应力场相似和匹配弹丸速度时不能线性缩比发射器和弹丸尺寸的问题，提出一种线性缩比几何尺寸的轨道物理场相似模化方法Ⅱ，并分析温度场、磁场、应力场等关键物理量在模型与原型中的相似性。

（一）控制方程

弹丸速度是常规武器系统中最为关键的技术指标之一，而且在电磁轨道炮中又与刨削等损伤现象具有密切联系，因此实现弹丸速度的匹配是电磁轨道炮相似模化方法的重要目标之一。

在电磁力的作用下，弹丸将沿着轨道加速运动，原型发射器弹丸的动力学方程可表示为：

$$F = \frac{1}{2} L' I^2 = m a_p \tag{4-51}$$

$$v_p = \int_0^t a_p \mathrm{d}t \tag{4-52}$$

$$u_p = \int_0^t v_p \mathrm{d}t \tag{4-53}$$

式中，m 为弹丸质量；L'为电感梯度，假设电感梯度在线性缩比发射器尺寸时保持不变；I 为驱动电流；a_p 和 v_p 分别为弹丸加速度和速度；u_p 为弹丸位移，设弹丸出炮口时刻弹丸位移与轨道长度相等。

（二）模化方法Ⅱ的相似准则推导

1. 单值性条件

（1）几何条件：包括轨道、电枢在内所有部件的形状和尺寸。

（2）介质条件：材料密度ρ等材料参数。

（3）边界条件：位移约束等力学边界条件、驱动电流等电磁边界条件、环境温度和电枢/轨道界面上由摩擦热等引起的热流边界条件。

（4）初始条件：初始时刻驱动电流大小、弹丸位置、初始温度等。

2. 相似转换

模型电磁轨道炮相关物理量用上标“′”标注，则模型发射器弹丸的动力学方程可表示为：

$$F' = \frac{1}{2}L'I'^2 = m'a_p' \tag{4-54}$$

$$v_p' = \int_0^{t'} a_p' \mathrm{d}t' \tag{4-55}$$

$$u_p' = \int_0^{t'} v_p' \mathrm{d}t' \tag{4-56}$$

基于相似理论的方程分析法，对两组方程组进行相似转换，并假设线性缩比发射器横截面尺寸时电感梯度不变，则得到：

$$C_I^2 = C_m C_{a_p} = C_l^3 C_{a_p} \tag{4-57}$$

$$C_{v_p} = C_t C_{a_p} \tag{4-58}$$

$$C_{u_p} = C_t C_{v_p} \tag{4-59}$$

由于在轨道物理场相似模化方法Ⅱ中线性缩比几何尺寸，因此用 C_l 表示模型与原型发射器在不同方向上的统一尺寸比值。当匹配弹丸速度时，$C_{v_p}=1$，此外弹丸出炮口时刻弹丸位移与轨道长度相等，令 $C_{u_p}=C_l$。根据相似第三定理可知，在单值性条件相似的基础上，如果由单值量组成的定型准则相同，则现象相似。根据以上相似关系式，可以得出两个定型准则：$t/l=1$，

$I/l=1$。以上相似准则又能等效地表示为基于几何相似常数的转换关系式，即：

$$C_I = C_t = C_l \tag{4-60}$$

其物理意义为：在模型与原型中电流幅值和时间的相似常数与几何相似常数相等时，可以实现匹配弹丸速度的轨道物理场相似模化方法Ⅱ。

（三）模化方法Ⅱ的物理场相似性分析

从以上分析结果可以看出，轨道物理场相似模化方法Ⅱ（下文简称“模化方法Ⅱ”）需要满足时间相似常数与几何相似常数相同的条件，这与物理场相似模化方法Ⅰ产生矛盾（按照物理场相似模化方法Ⅰ，时间相似常数应与横截面几何相似常数的平方相同），因此在轨道物理场相似模化方法Ⅱ中会导致物理场的不完全相似。接下来，将重点分析在模化方法Ⅱ下，模型与原型中电磁场、温度场、应力场等物理场的相似性。

1. 电磁场

描述原型发射器电磁场的全电流定律和电磁感应定律可以表示为微分形式：

$$\nabla \times \boldsymbol{B} = \mu \boldsymbol{j} \tag{4-61}$$

$$\nabla \times \boldsymbol{E} = -\frac{\partial \boldsymbol{B}}{\partial t} + \nabla \times (\boldsymbol{v} \times \boldsymbol{B}) \tag{4-62}$$

$$\boldsymbol{j} = \sigma \boldsymbol{E} + \boldsymbol{j}_s \tag{4-63}$$

式中，$\boldsymbol{B}$ 为磁感应强度，$\boldsymbol{E}$ 为电场强度，μ为磁导率，$\boldsymbol{v}$ 为微元体速度，$\boldsymbol{j}$ 为电流密度，$\boldsymbol{j}_s$ 为源电流密度，σ为电导率，t 为时间。由于假设了系统尺寸远小于波长，因此忽略了位移电流项，即假设系统为磁准静态场。感应电动势由感生电动势和动生电动势组成，但是在轨道物理场分析中可忽略动生电动势项。类似地可以写出模型发射器的电磁场方程组，文中已省略。忽略动生电动势项后，基于方程分析法进行相似转换，可以得到相似常数关系式：

$$\frac{C_{\boldsymbol{B}}}{C_l} = C_\mu C_{\boldsymbol{j}} \tag{4-64}$$

$$\frac{C_{\boldsymbol{E}}}{C_l} = \frac{C_{\boldsymbol{B}}}{C_t} \tag{4-65}$$

$$C_{\boldsymbol{j}} = C_\sigma C_{\boldsymbol{E}} = C_{\boldsymbol{j}_s} \tag{4-66}$$

从式（4－64）可以看出，当匹配模型与原型磁场时（$C_{\boldsymbol{B}}=1$），电流密度的相似常数应与几何相似常数的倒数相同（$C_j=1/C_l$）；相应地，驱动电流的相似常数应与几何相似常数相同（$C_I=C_jC_l^2=C_l$）。按照物理场相似模化方法Ⅰ，时间相似常数应与几何相似常数的平方相同（$C_t = C_l^2$），但是在模化方法Ⅱ中时间相似常数与几何相似常数相同（$C_t = C_l$）。从式（4-65）可以看出，由于几何相似常数为不变量，因此当时间相似常数变大时，原型中感生电动势变大。感应电动势在导体中产生感应电流，感应电流的作用为抵制磁通的变化,因此在模化方法Ⅱ下原型中抵制磁通变化的现象与模型相比更为明显。

2. 温度场

考虑到焦耳热后，热扩散方程可表示为：

$$\nabla \cdot K \nabla T + \frac{\boldsymbol{j} \cdot \boldsymbol{j}}{\sigma} = c_p \frac{\partial T}{\partial t} \tag{4-67}$$

式中，T 为温度，K 为热导率，c_p 为单位体积热容。等式的左侧项是单位时间内微元体通过热传导净得热量和微元体自身产生的热量总和。为了更直观地描述现象，将式（4-67）改写为积分形式，表示 t 时刻微元体温度：

$$T = \frac{1}{c_p} \int_0^t \left(\nabla \cdot K \nabla T + \frac{\boldsymbol{j} \cdot \boldsymbol{j}}{\sigma} \right) \mathrm{d}t \tag{4-68}$$

从式（4-68）中可以看出，温度大小取决于微元体在单位时间内获得的总热量和它对时间的积分，相似常数关系式可以表示为：

$$C_T = \frac{C_K C_T C_t}{C_{c_p} C_l^2} = \frac{C_j^2 C_t}{C_{c_p} C_\sigma} \tag{4-69}$$

按照物理场相似模化方法Ⅰ，为了实现温度场的匹配，时间相似常数应与几何相似常数的平方相同。但是在近似模化方法Ⅱ下，由于时间相似常数与几何相似常数相同，即相比之下大口径原型发射器中积分时间变短，因此在模化方法Ⅱ下大口径原型轨道的温度场幅值整体会低于模型轨道。

3. 应力场

添加电磁力分量后，运动微分方程可表示为：

$$\nabla \cdot \boldsymbol{S} + \boldsymbol{j} \times \boldsymbol{B} = \rho \boldsymbol{a} \tag{4-70}$$

式中，$\boldsymbol{S}$ 为应力张量，ρ 为材料密度，$\boldsymbol{a}$ 为微元体加速度。

在电磁轨道炮中，电磁力不仅为弹丸提供推动力，而且会在两根轨道之间产生电磁排斥力。因此，微元体在接触应力和电磁力作用下，运动的宏观表现为弹丸的加速运动和轨道的振动。物理场的相似以几何相似为基础，尤其在研究应力场时，由于轨道会发生振动和变形，因此为了满足几何条件相似，弹丸位移、轨道振幅的相似常数均应与几何相似常数相同。相应地，在微观层面上，微元体位移的相似常数应与几何相似常数相同，则在模化方法

Ⅱ下时间相似常数与几何相似常数相同时，微元体加速度的相似常数应与几何相似常数的倒数相同，即 $C_{\boldsymbol{a}}=1/C_l$。

运动微分方程的相似常数关系式可以表示为：

$$\frac{C_S}{C_l}=C_jC_B=C_\rho C_a \tag{4-71}$$

在匹配磁场的条件下，$C_{\boldsymbol{B}}=1$，$C_{\boldsymbol{j}}=1/C_l$，则 $C_{\boldsymbol{S}}=1$，即应力场相似。

但是由于在模化方法Ⅱ下，磁场和电流密度分布不能精确匹配，因此应力场也只能是近似相似。

三、模化方法Ⅲ的理论推导

在模化方法Ⅲ的理论推导过程中，将依然采用类似于前节中的研究步骤，即先确定轨道物理场和弹丸动力学控制方程，再利用相似理论中的方程分析法进行相似转换得到相似准则，但是区别在于本节中将考虑模型与原型中采用不同材料的情况。

（一）物理场及弹丸动力学控制方程

基于发射器多物理场方程组和弹丸动力学方程组，利用相似理论的方程分析法进行相似模化方法的理论推导。电磁轨道炮的结构和坐标轴方向设置可参考图 4－4。

假设现有两个几何形状相似、大小不同的电磁轨道发射器，将小型发射器设为模型，大型发射器设为原型。原型发射器的物理场用式（4－72）～式（4－75）表示，与第二章的不同点在于考虑了电磁感应定律中的动生电动势项。按照模化方法Ⅰ中的假设，由于轨道运动切割磁力线的作用有限，因此在轨道物理场分析中可以忽略动生电动势项，但是为了与后续仿真分析和后续章节电枢物理场分析的延续性，在本章中并未忽略动生电动势。因此，为了方便，将运动微分方程中的微元体加速度改写为微元体速度对时间的微分形式。

$$\nabla\times\boldsymbol{B}=\mu\boldsymbol{j} \tag{4-72}$$

$$\nabla\times\frac{\boldsymbol{j}}{\sigma}=-\frac{\partial\boldsymbol{B}}{\partial t}+\nabla\times(\boldsymbol{v}\times\boldsymbol{B}) \tag{4-73}$$

$$\nabla\cdot K\nabla T+\frac{\boldsymbol{j}\cdot\boldsymbol{j}}{\sigma}=c_p\frac{\partial T}{\partial t} \tag{4-74}$$

$$\nabla\cdot\boldsymbol{S}+\boldsymbol{j}\times\boldsymbol{B}=\rho\frac{\mathrm{d}\boldsymbol{v}}{\mathrm{d}t} \tag{4-75}$$

式中，$\boldsymbol{B}$ 为磁感应强度，μ为磁导率，$\boldsymbol{j}$ 为电流密度，σ为电导率，K 为热导率，c_p 为单位体积热容，T 为温度，t 为时间，$\boldsymbol{S}$ 为应力张量，ρ为材料密度，$\boldsymbol{v}$ 为微元体的速度。

假设在轨道中电流沿着轨道轴线方向流动，则驱动电流可表示为：

$$I = \int_A \boldsymbol{j} \mathrm{d}A \tag{4-76}$$

式中，A 为轨道横截面积。

在电磁力的作用下，弹丸将沿着轨道加速运动，则原型弹丸的动力学方程可表示为：

$$F = \frac{1}{2} L' I^2 = m a_p \tag{4-77}$$

$$v_p = \int_0^t a_p \mathrm{d}t \tag{4-78}$$

$$u_p = \int_0^t v_p \mathrm{d}t \tag{4-79}$$

式中，m 为弹丸质量，L'为电感梯度，a_p、v_p 和 u_p 分别为弹丸加速度、速度和位移。

（二）模化方法Ⅲ的相似准则推导

1. 单值性条件

（1）几何条件：轨道长度、横截面积等发射器尺寸和弹丸尺寸等。

（2）介质条件：材料密度、电导率、热导率、比热容、相对磁导率等材料参数。

（3）边界条件：位移约束等力学边界条件、驱动电流等电磁边界条件、环境温度和电枢/轨道界面上由摩擦热等引起的热流边界条件。

（4）初始条件：初始时刻驱动电流大小、弹丸位置、初始温度等。

2. 相似转换

模型发射器相关物理量用上标“′”标注，则物理场方程组如下：

$$\nabla' \times \boldsymbol{B}' = \mu' \boldsymbol{j}' \tag{4-80}$$

$$\nabla' \times \frac{\boldsymbol{j}'}{\sigma'} = -\frac{\partial \boldsymbol{B}'}{\partial t'} + \nabla' \times (\boldsymbol{v}' \times \boldsymbol{B}') \tag{4-81}$$

$$\nabla' \cdot K' \nabla' T' + \frac{\boldsymbol{j}' \cdot \boldsymbol{j}'}{\sigma'} = c_p' \frac{\partial T'}{\partial t'} \tag{4-82}$$

$$\nabla' \cdot \boldsymbol{S}' + \boldsymbol{j}' \times \boldsymbol{B}' = \rho' \frac{\mathrm{d}\boldsymbol{v}'}{\mathrm{d}t'} \tag{4-83}$$

模型发射器的驱动电流及弹丸动力学方程表示为：

$$I' = \int_A \boldsymbol{j}' \mathrm{d}A' \tag{4-84}$$

$$F' = \frac{1}{2} L' I'^2 = m' a_p' \tag{4-85}$$

$$v_p' = \int_0^{t'} a_p' \mathrm{d}t' \tag{4-86}$$

$$u_p' = \int_0^{t'} v_p' \mathrm{d}t' \tag{4-87}$$

假设模型发射器与原型发射器在几何尺度上存在 C_l 倍关系：$x' = C_l x$，$y' = C_l y$，$z' = C_l z$，即令几何相似常数为 C_l；用类似的方法描述其他物理量的相似常数，并利用相似常数通过相似转换，将模型发射器的物理场、驱动电流和弹丸动力学方程式（4－80）～式（4－87）转换为：

$$\frac{C_B}{C_l} \nabla \times \boldsymbol{B} = C_\mu C_j \mu \boldsymbol{j} \tag{4-88}$$

$$\frac{C_j}{C_l C_\sigma} \nabla \times \frac{\boldsymbol{j}}{\sigma} = -\frac{C_B}{C_t} \frac{\partial \boldsymbol{B}}{\partial t} + \frac{C_v C_B}{C_l} \nabla \times (\boldsymbol{v} \times \boldsymbol{B}) \tag{4-89}$$

$$\frac{C_K C_T}{C_l^2} \nabla \cdot K \nabla T + \frac{C_j^2}{C_\sigma} \frac{\boldsymbol{j} \cdot \boldsymbol{j}}{\sigma} = \frac{C_{c_p} C_T}{C_t} c_p \frac{\partial T}{\partial t} \tag{4-90}$$

$$\frac{C_S}{C_l} \nabla \cdot \boldsymbol{S} + C_j C_B \boldsymbol{j} \times \boldsymbol{B} = \frac{C_\rho C_v}{C_t} \rho \frac{\mathrm{d}\boldsymbol{v}}{\mathrm{d}t} \tag{4-91}$$

$$C_I I = C_j C_A \int_A \boldsymbol{j} \mathrm{d}A \tag{4-92}$$

$$F = C_I^2 \frac{1}{2} L' I^2 = C_m C_{a_p} m a_p \tag{4-93}$$

$$C_{v_p} v_p = C_t C_{a_p} \int_0^t a_p \mathrm{d}t \tag{4-94}$$

$$C_{u_p} u_p = C_t C_{v_p} \int_0^t v_p \mathrm{d}t \tag{4-95}$$

将式(4－88)～式(4－95)与原型发射器控制方程式(4－72)～式(4－79)

比较后，得到相似常数关系式：

$$\frac{C_B}{C_l}=C_\mu C_j \tag{4-96}$$

$$\frac{C_j}{C_l C_\sigma}=\frac{C_B}{C_t}=\frac{C_v C_B}{C_l} \tag{4-97}$$

$$\frac{C_K C_T}{C_l^2}=\frac{C_j^2}{C_\sigma}=\frac{C_{c_p} C_T}{C_t} \tag{4-98}$$

$$\frac{C_S}{C_l}=C_j C_B=\frac{C_\rho C_v}{C_t} \tag{4-99}$$

$$C_I=C_j C_A \tag{4-100}$$

$$C_I^2=C_m C_{a_p} \tag{4-101}$$

$$C_{v_p}=C_t C_{a_p} \tag{4-102}$$

$$C_{u_p}=C_t C_{v_p} \tag{4-103}$$

根据模化的目标和实际情况，设置如下条件：

（1）为匹配电磁场、温度场和应力场，令 $C_B=C_T=C_S=1$。

（2）为匹配弹丸速度，令 $C_{v_p}=1$。

（3）线性缩比发射器横截面尺寸时，$C_A=C_l^2$。

（4）为了实现发射器的线性缩比，即发射器长度（弹丸位移）和横截面方向上的几何相似常数相同，令 $C_{u_p}=C_l$。

（5）由于目前电磁轨道炮中采用的金属材料大多为非磁性材料，其相对磁导率近似等于 1，因此令 $C_\mu=1$。

将以上条件中的相似常数和关系式代入式（4−96）～式（4−103），整理后得到如下相似指标式：

$$C_j C_l=1 \tag{4-104}$$

$$C_l C_\sigma=1 \tag{4-105}$$

$$C_v=1 \tag{4-106}$$

$$\frac{C_K}{C_l}=1 \tag{4-107}$$

$$C_{c_p}=1 \tag{4-108}$$

$$C_\rho=1 \tag{4-109}$$

$$\frac{C_I}{C_l}=1 \tag{4-110}$$

$$\frac{C_m}{C_l^3}=1 \tag{4-111}$$

$$C_{a_p}C_l=1 \tag{4-112}$$

$$\frac{C_t}{C_l}=1 \tag{4-113}$$

将相似常数代表的物理量比值代入式（4－104）～式（4－113），可以得到 10 个相似准则：

$$\boldsymbol{j}l=\text{不变量}=\Pi_1 \tag{4-114}$$

$$l\sigma=\text{不变量}=\Pi_2 \tag{4-115}$$

$$\boldsymbol{v}=\text{不变量}=\Pi_3 \tag{4-116}$$

$$\frac{K}{l}=\text{不变量}=\Pi_4 \tag{4-117}$$

$$c_p=\text{不变量}=\Pi_5 \tag{4-118}$$

$$\rho=\text{不变量}=\Pi_6 \tag{4-119}$$

$$\frac{I}{l}=\text{不变量}=\Pi_7 \tag{4-120}$$

$$\frac{m}{l^3}=\text{不变量}=\Pi_8 \tag{4-121}$$

$$a_pl=\text{不变量}=\Pi_9 \tag{4-122}$$

$$\frac{t}{l}=\text{不变量}=\Pi_{10} \tag{4-123}$$

根据相似第三定理，在单值性条件相似的基础上，定型准则在数值上相同，则现象相似。其中定型准则是指全由单值性条件量组成的相似准则，在以上相似准则中，Π_2、Π_4、Π_5、Π_6、Π_7、Π_8、Π_{10}为定型准则。因此，在模型与原型发射器中，只要保证以上定型准则在数值上相等，就可实现本模化方法。

虽然相似准则具有明确的物理意义，但是在进行实际的模型试验时，相似常数更为直观。从式（4－104）～式（4－113）中与定型准则Π_2、Π_4、Π_5、Π_6、Π_7、Π_8、Π_{10}对应的相似指标式，可以得到模型试验需要满足的条件，具体如下：

（1）几何条件：发射器的横截面方向、轴线方向尺寸和弹丸的几何相似常数均相等，即线性缩比发射器和弹丸尺寸。

（2）介质条件：模型与原型材料的磁导率、材料密度、单位体积热容相等，电导率的相似常数与几何相似常数的倒数相同，热导率的相似常数与几何相似常数相同。

（3）边界条件：驱动电流的幅值与脉宽（时间）的相似常数和几何相似常数相同，即线性缩比驱动电流。

（4）初始条件：为了保证几何相似，弹丸初始位移的相似常数与几何相似常数相等，初始时刻环境温度相同。

按照以上 4 个条件，就可实现发射器尺寸线性缩比、弹丸速度匹配和物理场相似的轨道物理场模化方法Ⅲ。但是通过对模化条件的分析发现，满足介质条件存在一定困难。因此在模化方法的实际应用中，可按照如下策略实施：

第一步，选择磁导率、密度、单位体积热容相近，而电导率不同的材料。

第二步，再根据电导率的相似常数确定几何相似常数。

此外，由于电磁轨道炮的发射过程是在极短时间（毫秒量级）内完成的，属于瞬态过程，因此即使材料参数不满足热导率相似常数的要求，温度场的模化受到的影响会很小。

第三节　电枢物理场及弹丸关键性能相似模化方法

轨道作为发射器的组成部件之一，需要多次重复使用，因此轨道性能是衡量发射器寿命的核心指标。相比之下电枢作为弹丸的组成部件，只能单次使用，但是弹丸设计的优劣直接决定着电磁轨道炮的单次发射性能，并在多次发射时对轨道产生累积损伤现象。因此，对电枢的物理场和弹丸性能进行相似模化方法研究至关重要。

本节主要阐述电磁轨道炮弹丸的相似模化方法，重点对轨道物理场模化方法下电枢物理场的相似性、弹丸动力学参数的匹配和电枢/轨道界面润滑的模化等内容进行讲述。

一、电枢物理场及弹丸动力学相似模化方法

目前在电磁轨道炮的弹丸中，除刷状电枢等特殊形状的电枢外，出于对

电枢材料的载流和热熔特性的考虑，普遍采用铝合金作为固体电枢的材料。因此，在本节并未考虑电枢材料参数的变化，即模型与原型电枢均采用相同材料。

在模型和原型电枢采用相同材料的条件下，轨道物理场模化方法中对弹丸产生影响的因素包括：弹丸质量和电流波形。在线性缩比电枢尺寸的前提下，通过改变战斗部（配重）的质量，可以实现弹丸质量的调整。从轨道物理场相似模化方法Ⅰ、Ⅱ和Ⅲ的电流波形来看，除电流幅值的相似常数与横截面几何相似常数相同外，时间相似常数可以归纳为两种不同条件：

一是时间相似常数与横截面几何相似常数的平方相同（$C_t=C_{lA}^2$）；

二是时间相似常数与横截面几何相似常数相同（$C_t=C_{lA}$）。

接下来，将对以上两种条件下的电枢物理场相似性进行研究。

（一）模化方法的理论推导

1. 控制方程

（1）物理场方程。

由于在上一节中研究轨道物理场模化方法时采用的物理场方程组具有普适性，因此在电枢物理场相似模化研究中，依然可采用相同的方程组。

$$\nabla\times\boldsymbol{B}=\mu\boldsymbol{j} \tag{4-124}$$

$$\nabla\times\frac{\boldsymbol{j}}{\sigma}=-\frac{\partial\boldsymbol{B}}{\partial t}+\nabla\times(\boldsymbol{v}\times\boldsymbol{B}) \tag{4-125}$$

$$\nabla\cdot K\nabla T+\frac{\boldsymbol{j}\cdot\boldsymbol{j}}{\sigma}=c_p\frac{\partial T}{\partial t} \tag{4-126}$$

$$\nabla\cdot\boldsymbol{S}+\boldsymbol{j}\times\boldsymbol{B}=\rho\frac{\mathrm{d}\boldsymbol{v}}{\mathrm{d}t} \tag{4-127}$$

以上方程组中各参量已在第二节给出了其具体含义，在此不做重复介绍。在轨道物理场分析中，由于轨道运动对电磁场分布和电路的影响较小，因此忽略了电磁感应定律中的动生电动势项。但是与轨道相比，电枢在发射过程中的运动速度非常大，而且在由轨道和电枢构成的导体闭合回路中切割磁力线作用明显，因此在电枢的物理场方程中需要考虑动生电动势项。

（2）电枢载流性能及平均温升。

在瞬态条件下，可忽略电枢材料内的热传导现象，即假设为绝热过程，则在式（4－126）表示的热扩散方程中忽略第一项后，方程简化为：

$$\frac{\boldsymbol{j}\cdot\boldsymbol{j}}{\sigma}=c_p\frac{\partial T}{\partial t} \tag{4-128}$$

对式（4－128）进行变换后，等式两边对时间 t 进行积分，得到：

$$\delta T = \frac{\int_{t_1}^{t_2} \boldsymbol{j}^2 \mathrm{d}t}{\sigma c_p} \tag{4-129}$$

式（4－129）表示单位体积金属材料在 $t_1 \sim t_2$ 内由焦耳热引起的温升量。其中分子表示的积分项为特征载流量 SAM，SAM 与材料特性有关，材料特性决定了在给定温升和驱动电流条件下某种材料能够正常工作的时间。在平均意义下，可以利用式（4－129）表征在发射过程中由焦耳热引起的电枢材料平均温升。

（3）弹丸动力学参数。

由于弹丸的运动决定轨道物理场分析中的部分边界条件，因此在第二节轨道物理场模化方法的研究中已涉及了部分弹丸动力学参数的相似性分析。

驱动电流及弹丸的动力学方程可以表示为：

$$I = \int_A \boldsymbol{j} \mathrm{d}A \tag{4-130}$$

$$F = \frac{1}{2} L' I^2 = m a_p \tag{4-131}$$

$$v_p = \int_0^t a_p \mathrm{d}t \tag{4-132}$$

$$u_p = \int_0^t v_p \mathrm{d}t \tag{4-133}$$

式中，A 为轨道横截面积，m 为弹丸质量，L'为电感梯度，a_p 和 v_p 分别为弹丸加速度和速度，u_p 为位移。

2. 相似转换

（1）单值性条件。

① 几何条件：电枢、配重等弹丸部件的形状和尺寸。

② 介质条件：材料的磁导率μ、电导率σ、热导率 K、单位体积热容 c_p、材料密度ρ等参数。

③ 边界条件：位移约束等力学边界条件、驱动电流等电磁边界条件、环境温度和电枢/轨道界面上由摩擦热等引起的热流边界条件，其中传入电枢部分的电枢/轨道界面摩擦热流密度可参照轨道温度场边界条件的表达式：

$$q_f = \lambda_a \mu_f v_p P_{mt} \tag{4-134}$$

式中，λ_a 为总摩擦热流中传入电枢的比值，μ_f 为摩擦系数，P_{mt} 为电枢/轨道间有效基础压强。

④ 初始条件：初始时刻驱动电流大小、弹丸位置、初始温度等。

（2）相似转换。

假设式（4－124）～式（4－127）、式（4－129）为原型弹丸的控制方程，则可以列出对应的模型弹丸控制方程，并利用相似理论中的方程分析法得到相似常数关系式（推导过程已略），分别如下：

$$\frac{C_{\boldsymbol{B}}}{C_l}=C_\mu C_j \tag{4-135}$$

$$\frac{C_j}{C_l C_\sigma}=\frac{C_{\boldsymbol{B}}}{C_t}=\frac{C_v C_{\boldsymbol{B}}}{C_l} \tag{4-136}$$

$$\frac{C_K C_T}{C_l^2}=\frac{C_j^2}{C_\sigma}=\frac{C_{c_p} C_T}{C_t} \tag{4-137}$$

$$\frac{C_{\boldsymbol{S}}}{C_l}=C_j C_{\boldsymbol{B}}=\frac{C_\rho C_v}{C_t} \tag{4-138}$$

$$C_{\delta T}=\frac{C_j^2 C_t}{C_{c_p} C_\sigma} \tag{4-139}$$

$$C_I=C_j C_{lA}^2 \tag{4-140}$$

$$C_I^2=C_m C_{a_p} \tag{4-141}$$

$$C_{v_p}=C_t C_{a_p} \tag{4-142}$$

$$C_{u_p}=C_t C_{v_p} \tag{4-143}$$

为了便于后续分析，并未推导出相似准则。接下来，基于以上控制方程和相似常数关系式，将研究不同轨道物理场相似模化方法条件下电枢物理场及弹丸动力学的相似性。

（二）$C_t=C_{lA}^2$ 的轨道物理场相似模化条件下电枢物理场、弹丸动力学相似性

1. 电磁场

在第二节轨道物理场相似模化方法Ⅰ中，对模型与原型轨道采用相同材料条件下的轨道物理场模化方法进行了详细分析，并得到为了实现磁场和温度场的相似，时间相似常数应与横截面几何相似常数的平方相同（$C_t=C_{lA}^2$）且电流密度相似常数应与横截面几何相似常数的倒数相同（$C_j=1/C_{lA}$）的模化条件。在轨道物理场分析中忽略了动生电动势，但是在电枢物理场分析中，由于电枢运动切割磁力线的作用不容忽视，因此需要考虑动生电动势项。

在 $C_t = C_{lA}^2$ 的轨道物理场相似模化条件下，模型与原型中磁场相似（即 $C_B = 1$），而且模型与原型电枢材料的电导率相同，则从式（4－136）可以看出能够实现感生电动势的相似，也就是满足方程中的第一个等式。但是为了同时实现动生电动势的相似，微元体速度的相似常数应与几何相似常数的倒数相同（$C_v = 1/C_{lA}$），也就是当对应时刻大口径原型弹丸的速度为小口径模型弹丸的 $1/C_{lA}$ 时才能实现模型与原型电枢中动生电动势相似。但是弹丸速度作为电磁轨道炮的关键参量，物理场模化方法中应同时实现弹丸速度的匹配。因此，在 $C_t = C_{lA}^2$ 的条件下，如果模型与原型电枢采用相同材料，而且同时要实现弹丸速度的匹配，则不能实现动生电动势的相似。

2. 温度场

为了实现电枢温度场的相似，首先应保证温度场热流边界条件的相似，因此为了满足式（4－134），应匹配模型与原型弹丸速度。在 $C_t = C_{lA}^2$ 的条件下，如果模型与原型电枢采用相同材料，则在平均意义下式（4－139）表示模型与原型电枢温升量相同。而从式（4－137）可以看出，即使考虑了电枢材料的导热现象，包括边界条件中的摩擦热流，也能够实现对应时刻温度场的相似。

3. 弹丸动力学

为后续应力场分析的需要，先分析弹丸动力学参数的相似性。在电磁轨道炮弹丸动力学参数中，除了在一般情况下需要匹配弹丸速度以外，在特殊情况下要求匹配弹丸加速度。由于在制导弹丸战斗部中微结构部件的抗高过载性能是制导弹丸的关键性能指标之一，因此在电磁轨道炮应用背景中需要考虑弹丸制导功能时，在匹配弹丸加速度的前提下，弹丸的抗高过载试验可以在小口径模型发射器上进行。

在 $C_t = C_{lA}^2$ 和 $C_t = C_{lA}$ 的两种轨道物理场相似模化条件下，均要求驱动电流的相似常数与发射器横截面几何相似常数相同（$C_I = C_{lA}$）。而从式（4－141）～式（4－143）可以看出，在 C_t 和 C_I 确定的前提下，只要改变弹丸质量相似常数 C_m，即可实现弹丸动力学参数的调整。电磁轨道炮弹丸由电枢和战斗部（或模拟配重）组成，但是由于在电枢物理场模化中线性缩比电枢尺寸时不能随意调整电枢质量的相似常数，因此只能通过改变配重质量的方式调整整体弹丸质量，进一步实现弹丸动力学参数的相似。

在 $C_t = C_{lA}^2$ 的轨道物理场相似模化条件下，当弹丸质量相似常数 C_m 分别满足 $C_m = C_{lA}^4$ 或 $C_m = C_{lA}^2$ 时，可以实现弹丸速度或加速度的匹配。

4. 应力场

从式（4－127）可以看出，在微元体的应力张量和受电磁力情况已知时，就可确定微元体的运动。而从式（4－138）可以看出，在 $C_t = C_{lA}^2$ 条件下，如果模型与原型电枢采用相同材料，则材料密度也相同，于是微元体速度的相似常数为 $C_v = C_{lA}$，也就是当只考虑电枢时，在 $C_t = C_{lA}^2$ 条件下均不能匹配加速度和速度。但是在弹丸动力学参数的模化中，通过改变配重质量的方式，可实现整体弹丸质量相似常数的调整，也就是在平均意义下调整材料密度。然而在弹丸中只有传导电流的电枢会受到电磁力的作用，因此利用非线性缩比的配重限制电枢自由运动时会影响电枢应力场的分布，进一步导致模型与原型弹丸中电枢应力场的不相似。

（三）$C_t = C_{lA}$ 的轨道物理场相似模化条件下电枢物理场、弹丸动力学相似性

1. 电磁场

在第二节轨道物理场相似模化方法Ⅱ中，对原型与模型轨道采用相同材料条件下线性缩比发射器尺寸的轨道物理场模化方法进行了详细分析，而在第二节中对原型与模型轨道采用不同材料条件下的物理场相似模化方法Ⅲ进行了研究。为了使模型与原型轨道物理场相似或近似相似，这两种方法都要求时间相似常数和驱动电流相似常数均与横截面几何相似常数相同（$C_t = C_I = C_{lA}$），这时电流密度的相似常数应等于或近似等于横截面几何相似常数的倒数（$C_j \approx 1/C_{lA}$）。

因此，从式（4－135）可以看出，在 $C_t = C_{lA}$ 的轨道物理场相似模化方法条件下，模型与原型的磁场相似或近似相似（即 $C_B \approx 1$）。但是从式（4－136）可以看出，当模型与原型电枢中采用相同材料时，不能实现感生电动势的相似，也就是不能满足方程中的第一个等式。而且类似于上一小节，为了实现动生电动势的相似，微元体速度的相似常数应与几何相似常数的倒数相同（$C_v = 1/C_{lA}$），因此在匹配弹丸速度时也不能实现动生电动势的相似。因此，在 $C_t = C_{lA}$ 的条件下，如果模型与原型电枢采用相同材料，而且同时要实现弹丸速度的匹配，则感生电动势和动生电动势均不能实现相似，相对于小口径模型电枢相比在大口径原型电枢中电磁感应现象会更加明显。

2. 温度场

在 $C_t = C_{lA}$ 的条件下，由于大口径原型电枢中的电磁感应现象相对强烈，因此局部区域的电流密度聚集现象可能会更加明显。而从式（4－139）可以看出，在 $C_t = C_{lA}$ 的条件下，由于时间相似常数相对于能够匹配温度场的

$C_t=C_{lA}^2$ 条件变大（由于模型尺寸一般小于原型，因此横截面几何相似常数 C_{lA} 小于 1)，因此平均温升量的相似常数 $C_{\delta T}$ 也会变大，即由焦耳热引起的原型电枢平均温升会小于模型电枢。而仅从传导摩擦热的角度考虑问题时，在温度场边界条件相似的前提下，由于时间相似常数相对于能够匹配温度场的 $C_t=C_{lA}^2$ 条件变大，因此与模型电枢相比原型电枢中的热传导现象相对滞后，由摩擦热流引起的温升现象会更集中于电枢/轨道界面附近。

3. 弹丸动力学

在 $C_t=C_{lA}$ 的轨道物理场相似模化条件下，依然通过改变弹丸质量相似常数 C_m，可以实现弹丸动力学参数的调整。但是与 $C_t=C_{lA}^2$ 条件不同的是，在 $C_t=C_{lA}$ 条件下，从式（4－141）～式（4－143）可以看出，当 $C_m=C_{lA}^3$ 时，也就是线性缩比弹丸尺寸时就可实现模型与原型弹丸速度的匹配。

4. 应力场

假设在 $C_t=C_{lA}$ 的轨道物理场相似模化条件下，能够实现磁场和电流密度分布的相似，即 $C_{\boldsymbol{B}}\approx 1$、$C_{\boldsymbol{j}}\approx 1/C_{lA}$。则从式（4－138）可以看出，在 $C_t=C_{lA}$ 的条件下 $C_{\boldsymbol{S}}=C_v=1$，也就是在应力场相似的同时能匹配微元体的速度，此结论与宏观层面上弹丸动力学分析的结果吻合。但是从电磁场相似性分析结果可知，在 $C_t=C_{lA}$ 的条件下，由于电枢的电磁场不能实现完全相似，因此其应力场也只能是近似相似。

二、电枢/轨道界面润滑性能相似模化方法

在电枢/轨道滑动电接触过程中，电枢表面材料在接触电阻热和摩擦热的共同作用下发生熔化，并在电枢/轨道接触界面产生金属液化层。而金属液化层在电枢/轨道表面相对运动作用下产生动压效应，与外载荷平衡时形成流体润滑膜，达到润滑的效果。电枢/轨道界面金属液化层的润滑性能对电磁轨道炮的发射起着至关重要的作用，而目前的电磁轨道炮物理场模化方法只考虑了物理场的空间分布和随时间的扩散过程，并未涉及电磁轨道炮的其他关键特性，其中包括电枢/轨道界面润滑性能。由于电枢/轨道界面润滑的稳定性与转捩现象息息相关，因此，针对物理场模化方法下的电枢/轨道界面，研究金属液化层润滑性能的相似性具有重要的意义。

在本节，首先通过对电枢/轨道界面润滑机理的分析，建立电枢/轨道界面润滑控制方程，在此基础上分析电枢/轨道界面润滑的相似模化方法和在物理场模化方法下电枢/轨道界面润滑性能的相似性，最后利用数值仿真方法对

理论分析结果进行验证计算。

（一）电枢/轨道界面润滑机理及控制方程

电磁轨道炮的电枢/轨道界面润滑与轴承的流体动压润滑具有共性，都是由摩擦副间液化层在摩擦表面的相对运动作用下，由于黏性流体的动力学作用，产生润滑膜压力，与外载荷平衡后达到润滑的效果。因此在电枢/轨道界面润滑机理研究中，可借鉴轴承流体动压润滑相关理论。但是两种现象之间也存在明显区别，主要包括：

（1）在轴承中润滑液受到的体积力只有重力，并且一般可忽略，而在电枢/轨道界面的金属液化层中具有电流通过，因此需要考虑电磁力的作用。

（2）在轴承润滑中润滑液是从摩擦副外部进入界面中的，并且一般认为其流入量充足，而在电磁轨道炮中金属液化层是在电枢材料和轨道表面沉积层的熔化作用下产生的，而且其流入量取决于界面生热量。

因此在电枢/轨道界面润滑机理研究过程中，在借鉴目前流体动压润滑理论的同时，应重点关注电磁轨道炮的特殊性。

1. 电枢/轨道界面润滑

在电磁轨道炮中电枢尾翼在电磁力和界面接触力等作用下产生变形，进一步会影响润滑膜的厚度及润滑状态，因此电枢/轨道界面润滑属于弹性流体动压润滑范畴。雷诺（Reynolds）方程是流体润滑理论的基础方程，各种流体润滑研究的基本内容是对 Reynolds 方程的应用和求解，Wang 针对注入润滑剂条件下的电枢/轨道界面润滑建立了一维 Reynolds 方程，它可通过流体的连续性方程和运动方程变换得到。由于在本研究中重点关注相似模化方法且未涉及液化层运动相关的定量分析，因此并未推导 Reynolds 方程，而是基于流体的连续性方程和运动方程进行相似模化研究。

（1）连续性方程：

$$\frac{1}{\rho}\frac{\mathrm{d}\rho}{\mathrm{d}t}+\left(\frac{\partial u}{\partial x}+\frac{\partial v}{\partial y}+\frac{\partial w}{\partial z}\right)=0 \tag{4-144}$$

式中，$\frac{\mathrm{d}}{\mathrm{d}t}=\frac{\partial}{\partial t}+u\frac{\partial}{\partial x}+v\frac{\partial}{\partial y}+w\frac{\partial}{\partial z}$。

u、v、w 分别表示沿 x、y、z 方向的流速，ρ 为密度。对于定常流动的不可压缩流体，由于流体密度不随时间变化，因此连续性方程可简化为：

$$\frac{\partial u}{\partial x}+\frac{\partial v}{\partial y}+\frac{\partial w}{\partial z}=0 \tag{4-145}$$

（2）Navier-Stokes 方程（运动方程）。

电枢/轨道界面金属液化层的运动遵循牛顿运动定律，对于黏性系数不变、不可压缩的流体，沿电枢运动方向（图 4-5 中的 x 方向）的 Navier-Stokes 方程可以表示为：

$$\rho\frac{\mathrm{d}u}{\mathrm{d}t}=\rho\left(\frac{\partial u}{\partial t}+u\frac{\partial u}{\partial x}+v\frac{\partial u}{\partial y}+w\frac{\partial u}{\partial z}\right)=-\frac{\partial P_{fl}}{\partial x}+\eta\left(\frac{\partial^2 u}{\partial x^2}+\frac{\partial^2 u}{\partial y^2}+\frac{\partial^2 u}{\partial z^2}\right)+f_{\mathrm{emag}} \tag{4-146}$$

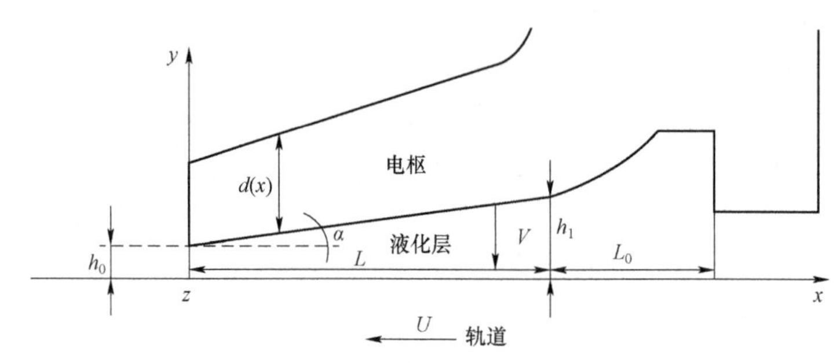

图 4-5　电枢/轨道界面润滑机理示意图

式中，P_{fl} 为液压，η 为黏滞系数；f_{emag} 为流体受到的电磁力，在 x 方向上可表示为：

$$f_{\mathrm{emag}}=j_y B_z=-\frac{B_z}{\mu}\frac{B_z}{\partial x}=-\frac{1}{2\mu}\frac{\partial B_z^2}{\partial x} \tag{4-147}$$

为了简化方程，令 $P_m=B_z^{\ 2}/(2\mu)$，则总压强可表示为 $P=P_m+P_{fl}$。

此外，根据电枢/轨道界面润滑的特点和传统流体动压润滑的分析方法，可以做以下假设：

① 流体为不可压缩流体。

② 流动为准静态层流。

③ 在沿金属液化层厚度方向上，不计压力的变化。

④ 液化层厚度只沿着 x 方向上有变化，与 z 方向无关。

⑤ 液化层厚度 h 很小，因此只考虑沿 y 方向上的速度梯度。

⑥ 流固界面边界条件设为无滑动边界条件，即在界面上流体与界面速度相同。

基于以上假设，可以得到简化后沿着 x 方向的 Navier-Stokes 方程：

$$\rho v\frac{\partial u}{\partial y}=-\frac{\partial P}{\partial x}+\eta\frac{\partial^2 u}{\partial y^2} \tag{4-148}$$

在金属液化层的上下边界上，边界条件可设为：

$$\begin{cases} y=0: & u=-U, v=0 \\ y=h: & u=0, v=-V \end{cases} \tag{4-149}$$

式中，U 为轨道相对电枢沿 $-x$ 方向的滑动速度，V 为电枢材料熔化后产生的金属液化层流入速度。

压强边界条件为：

$$P=\begin{cases} P_{\mathrm{atm}} & \text{电枢前端} \\ P_{\mathrm{atm}}+P_{\mathrm{mt}} & \text{电枢尾端} \end{cases} \tag{4-150}$$

式中，P_{atm} 为大气压强，电磁压强 P_{mt} 可通过式（4－151）获得：

$$P_{\mathrm{mt}}=\frac{L'I^2}{2S} \tag{4-151}$$

式中，S 为炮膛横截面积。

2. 液化层厚度

在接触力、电磁力和液压力等作用下电枢尾翼在发射过程中会发生变形，从而进一步影响电枢/轨道界面间隙和润滑过程。电枢尾翼的变形可以简化为一端固定、另一端自由变形的悬臂梁，电枢尾翼变形的控制方程可以表示为：

$$-\frac{\mathrm{d}^2}{\mathrm{d}x^2}\left[EI_z(x)\frac{\mathrm{d}^2w(x)}{\mathrm{d}x^2}\right]=B[P(x)+P_{\mathrm{c}}(x)-P_{\mathrm{mt}}] \tag{4-152}$$

式中，$w(x)$表示 x 处的横向位移，即挠度；B 为电枢宽度；$P(x)$为电枢与金属液化层界面流体压强；$P_{\mathrm{c}}(x)$为电枢/轨道固体间接触压强，电枢尾翼受到的电磁压强可以近似表示为式（4－151）中 P_{mt}。在电枢与轨道保持接触的正常发射情况下，由于 P_{mt} 与 $P_{\mathrm{c}}(x)+P(x)$保持动态平衡，因此近似认为 P_{mt} 为电枢/轨道界面间有效接触压强。

E 为电枢材料的杨氏模量；$I_z(x)$为电枢尾翼横截面惯性矩，横截面为矩形时 $I_z(x)=Bd^3(x)/12$。结合图 4－5 中的坐标设置，悬臂梁的边界条件为 $x=L+L_0$ 处，$w(x)=0$，$w'(x)=0$。

电枢/轨道界面的膜厚方程可以表示为：

$$h(x)=h_0+x\alpha+w(x) \tag{4-153}$$

3. 电枢/轨道界面生热及材料熔化

在电枢启动进入运动状态后，由于电枢整体温升软化和界面材料的磨损作用，在电枢/轨道界面上，由初始过盈配合提供的机械压力迅速减小，而电磁推动力在界面上的分力将起主导作用，因此在本处忽略初始机械压力。

在电枢/轨道界面中热源包括摩擦热和接触电阻热。

（1）摩擦热。

由于电枢/轨道间摩擦系数是与诸多因素相关的变量，因此精确计算电枢/轨道界面摩擦热非常困难。一般假设摩擦力做功全部转化为热量，则电枢/轨道界面摩擦热流密度可以表示为：

$$q_f = \mu_f U P_{\mathrm{mt}} \tag{4-154}$$

式中，μ_f为摩擦系数，P_{mt}为电磁压强。

（2）接触电阻热。

接触电阻热采用 Kim 提出的接触界面热流模型，由接触电阻热引起的界面热流密度可以表示为：

$$q_j = \rho_{\mathrm{a}}(\boldsymbol{j} \cdot \boldsymbol{j})c\left(\frac{H_{\mathrm{soft}}}{P_{\mathrm{mt}}}\right)^m \tag{4-155}$$

式中，ρ_{a} 为电枢/轨道材料的平均电阻率，$\boldsymbol{j}$ 为电流密度，P_{mt} 为电磁压强，H_{soft} 为较软材料的硬度，c、m 为经验常数。

（3）电枢材料熔化。

在电枢/轨道界面上产生的热量一部分传导进入轨道，剩余部分作用于电枢界面材料使之温升直至熔化。假设在电枢材料磨损过程中，被损耗的部分全部会熔化到液体状态，则界面金属液化层的流入速度与电枢材料的磨损速度相等。

借鉴电枢材料磨损相关研究成果，可以确定电枢材料沿界面法线方向的熔化速度：

$$V = \lambda_a(q_f + q_j)/[c_a(T_{\mathrm{m}} - T_0) + h_a] \tag{4-156}$$

式中，T_{m} 为材料熔点，T_0 为初始温度，c_a 为单位体积热容量，h_a 为单位体积相变潜热，λ_a 为热量传入电枢部分的比例系数。

（二）电枢/轨道界面润滑的相似模化方法

1. 电枢/轨道界面润滑的模化方法

（1）单值性条件。

① 几何条件：电枢/轨道接触界面间隙、电枢尾翼及接触面尺寸等。

② 介质条件：介质密度、黏滞系数。

③ 边界条件：电枢/轨道相对滑动速度、进出口处压强、流速大小和分布。

④ 初始条件：初始时刻流速、压强等。

（2）相似转换。

利用相似理论的方程分析法推导相似准则。

将式（4－148）表示的沿 x 方向的运动方程设为原型，则模型的运动方程可以表示为：

$$\rho'v'\frac{\partial u'}{\partial y'}=-\frac{\partial P'}{\partial x'}+\eta'\frac{\partial^2 u'}{\partial y'^2} \tag{4-157}$$

各物理量的相似常数设为：

$$\begin{cases}\dfrac{x'}{x}=\dfrac{y'}{y}=\dfrac{z'}{z}=C_l\\ \dfrac{u'}{u}=\dfrac{v'}{v}=\dfrac{w'}{w}=C_u\\ \dfrac{P'}{P}=C_P\\ \dfrac{\eta'}{\eta}=C_\eta\\ \dfrac{\rho'}{\rho}=C_\rho\end{cases} \tag{4-158}$$

将式（4－158）中的相似常数代入式（4－157），进行相似转换，得到：

$$\frac{C_\rho C_u^2}{C_l}\rho v\frac{\partial u}{\partial y}=-\frac{C_P}{C_l}\frac{\partial P}{\partial x}+\frac{C_\eta C_u}{C_l^2}\eta\frac{\partial^2 u}{\partial y^2} \tag{4-159}$$

由于模型与原型中液化层的流动需要满足相同方程，于是将式（4－159）与式（4－148）比较后得到：

$$\frac{C_\rho C_u^2}{C_l}=\frac{C_P}{C_l}=\frac{C_\eta C_u}{C_l^2} \tag{4-160}$$

由式（4－160）可以得到一组等式：

$$\frac{C_\rho C_u^2}{C_l}=\frac{C_\eta C_u}{C_l^2},\quad \frac{C_\rho C_u^2}{C_l}=\frac{C_P}{C_l} \tag{4-161}$$

进一步将式（4－161）整理成相似指标式：

$$\frac{C_\rho C_u C_l}{C_\eta}=1,\qquad \frac{C_\rho C_u^2}{C_{P_{fl}}}=1 \tag{4-162}$$

将相似常数代表的物理量代入式（4-162），得到相似准则：

$$Re=\frac{\rho u l}{\eta}=\text{不变量} \tag{4-163}$$

$$Eu=\frac{P}{\rho u^2}=\text{不变量} \tag{4-164}$$

Re 称为雷诺准则或雷诺数，反映流体的惯性力与黏性力之比的度量；Eu 称为欧拉准则或欧拉数，反映流体的压力降与惯性力之比的度量。其中只有 Re 是定型准则，因此由相似第三定理可知，在单值性条件相似的基础上只要 Re 相等，则电枢/轨道界面润滑现象相似。

相似准则是一个无量纲的综合数群。与相似常数可反映单影响因素不同，相似准则可以更清楚地反映物理过程总体的内在联系。但是在建立模型时，首先需要确定长度缩尺（几何相似常数），并基于各相似常数之间的转换关系，再得出其他各物理量的相似常数。因此，基于相似常数表示相似转换关系及相似指标式，能够更直观地反映各物理量之间的比例关系。

2. 液化层厚度

从公式 $I_z(x)=Bd^3(x)/12$ 可以看出，横截面惯性矩只与几何参数相关，当线性缩比横截面几何尺寸时 $C_{Iz}=C_l^4$，而在模型与原型电枢选用相同材料时 $C_E=1$，则利用方程分析法，从式（4-152）可以得到电枢尾翼变形的相似常数关系式：

$$C_w=C_P C_l=C_{P_c} C_l=C_{P_{mt}} C_l \tag{4-165}$$

通过膜厚方程式（4-153），可得到液化层厚度的相似常数关系式：

$$C_h=C_{h_0}=C_l C_\alpha=C_w \tag{4-166}$$

3. 电枢材料熔化速度

基于式（4-154）和式（4-155），利用方程分析法可得到摩擦热流密度和接触电阻热流密度相似常数关系式：

$$C_{qf}=\frac{C_I^2 C_U}{C_S} \tag{4-167}$$

$$C_{qj}=\frac{C_j^2}{(C_I^2/C_S)^m} \tag{4-168}$$

并结合式（4－156），可得到电枢材料熔化速度的相似常数关系式

$$C_V = C_{qf} = C_{qj} \tag{4-169}$$

（三）物理场模化方法下电枢/轨道界面润滑性能相似性

由相似理论可知，当满足以上所有的相似关系式或通过相似关系式导出的相似准则时，就可以实现精确模化。但是不难发现，在式（4－163）～式（4－169）中，只有所有物理量的相似常数等于 1 时，才能满足所有相似关系式，也就是模型完全等同于原型，从而违背了模化方法的初始目的。因此对复杂现象或过程进行模化时，应重点关注决定性因素，而对次要因素应进行适当的近似处理。

接下来，将重点分析在电磁轨道炮物理场模化方法下电枢/轨道界面的润滑特性。速度是电磁轨道炮的关键参数，因此物理场模化方法以匹配弹丸速度作为模化目标之一。表 4－1 所示为匹配弹丸速度的电磁轨道炮物理场模化方法下，部分物理量的相似常数与几何相似常数之间的转换关系。

表 4－1 物理场模化方法下的相似常数

物理量	时间	电流	电流密度	电枢速度	电磁压强
相似常数	$C_t=C_l^2$ 或 $C_t=C_l$	$C_I=C_l$	$C_j=1/C_l$	$C_U=1$	$C_{P_{mt}}=1$

1. 电枢/轨道界面润滑

从相似准则的推导结果可知，为了实现流体运动的相似，应保证雷诺数（$Re=\rho ul/\eta$）相同。雷诺数的表达式显示，当模型与原型中介质材料相同时，要求特征速度和特征长度的乘积相等。当物理场的模化方法匹配弹丸速度时，对应时刻模型与原型中特征速度相同，于是为了实现电枢/轨道界面润滑的相似，特征长度也需要相同。在流体动压润滑中，特征长度方向应选择液化层厚度方向。因此，在匹配弹丸速度的电磁轨道炮物理场模化方法下，电枢/轨道界面润滑的模化最终归结为匹配液化层厚度 h，即 $C_h=1$。

此外，从欧拉数的表达式（$Eu=P/(\rho u^2)$）可以看出，当对应时刻模型与原型中特征速度相等时，介质压强也保持相等，即 $C_P=1$。

2. 液化层厚度

匹配液化层厚度要求式（4－166）等于 1。通过式（4－165）可知，在物理场模化方法下电枢/轨道界面有效压强的相似常数等于 1 时，只要进行电枢长度方向上的几何缩比，则必然导致挠度相似常数不等于 1，进一步导致

模化偏差。这说明仅从电枢/轨道界面润滑相似性考虑时，相对于发射器的几何相似常数，适当增大电枢长度方向上的几何相似常数有利于提高润滑的模化精度。

此外，只要保证初始时刻模型与原型中电枢尾端和前端的间隙 h_0 和 h_1 分别相同，就可实现 $C_{h_0}=1$ 和 $C_lC_\alpha=1$。

3. 电枢材料熔化速度

由于在物理场的模化方法中匹配了弹丸速度，因此为了满足边界条件的一致性，模型与原型电枢材料的熔化速度也应相同。式（4－169）显示，为了匹配电枢材料熔化速度，需要同时匹配摩擦热流密度和接触电阻热流密度。从式（4－167）和式（4－168）可见，在物理场的模化方法下，可以实现摩擦热流密度的匹配，接触电阻热流密度的相似常数变为 $C_{qj}=1/C_l^2$。因此，在物理场的模化方法下不能实现电枢材料熔化速度的精确匹配，而匹配的近似程度取决于接触电阻热和摩擦热在电枢/轨道界面总生热量中的贡献程度。但是由于电枢材料熔化速度（y 方向）与界面滑动速度相比（x 方向），在数量级上相差较大，因此电枢材料的熔化速度对流场分布的影响较小。

第四节　发射器关键性能相似模化方法

轨道和弹丸是电磁轨道炮的主体部件，因此在相似模化方法研究中，实现主体部件性能的相似是相似模化研究的关键任务。为了主体部件的正常运行，需要由外围支撑结构约束轨道振动，并引导弹丸运动。因此，在电磁轨道炮的相似模化方法中，除轨道和弹丸性能以外，应同时考虑发射器的其他关键性能以及主体部件与发射器之间的相互作用。

一、发射器强度的相似模化方法

在电磁轨道炮的发射过程中，电磁力不仅推动弹丸沿着轨道加速运动，而且会在轨道之间产生电磁排斥力。因此，类似于常规火炮中由燃烧气体形成的膛压，在电磁轨道炮中同样存在着由电磁力产生的内膛压力。在电磁轨道炮中，这种膛压会通过改变轨道间距影响电枢/轨道间电接触特性，严重时会使发射器发生塑性变形和永久损伤。因此，强度是发射器设计的核心指标之一，也是电磁轨道炮模化方法研究中必须考虑的对象。

在本节，首先基于固体弹性力学理论和电磁轨道发射器的特点，利用相似理论研究弹性范围内发射器强度的相似模化方法，在此基础上探讨在弹塑性范围内进行发射器强度模化的可能性，分析在轨道物理场模化方法下实现发射器强度相似的方法，讨论几何形状不完全相似的近似模化方法。

（一）发射器强度控制方程

根据弹性力学理论，将发射器强度作为弹性动力学问题进行分析，其基本方程包括运动微分方程、几何方程和物理方程。

1. 运动微分方程

发射器的强度问题中应重点关注发射器外围支撑结构的强度，而外围支撑结构本身不受电磁力，其受到的载荷主要来自轨道与绝缘支撑部件之间的接触力。因此，在运动微分方程中忽略了体力分量。而且在弹性力学的动力问题中，需要考虑弹性体的运动，因此按照达朗贝尔原理，在单元体上叠加了惯性力分量。

$$\begin{cases}\dfrac{\partial\sigma_x}{\partial x}+\dfrac{\partial\tau_{yx}}{\partial y}+\dfrac{\partial\tau_{zx}}{\partial z}=\rho\dfrac{\partial^2u_x}{\partial t^2}\\ \dfrac{\partial\sigma_y}{\partial y}+\dfrac{\partial\tau_{zy}}{\partial z}+\dfrac{\partial\tau_{xy}}{\partial x}=\rho\dfrac{\partial^2u_y}{\partial t^2}\\ \dfrac{\partial\sigma_z}{\partial z}+\dfrac{\partial\tau_{xz}}{\partial x}+\dfrac{\partial\tau_{yz}}{\partial y}=\rho\dfrac{\partial^2u_z}{\partial t^2}\end{cases}\qquad(4-170)$$

2. 几何方程

几何方程表示的是应变分量与位移分量之间的关系。

$$\begin{cases}\varepsilon_x=\dfrac{\partial u_x}{\partial x},\varepsilon_y=\dfrac{\partial u_y}{\partial y},\varepsilon_z=\dfrac{\partial u_z}{\partial z}\\ \gamma_{yz}=\dfrac{\partial u_z}{\partial y}+\dfrac{\partial u_y}{\partial z}\\ \gamma_{zx}=\dfrac{\partial u_x}{\partial z}+\dfrac{\partial u_z}{\partial x}\\ \gamma_{xy}=\dfrac{\partial u_y}{\partial x}+\dfrac{\partial u_x}{\partial y}\end{cases}\qquad(4-171)$$

3. 物理方程

物理方程表示的是应变分量与应力分量之间的关系。

$$
\begin{cases}
\varepsilon_x = \dfrac{1}{E}[\sigma_x - \mu(\sigma_y + \sigma_z)] \\
\varepsilon_y = \dfrac{1}{E}[\sigma_y - \mu(\sigma_z + \sigma_x)] \\
\varepsilon_z = \dfrac{1}{E}[\sigma_z - \mu(\sigma_x + \sigma_y)] \\
\gamma_{yz} = \dfrac{1}{G}\tau_{yz} \\
\gamma_{zx} = \dfrac{1}{G}\tau_{zx} \\
\gamma_{xy} = \dfrac{1}{G}\tau_{xy}
\end{cases}
\tag{4-172}
$$

式中，E 为杨氏模量，G 为切变模量，μ 为泊松比。

（二）发射器强度相似模化方法的理论推导

1. 单值性条件

（1）几何条件：发射器尺寸，包括每个部件的形状和尺寸。

（2）介质条件：材料的密度 ρ、杨氏模量 E、切变模量 G、泊松比 μ 等参数。

（3）边界条件：由于在电磁轨道炮中既有约束发射器位置的位移边界条件，又存在由电磁力引起的应力边界条件，因此电磁轨道发射器的强度属于混合边界问题。其中对于应力边界条件，在给出面力分量 $\bar{f}_x$、$\bar{f}_y$、$\bar{f}_z$ 的情况下，边界条件方程式可以表示为：

$$
\begin{cases}
\bar{f}_x = \sigma_x \cos(N,x) + \tau_{yx}\cos(N,y) + \tau_{zx}\cos(N,z) \\
\bar{f}_y = \sigma_y \cos(N,y) + \tau_{zy}\cos(N,z) + \tau_{xy}\cos(N,x) \\
\bar{f}_z = \sigma_z \cos(N,z) + \tau_{xz}\cos(N,x) + \tau_{yz}\cos(N,y)
\end{cases}
\tag{4-173}
$$

式中，N 为边界面上的法线，$\cos(N,x)$、$\cos(N,y)$、$\cos(N,z)$为其方向余弦。

（4）初始条件：弹性体中单元体的位移分量 u_x、u_y、u_z，速度分量 $\partial u_x / \partial t$、$\partial u_y / \partial t$、$\partial u_z / \partial t$ 和弹丸位移在 $t=0$ 时刻的已知条件。

2. 相似转换

利用相似理论的方程分析法，从式（4-170）～式（4-172）中得到相似指标式，分别如下：

$$\begin{cases}\dfrac{C_{\sigma_x}C_y}{C_xC_{\tau_{yx}}}=1,\dfrac{C_{\sigma_x}C_z}{C_xC_{\tau_{zx}}}=1,\dfrac{C_{\sigma_x}C_{t^2}}{C_xC_\rho C_{u_x}}=1\\ \dfrac{C_{\sigma_y}C_z}{C_yC_{\tau_{zy}}}=1,\dfrac{C_{\sigma_y}C_x}{C_yC_{\tau_{xy}}}=1,\dfrac{C_{\sigma_y}C_{t^2}}{C_yC_\rho C_{u_y}}=1\\ \dfrac{C_{\sigma_z}C_x}{C_zC_{\tau_{xz}}}=1,\dfrac{C_{\sigma_z}C_y}{C_zC_{\tau_{yz}}}=1,\dfrac{C_{\sigma_z}C_{t^2}}{C_zC_\rho C_{u_z}}=1\end{cases} \tag{4-174}$$

$$\begin{cases}\dfrac{C_{u_x}}{C_xC_{\varepsilon_x}}=1,\dfrac{C_{u_y}}{C_yC_{\varepsilon_y}}=1,\dfrac{C_{u_z}}{C_zC_{\varepsilon_z}}=1\\ \dfrac{C_{u_z}}{C_yC_{\gamma_{yz}}}=1,\dfrac{C_{u_y}}{C_zC_{\gamma_{yz}}}=1\\ \dfrac{C_{u_x}}{C_zC_{\gamma_{zx}}}=1,\dfrac{C_{u_z}}{C_xC_{\gamma_{zx}}}=1\\ \dfrac{C_{u_y}}{C_xC_{\gamma_{xy}}}=1,\dfrac{C_{u_x}}{C_yC_{\gamma_{xy}}}=1\end{cases} \tag{4-175}$$

$$\begin{cases}\dfrac{C_{\varepsilon_x}C_E}{C_{\sigma_x}}=1,\dfrac{C_{\varepsilon_x}C_E}{C_\mu C_{\sigma_y}}=1,\dfrac{C_{\varepsilon_x}C_E}{C_\mu C_{\sigma_z}}=1\\ \dfrac{C_{\varepsilon_y}C_E}{C_{\sigma_y}}=1,\dfrac{C_{\varepsilon_y}C_E}{C_\mu C_{\sigma_z}}=1,\dfrac{C_{\varepsilon_y}C_E}{C_\mu C_{\sigma_x}}=1\\ \dfrac{C_{\varepsilon_z}C_E}{C_{\sigma_z}}=1,\dfrac{C_{\varepsilon_z}C_E}{C_\mu C_{\sigma_x}}=1,\dfrac{C_{\varepsilon_z}C_E}{C_\mu C_{\sigma_y}}=1\\ \dfrac{C_{\gamma_{yz}}C_G}{C_{\tau_{yz}}}=1,\dfrac{C_{\gamma_{zx}}C_G}{C_{\tau_{zx}}}=1,\dfrac{C_{\gamma_{xy}}C_G}{C_{\tau_{xy}}}=1\end{cases} \tag{4-176}$$

假设原型与模型发射器外围支撑结构采用相同材料，则 $C_\rho=C_E=C_G=C_\mu=1$。

对发射器强度进行相似模化研究的直接目的是利用模型发射器模拟原型发射器的强度，使模型与原型发射器的应力、应变需要满足相同的分布规律和幅值，即在对应几何相似点上的应力和应变相同。因此，令所有应力、应变分量的相似常数等于 1。则式（4–174）～式（4–176）简化为：

$$C_x=C_y=C_z=C_{u_x}=C_{u_y}=C_{u_z}=C_t \tag{4-177}$$

从式（4－177）中可以看出，在不同方向上的几何相似常数和单元体位移的相似常数均相等，因此令 $C_x=C_y=C_z=C_l$、$C_{u_x}=C_{u_y}=C_{u_z}=C_u$，则可以导出两个相似准则：

$$\frac{u}{l}=\text{不变量}=\Pi_1 \tag{4-178}$$

$$\frac{t}{l}=\text{不变量}=\Pi_2 \tag{4-179}$$

式（4－178）和式（4－179）中，单元体的位移 u 和时间 t 是被决定量，故准则Π_1 和Π_2 均为非定型准则。由于不存在定型准则，按照相似理论，模化条件仅要求单值性条件相似，具体如下：

（1）几何条件：模型与原型发射器的几何形状相似。

（2）介质条件：模型与原型发射器的材料相同。

（3）边界条件：对式（4－173）进行相似转换，得到：

$$\begin{cases} C_{\bar{f}_x}=C_{\sigma_x}C_{\cos(N,x)}=C_{\tau_{yx}}C_{\cos(N,y)}=C_{\tau_{zx}}C_{\cos(N,z)} \\ C_{\bar{f}_y}=C_{\sigma_y}C_{\cos(N,y)}=C_{\tau_{zy}}C_{\cos(N,z)}=C_{\tau_{xy}}C_{\cos(N,x)} \\ C_{\bar{f}_z}=C_{\sigma_z}C_{\cos(N,z)}=C_{\tau_{xz}}C_{\cos(N,x)}=C_{\tau_{yz}}C_{\cos(N,y)} \end{cases} \tag{4-180}$$

由于任一向量方向余弦的平方和等于 1，即 $\cos^2(N,x)+\cos^2(N,y)+\cos^2(N,z)=1$，因此可以得到另外一个相似常数关系式：

$$C^2_{\cos(N,x)}=C^2_{\cos(N,y)}=C^2_{\cos(N,z)}=1 \tag{4-181}$$

从式（4－180）和式（4－181）可以得到：

$$C_{\bar{f}_x}=C_{\bar{f}_y}=C_{\bar{f}_z}=C_{\cos(N,x)}=C_{\cos(N,y)}=C_{\cos(N,z)}=1 \tag{4-182}$$

式（4－182）不仅要求模型与原型发射器中受力位置相似，而且要求在对应点上面力（压强）的大小相同、方向相似。

（4）初始条件：在 $t=0$ 时刻，弹丸位移（即初始装填位置）相似，并保持发射器处于静止状态。

当满足以上 4 个模化条件时，便可实现发射器强度的模化，即模型与原型发射器中空间上对应的两点在对应时刻具有相同的应力和应变，同时具有相同的相对变形量（即弹性体单元位移的相似常数与发射器的几何相似常数相同）。

（三）发射器强度相似模化方法的相关问题分析

1. 弹塑性范围内发射器强度的模化

在本节主要针对弹性范围内的发射器强度模化问题进行研究，但是在实际电磁轨道炮中不仅出现弹性变形，而且可能会在轨道、金属螺栓、炮尾汇流装置等处发生永久性的塑性变形。作为武器平台的电磁轨道炮，无论在考虑建造成本的经济性方面，还是在作战需要的灵活性方面，均追求轻质量、高强度的目标，达到发挥材料极限性能的目的。因此，在弹塑性范围内进行强度模化研究，对于发射器系统显得尤为重要。

根据塑性力学理论可知，塑性力学问题类似于弹性力学，依然通过平衡方程、几何方程、物理方程和边界条件描述，其中平衡方程、几何方程和边界条件在弹性力学和塑性力学中可以采用通用的方程。但是对于物理方程，在塑性力学中不能利用类似于弹性力学中的胡克定律表示应变与应力之间的关系。超过材料的屈服极限后，应力–应变曲线将进入塑性阶段。与弹性变形相比，塑性变形更加复杂，其原因在于塑性变形中需要考虑材料本构关系的双重非线性：塑性加载本身的非线性以及卸载再加载的滞回非线性。因此，为了实现结构强度的模化，在包含弹塑性加载和卸载再加载阶段在内的全过程中，原型和模型材料的应力–应变曲线必须相似，或者无量纲应力–应变曲线必须相同。但是对于不同材料，其应力–应变曲线不可能完全相似，于是在进行强度模化时应尽可能避免选择不同材料。

在电磁轨道发射器强度的相似模化中，如果在原型与模型中采用相同材料，则无论在弹性阶段还是在塑性阶段，两个发射器材料的物理方程完全相同。而且在弹性力学与塑性力学中，平衡方程、几何方程和边界条件均相同。因此，即使考虑了发射器材料的塑性变形，只要原型和模型采用相同材料，则按照弹性范围内的强度模化条件，便能实现弹塑性范围内的强度模化。

2. 轨道物理场模化方法下发射器强度的相似

在电磁轨道炮的发射过程中，发射器主要受到从弹丸至炮尾段轨道的电磁排斥力作用，即在轴线方向上受力范围等于弹丸的位移。因此，为满足边界条件的相似，首先应保证模型与原型发射器中弹丸位移的相似常数与发射器的几何相似常数相等。此外，轨道表面压强与电流线密度的平方成正比，而在轨道物理场模化方法下，驱动电流的相似常数与横截面几何相似常数相同，即模型与原型轨道的电流线密度相同，可以满足模型与原型发射器中面力大小相同的条件。因此，在轨道物理场模化条件下，只要使弹丸位移的相似常数与几何相似常数相同，就能满足发射器强度模化方法中边界条件相似的要求。

3. 几何形状不完全相似的近似模化

现象相似以几何相似为基础，因此保证模型与原型几何形状的相似是模化方法应满足的条件之一。但是在特殊条件下，为了简化试验程序、节约建造成本，可以进行几何形状不完全相似的近似模化，这种近似模化在结构强度和刚度的模化中较为常见。在电磁轨道炮中，发射器的外围支撑结构主要受到来自轨道之间电磁排斥力的作用。因此与横截面方向相比，发射器在轴线方向上受到的作用力以及产生的变形可忽略不计。于是按照如上假设，可将发射器的三维强度模化问题简化为发射器横截面的二维力学问题，放宽发射器轴线方向上的几何相似条件。因此在近似意义下，发射器强度模化方法中的几何形状相似可简化为横截面几何形状相似，同时可忽略轨道在轴线方向上受力范围相似的要求。

二、轨道动态响应的相似模化方法

在电磁轨道炮的发射过程中，两根轨道间的电磁排斥力会在轴线方向上形成分布载荷，而在弹丸的运动作用下，移动的分布载荷会引起轨道的动态响应。电枢附近轨道的振动和变形会对电枢/轨道接触状态产生影响，而且电枢/轨道接触压力的突然变化可能会导致转捩等接触失效现象。

（一）轨道动态响应控制方程

假设有两个几何形状相似、大小不同的电磁轨道发射器，现将小型发射器设为模型，大型发射器设为原型。原型轨道物理场和弹丸动力学的控制方程，依然可用式（4-8）～式（4-14）表示。模型轨道的物理场和弹丸运动可以用类似的方程组进行描述，为了与原型参量区分，模型相关量用上标“′”标注。

由于在第二节中，已对电磁轨道炮物理场模化方法的相似常数及其关系式的推导过程进行了详细描述，因此在本节不做重复推导。为了便于研究各物理量之间的关系，在本节并未给出相似理论中的相似准则，而是基于各物理的相似常数及相似关系式进行研究。

在电磁轨道炮发射过程中，轨道受到移动的电磁排斥力作用，而且由于发射器的外围支撑结构具有一定的弹性，因此可将绝缘支撑和基座等零部件简化为弹性基础。目前，学者们普遍把轨道简化为基于弹性基础的简支梁，如图 4－6 所示，并利用 Bernouli－Euler 梁理论研究其动态响应，本节也将参考此方法进行轨道动态响应相似性的研究。

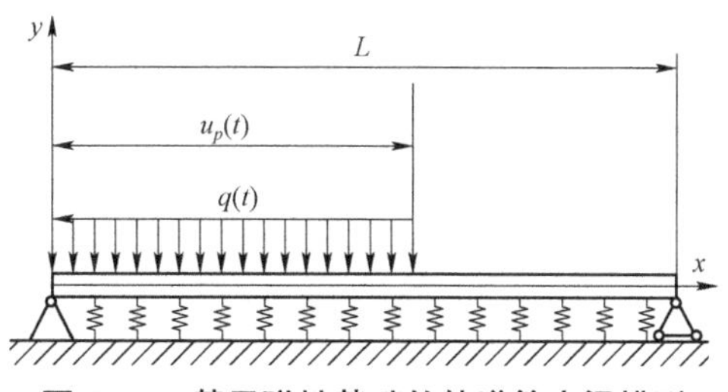

图 4－6　基于弹性基础的轨道简支梁模型

将轨道的轴线方向设为 x 轴，原点设在轨道的后端，即炮尾位置，过原点垂直于 xy 平面的轴设为 z 轴。图 4－6 中 L 表示轨道的长度，$u_p(t)$表示电枢尾翼离炮尾的距离，即弹丸的位移。在 t 时刻，弹丸后侧 $u_p(t)$范围的轨道受到沿 y 方向、大小为 $q(t)$的轨道间电磁排斥力。因此，轨道在 y 方向上受到的移动载荷，可以用 $P(x,t)$表示：

$$P(x,t)=q(t)[1-H(x-u_p(t))] \tag{4-183}$$

式中，$H(t)$为 Heaviside 公式，则

$$P(x,t)=\begin{cases}0, & x>u_p(t)\\ q(t), & x\leqslant u_p(t)\end{cases} \tag{4-184}$$

$q(t)$由式（4－185）表示：

$$q(t)=\frac{\mu I^2(t)}{\pi b}\arctan\left(\frac{b}{2r}\right) \tag{4-185}$$

式中，μ 为自由空间磁导率（真空磁导率为$\mu=4\pi\times10^{-7}$ H/m）；$I(t)$为电流幅值；b 为轨道宽度；r 为两轨质心间距，在本模型中，$r=e+h$，其中 e 和 h 则表示两轨道内表面距离和轨道厚度。

在移动载荷下，弹性基础梁的控制方程可以表示为：

$$EI_z\frac{\partial^4 w(x,t)}{\partial x^4}+\rho A\frac{\partial^2 w(x,t)}{\partial t^2}+K_f w(x,t)=P(x,t) \tag{4-186}$$

式中，$w(x,t)$表示 x 坐标处轨道在 t 时刻的 y 方向位移，即挠度；E 为轨道材料的杨氏模量；I_z为轨道横截面的惯性矩，可表示为 $I_z=bh^3/12$；ρ 为轨道材料的密度；A 为轨道横截面的面积，可表示为 $A=bh$；K_f为弹性基础的弹性系数。

在电磁轨道炮的发射过程中，当弹丸的移动速度达到或接近临界速度时，将在弹丸附近轨道上引起共振现象。Timoshenko 对基于弹性基础的 Bernouli－Euler 梁进行了振动相关研究，Lewis 和 Nechitailo 给出了引起轨道共振的临界速度表达式：

$$V_{\mathrm{cr}}=\sqrt{\frac{2\sqrt{EI_zK_f}}{\rho A}} \tag{4-187}$$

（二）$C_t=C_{lA}^2$ 的物理场模化条件下轨道动态响应相似性

利用 C_{lx} 和 C_{lA} 分别表示轴线几何相似常数和横截面几何相似常数。通过对第二节轨道物理场相似模化方法 I 的研究可知，当时间相似常数、电流密度相似常数与横截面几何相似常数满足式（4－188）和式（4－189）时，可以实现原型和模型中磁场和温度场的相似。

$$C_t=C_{lA}^2 \tag{4-188}$$

$$C_j=1/C_{lA} \tag{4-189}$$

在此基础上，可以得到驱动电流的相似常数为：

$$C_I=C_jC_{lA}^2=C_{lA} \tag{4-190}$$

利用类似的方法，可以得出电流、弹丸动力学参数的相似常数关系式为：

$$C_I^2=C_mC_{a_p} \tag{4-191}$$

$$C_{v_p}=C_tC_{a_p} \tag{4-192}$$

$$C_{u_p}=C_tC_{v_p} \tag{4-193}$$

将式（4－188）和式（4－189）代入式（4－190）～式（4－193）后，可以得到 $C_t=C_{lA}{}^2$ 条件下弹丸动力学参数的相似常数：

$$C_{a_p}=C_{lA}^2/C_m \tag{4-194}$$

$$C_{v_p}=C_{lA}{}^4/C_m \tag{4-195}$$

$$C_{u_p}=C_{lA}{}^6/C_m \tag{4-196}$$

在弹丸出炮口时刻，弹丸位移与轨道长度相等，因此当弹丸位移的相似常数与横截面几何相似常数不相等时，发射器的轴线几何相似常数 C_{lx} 与横截面几何相似常数 C_{lA} 不相等。

在匹配磁场和温度场基础上，如果要实现应力场的匹配，则从式（4－12）

表示的运动方程和式（4－188）～式（4－189）可得到如下相似常数关系式：

$$C_{\rho}C_{a}=1/C_{lA} \tag{4-197}$$

从式（4－197）可以看出，当模型与原型轨道采用相同材料时，即当材料密度的相似常数等于1时，$C_{a}=1/C_{lA}$，并基于式（4－188）可以确定此条件下微元体位移的相似常数为：

$$C_{u}=C_{a}C_{t}^{2}=C_{lA}^{3} \tag{4-198}$$

从式（4－198）可以看出，微元体位移的相似常数与横截面几何相似常数的三次方相同。实际上，运动平衡方程式（4－11）决定弹丸的运动，而弹丸的运动决定了第二类边界条件。为了实现物理场的精确匹配，弹丸位移的相似常数应与横截面几何相似常数相同。对于弹丸来讲，如果其几何形状线性变化，则弹丸质量的相似常数与几何相似常数的三次方相同，进一步从式（4－198）可以看出弹丸位移的相似常数与横截面几何相似常数的三次方相同，因此如果线性缩比弹丸，将不满足边界条件的相似。

实际上，弹丸由电枢和配重两部分组成，因此如果保持电枢尺寸线性缩比的前提下，通过更改配重质量的方法，可以改变弹丸质量相似常数，进一步可以调整弹丸动力学参数的相似常数。从式（4－194）～式（4－196）可以看出，当取 $C_{m}=C_{lA}^{5}$ 时，可以得出弹丸位移的相似常数与横截面几何相似常数相同，可以实现边界条件的相似，根据式（4－188）～式（4－189）可以匹配磁场和温度场，但此时不能实现原型与模型中弹丸动力学参数（包括加速度和速度）的匹配。而速度作为发射类武器中最关键的技术指标之一，在电磁轨道发射器中又与刨削等损伤现象有直接联系，因此匹配弹丸速度是电磁轨道炮相似模化研究中的关键。当取 $C_{m}=C_{lA}^{4}$ 时，可以匹配弹丸的速度，但此时弹丸位移的相似常数与横截面几何相似常数的平方相同。弹丸位移的相似常数（即轴线几何相似常数）与横截面几何相似常数不同，说明模型和原型中几何边界条件不再相似，因此其物理场的模化属于近似模化。

与弹丸不同，轨道在发射器中被外围支撑结构约束，其运动受到限制。因此，如果不能满足原型与模型轨道中所有对应微元体的位移相似常数与几何相似常数相同的条件，则会引起应力场的不匹配，而且不相似的应力场必将导致不同的动态响应。

为了进一步对比分析模型与原型轨道的振动，在物理场方程组研究结论基础上，基于轨道振动理论，研究电磁轨道炮物理场模化方法下轨道动态响应的相似性。

根据 $C_t = C_{lA}^2$ 的物理场模化方法，可以得到轨道动态响应相关物理量的相似常数关于横截面几何相似常数的表达式：$C_{Iz} = C_{lA}^4$，$C_A = C_{lA}^2$，$C_{P(x,t)} = C_{lA}$，$C_{lx} = C_{lA}^2$。假设模型与原型发射器的强度相似，则基底弹性系数相同。根据相似常数，将模型轨道动态响应方程式中除挠度外的其他参数替换为原型参数，则得到：

$$\frac{1}{C_{lA}^4} EI_z \frac{\partial^4 w'(x,t)}{\partial x^4} + \frac{1}{C_{lA}^2} \rho A \frac{\partial^2 w'(x,t)}{\partial t^2} + K_f w'(x,t) = C_{lA} P(x,t) \quad （4-199）$$

将式（4-199）与式（4-186）比较分析可以发现，原型轨道的挠度 $w(x,t)$ 与模型轨道挠度 $w'(x,t)$间不存在常数比例关系，因此对应时刻模型和原型轨道的动态响应之间属于非线性关系。而且即使轨道轴线方向和横截面方向上的几何相似常数相同，即 $C_{lx} = C_{lA}$，只要原型与模型轨道的材料密度相同，则在 $C_t = C_{lA}^2$ 的条件下，轨道的动态响应依然属于非线性关系。因此，以上结论与基于物理场方程组的分析结果相符。通过类似的方法可以得出临界速度的相似关系为：$V'_{\mathrm{cr}} = V_{\mathrm{cr}}$。这说明在 $C_t = C_{lA}^2$ 的物理场模化方法条件下，模型和原型轨道的临界速度相同，但是其动态响应属于非线性关系。

（三）$C_t = C_{lA}$ 的物理场模化条件下轨道动态响应相似性

由轨道物理场相似模化方法Ⅱ和Ⅲ可知，在 $C_t = C_{lA}$ 条件下匹配弹丸速度时，需要线性缩比发射器尺寸。因此，可以采用统一的几何相似常数 C_l。按照物理场相似模化方法Ⅱ，当满足式（4-60）时（即 $C_I = C_t = C_l$），可以实现物理场的近似模化。当满足式（4-60）的同时，线性缩比弹丸尺寸，则弹丸动力学参数的相似常数为：

$$C_{a_p} = 1/C_l \quad （4-200）$$

$$C_{v_p} = 1 \quad （4-201）$$

$$C_{u_p} = C_l \quad （4-202）$$

根据物理场模化条件和式（4-200）～式（4-202），可以得到轨道动态响应相关物理量的相似常数关于几何相似常数的表达式：$C_{Iz} = C_l^4$，$C_A = C_l^2$，$C_{P(x,t)} = C_l$。假设模型与原型发射器的强度相似，则基底弹性系数相同。将模型轨道动态响应方程中除挠度外的其他参数替换为原型参数：

$$EI_z \frac{\partial^4 w'(x,t)}{\partial x^4} + \rho A \frac{\partial^2 w'(x,t)}{\partial t^2} + K_f w'(x,t) = C_l P(x,t) \quad （4-203）$$

通过比较式（4－203）与式（4－186）可以发现，原型轨道的挠度 $w(x,t)$与模型轨道挠度 $w'(x,t)$之间存在常数比例关系，即 $w'(x,t)=C_l w(x,t)$，说明对应时刻模型与原型轨道的动态响应相似，轨道振动的幅值比值与几何相似常数相同。

临界速度的相似关系为：$V'_{\mathrm{cr}}=V_{\mathrm{cr}}$。这说明在 $C_t=C_{lA}$ 的物理场模化条件下，原型和模型轨道的临界速度相同，其动态响应相似。

但是在以上分析过程中，利用式（4－185）计算了轨道间电磁排斥力，即设置为平均值。而实际上，由于在物理场近似模化方法Ⅱ和Ⅲ条件下，模型与原型轨道的应力场不完全相似，属于近似相似关系，因此其动态响应也只能是近似相似。

第五章　电磁轨道炮电枢性能评估技术

电磁轨道炮作为一种利用电能加速电枢推动弹丸的武器，其发射威力是电磁轨道炮应用中的一项重要参数。由电磁轨道炮的发射原理可知，轨道中的电流或电感梯度的增加都可以提升发射速度进而增加其威力，但是在工程应用中，对于固定轨道炮来说，电感梯度不可调，而轨道炮承载的电流也并非刻意无限提升，也存在一个极限值。

以 U 形电枢为例，在电磁轨道炮发射过程中，电枢从始至终都在经受着脉冲大电流的冲击，尤其受到 U 形电枢本身结构和速度趋肤效应的影响，脉冲大电流会在 U 形电枢拱形部内侧中心区域聚集而产生欧姆热积累。随着轨道炮馈入能量的增加，U 形电枢内侧拱顶部会最先发生熔化。一旦熔化开始，后续的磁锯效应会加速破坏电枢结构，高速运动的破裂电枢甚至会损坏炮膛，使轨道报废。因此，为了实现电磁轨道炮的工程应用，必须要进行电磁轨道炮性能评估。

第一节　电磁轨道炮电枢性能研究现状

现代的电磁轨道炮技术研究是从 1978 年著名试验开始的。堪培拉国立大学的 Marshall 采用 550 MJ 单极发电机储能、电感器脉冲转换，在 5 m 长轨道炮上利用等离子体电枢，把 3 g 聚碳酸酯弹丸加速到 5.9 km/s 的速度，证实了利用电磁力把宏观物体加速到超高速是可行的，开创了电磁发射时代。该电磁轨道发射系统如图 5－1 所示。

在 40 多年的快速发展中，电磁轨道炮技术经历了巨大变化，如应用平台与军事目标经历了天基反导、机动平台反装甲、舰船平台超远程火力支援三阶段；电源经历了核能、脉冲发电机到现在的电容器组脉冲成形网络（PFN）供电；电枢经历了等离子体电枢、金属块状电枢或铜丝毛刷电枢、U 形铝电枢的过程；电枢/轨道间滑动电接触损伤模式大致经历了对转捩烧蚀、刨削、磨损、槽蚀的关注；炮膛经历了圆膛、方膛、与内凸轨道的近方膛结构。

图 5-1　澳大利亚堪培拉国立大学 1978 年电磁轨道炮试验系统

图 5-2 是俄罗斯的等离子体电枢轨道炮及法国-德国合作的铜丝毛刷电枢。等离子体电枢可以把小质量弹丸加速到 5 km/s 以上的超高速，在空气稀薄的太空环境有一定的军事对抗应用前景，在加速大质量弹丸方面效率较低。铜丝毛刷利用了铜材电导率高的优点，但毛刷机械性能较差，容易造成与轨道间的转捩烧蚀，对轨道造成不良影响。截至目前，最为成功的电枢是 U 形铝电枢，几种典型的 U 形铝电枢如图 5-3 所示。

图 5-2　俄罗斯的等离子体电枢轨道炮与法国-德国合作的铜丝毛刷电枢

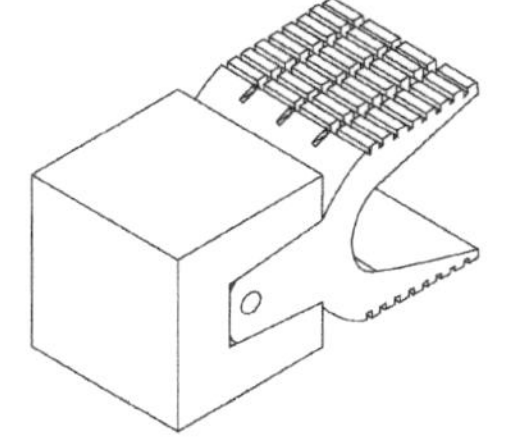

图 5-3　几种典型的 U 形铝电枢

U 形铝电枢有 6 个方面的优势：

（1）U 形电枢内侧平滑过渡，没有锐角或钝角等拐角，有利于电流在 U 形电枢内表面的均匀分布。拐角处的电流聚集，严重的电流聚集可能导致局部材料熔化，材料熔化后还可能进一步发展为磁锯效应，导致材料缺损和结构破坏。

（2）U 形电枢两个尾翼之间的宽度略大于炮膛宽度（两根轨道之间的距离），电枢与两轨道之间形成机械过盈配合，保证在电枢开始加速阶段电枢/轨道间有足够的接触压力（变形弹力）。满足 1 g/A 的经验法则，避免转捩烧蚀的发生。

（3）U 形电枢两个尾翼能够承载电流。在电枢发射过程中，电枢尾翼逐步磨损，电枢/轨道之间过盈量（及变形弹力）变小，单独靠弹性形变压力不足以满足 1 g/A 的经验法则时，流过尾翼的电流形成电磁力加以补充，以保持电枢/轨道之间接触压力大于或等于 1 g/A 之所需。

（4）铝材料的密度小，同样形状和大小的电枢，铝电枢（相对于射弹）的寄生质量较小，有利于作战使用。

（5）铝材料的电导率较高，仅次于银和铜。如果材料电导率较高，同样电流作用的情况下，不利的欧姆热积累较少，有利于轨道炮可靠地发射。实际上，Marshall 博士估计，尽管铝电枢的电阻率比铜高，但由于铝电枢质量小，铜铝两种电枢的极限速度相差不多。

（6）铝材料的熔点较低，约 500 ℃。在电枢/轨道接触界面，由于摩擦热及欧姆热的作用下，铝表面熔化形成液化层，以液体的湿润摩擦代替固体之间的干摩擦。由于湿摩擦系数较低，摩擦阻力大幅减小，有利于提高系统发射效率。总之，目前 U 形铝电枢是较为成功的电枢。

U 形铝电枢进一步发展遇到的问题可能是所谓的磁锯效应，如图 5-4 所示。

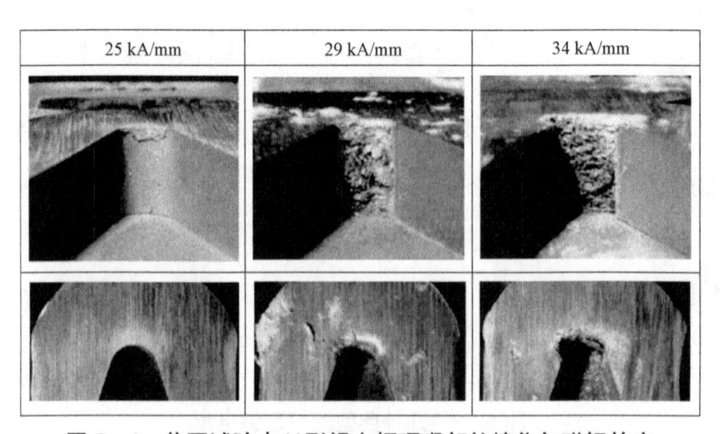

图 5-4　美国试验中 U 形铝电枢咽喉部的熔化与磁锯效应

在该试验中，当线电流密度达到 25 kA/mm 时，U 形电枢拱形部内侧边楞处电流的欧姆热导致熔化；当线电流密度达到 29 kA/mm 时，U 形电枢拱形部内侧贯通熔化；当线电流密度达到 34 kA/mm 时，U 形电枢拱形部内侧发生磁锯效应而致使电枢结构破坏。

第二节 U 形电枢熔化阈值与威力评估

一、电磁轨道炮导体材料与特性

电磁轨道炮导体包括轨道和电枢，下面分别讨论实用化电磁轨道炮的轨道和电枢的材料、形状与结构。

电磁轨道炮轨道采用平直的合金轨道，有较高的电导率和较高的机械强度。一般来说，铜合金的电导率和强度均比较高，适合作电磁轨道炮轨道材料。在实际的使用过程中，由于铜合金轨道的耐高温高压性能不够好，同时也为了抑制速度趋肤效应，在铜合金轨道外表面，可以采用耐高温及高硬度的覆层。虽然耐高温高硬度覆层的电阻率较大，但仅在与电枢接触的动态区域，覆层瞬间承载大电流；而在远离电枢的区域，覆层与铜合金轨道并联以分担电流，覆层比铜合金轨道承载的电流少，比铜合金轨道产生的欧姆热少。

关于铜合金轨道的截面形状，可以选用凹面，配合圆膛炮，如美国陆军的电磁轨道追击炮以及美国海军 2008 年采用的电磁轨道炮；也可以选用矩形截面轨道，实验室常用的电磁轨道炮大都采用此形状；最合适的应该是 2010 年之后美国海军电磁轨道炮采用的向膛内凸出的弧面形状。向膛内凸出的弧形截面轨道，配合向外凹的截面电枢，这样的结构有两个方面的优势：其一是机械方面，滑动接触界面采用凹凸面配合，可以约束电枢在垂直于运动方向的振动，减少机械刨削的发生；其二是电磁学方面，滑动接触界面采用凹凸面配合，利用稳恒电流的短路径聚集特性抑制脉冲电流的趋肤效应，使电流分布更均匀，抑制电流聚集及磁锯效应。当然，电枢/轨道间凹凸面配合的设计方案也有不足，主要是机械加工不方便，加工成本较高。

另外，经过 40 多年的探索研究，电磁轨道炮电枢经历了等离子体电枢、方块固体电枢、铜丝毛刷电枢等形式，逐步明确为 U 形铝单体电枢。U 形铝电枢有六大优势，分为 U 形形状和材料特性两个方面，在技术研究状况部分已经详述。

二、轨道电流线密度与轨道炮等效膛压

对于图 5-5 所示的电磁轨道炮结构，矩形截面轨道高度为 h、厚度为 s、间距为 w，形成 $w \times h$ 方膛。当轨道承载的电流为 I 时，一方面，单位高度轨道承受的电流线密度为 I/h；另一方面，电枢受到的电磁力 $F = 0.5 \times L' \times I^2$，电枢受到的膛内压强为：

$$P = \frac{F}{w \times h} = \frac{0.5L'I^2}{w \times h}$$

当轨道高度与轨道间距相等（$w = h$）时，上式变为：

$$P = \frac{L'}{2}\left(\frac{I}{h}\right)^2$$

上式表明，方膛的电磁轨道炮等效膛压与轨道的线电流密度的平方 $(I/h)^2$ 成正比，也与轨道的电感梯度 L' 成正比。

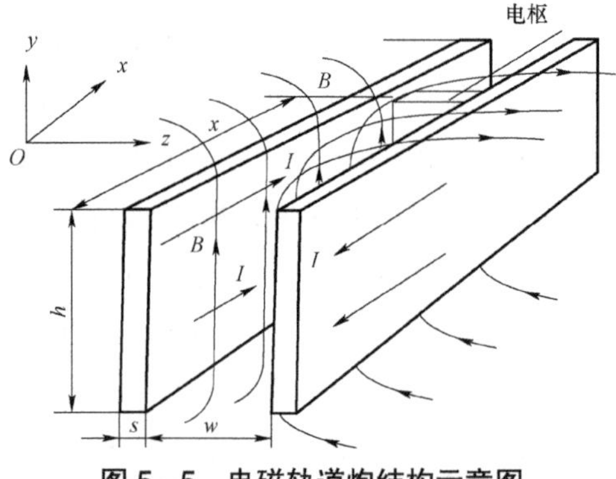

图 5-5　电磁轨道炮结构示意图

对于电感梯度 $L' = 0.5\ \mu\text{H}$，当轨道的线电流密度为 $I/h = 40\ \text{kA/mm}$ 时，电磁轨道炮的等效膛压达到 400 MPa，这与普通火炮的膛压差不多。

类似地，当电感梯度 $L' = 0.5\ \mu\text{H}$，轨道的线电流密度为 $I/h = 30\ \text{kA/mm}$ 时，电磁轨道炮的等效膛压达到 225 MPa，这比普通火炮的膛压尚有差距。

对于纯铜材料轨道，2014 年李军指出：由于速度趋肤效应，纯铜轨道熔化温度所对应的电流集中度 $I/h = 43\ \text{kA/mm}$。换句话说，使用铜轨道的电磁轨道炮，线电流密度的上限值为 43 kA/mm。

三、U 形电枢熔化限制与轨道炮发射能力

前面讲述了轨道线电流密度 I/h 与电磁轨道炮等效膛压 P 的关系。对于

铜轨道来说，熔化限制条件下的线电流密度上限值是 43 kA/mm，对应的等效膛压为 400 MPa 以上。下面以常用的 U 形铝电枢为例，利用数值模型仿真方法，探寻在满足纯铜轨道 43 kA/mm 线电流密度控制条件下的轨道炮发射威力问题。

在通常情况下，电磁轨道炮中轨道材料采用铜合金或铜合金为基底外加耐磨性材料包覆，电枢材料则采用铝合金。铝合金的熔点较低，因此在发射过程中，高功率的电能馈入炮体会导致电枢材料迅速升温，甚至熔化。在学术界，通常认为，从电源导通开始，当导体局部电流密度的平方对时间的积分超过一个特定常数 SAM 值（又称特别作用量）时，即认为导体温度达到熔化熔点开始熔化。每种材料有对应的 SAM 值。

假设在电流波形 $I(t)$激励下，轨道炮电枢上某一典型位置处的电流密度为 $i(t)$。若在电流波形 $I(t)$激励下，电磁轨道炮电枢上某一典型位置处的电流密度为 $i(t)$，定义电流密度平方对时间积分为电流作用量：

$$S(t)=\int i^2(t)\mathrm{d}t$$

则对于电流波形 $I(t)$激励下电枢局部的特别作用量为：

$$S(t_{\mathrm{m1}})=\int_{t=0}^{t=t_{\mathrm{m1}}} i^2(t)\mathrm{d}t$$

式中，t_{m1} 为 $I(t)$激励下电枢局部开始熔化的时刻。

轨道炮发射过程中，电枢受到的电磁推力为：

$$F(t)=0.5L'I^2(t)$$

式中，L' 为电感梯度。考虑牛顿第二定律，忽略摩擦力和空气阻力，对时间积分得到速度 v 的表达式：

$$v=\frac{L'}{2m}\int_0^{t_{\mathrm{m1}}} I^2(t)\mathrm{d}t$$

从上述公式可知，只要得到电流波形激励下局部开始熔化的时间，便可得到电枢速度。

建立电磁轨道炮模型，如图 5－6 所示：其中，轨道为向膛内凸形截面，轨道最小厚度为 40 mm，高度为 200 mm，两轨道间距为 200 mm；电枢高度为 180 mm，最大宽度为 200 mm。电枢的质量为 7.44 kg。凹凸形弧面的曲率半径为 410 mm。

采用仿真方法计算电磁轨道炮 1/2 模型电流密度，激励梯形波电流如图 5－7 所示。对于 30 kA/mm 及 43 kA/mm 的电流线密度，电枢/轨道接触界面高 180 mm，电流幅值为 5.4 MA 及 7.74 MA。仿真得到不同时刻电流密度分布云图如图 5-8 及图 5-9 所示。

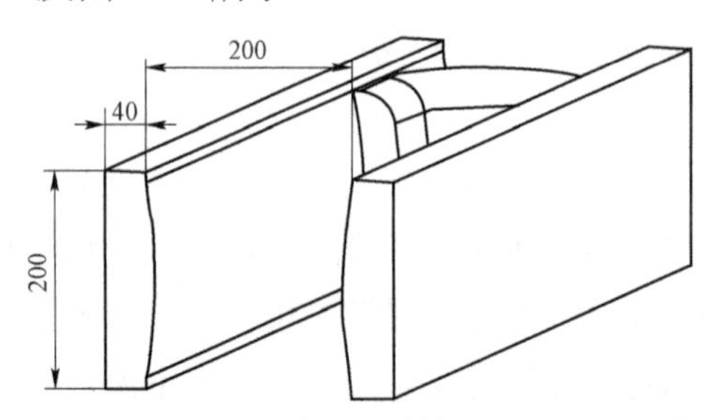

图 5-6　仿真用电枢/轨道弧形接触界面的电磁轨道炮模型

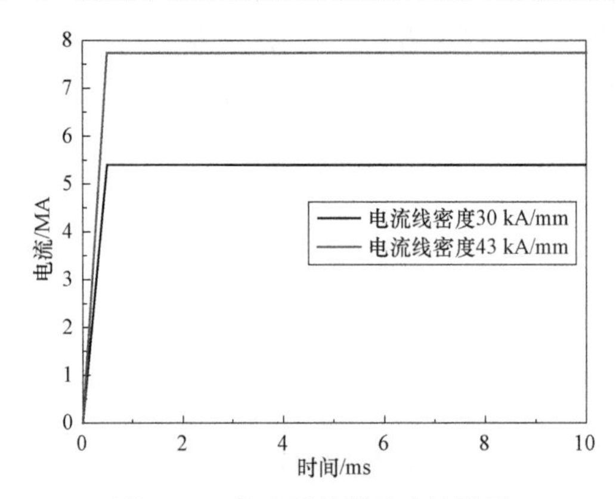

图 5-7　仿真用的激励电流波形

首先考虑高膛压情况，设定的线电流密度为 43 kA/mm。

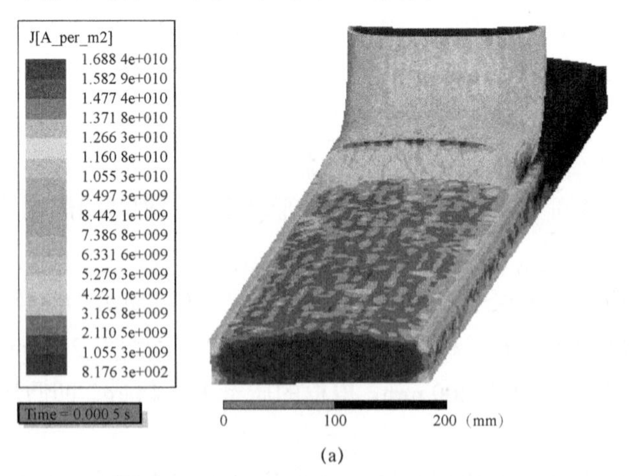

(a)

图 5-8　电流线密度为 43 kA/mm 时不同时刻的电流密度分布

（a）0.5 ms 时刻

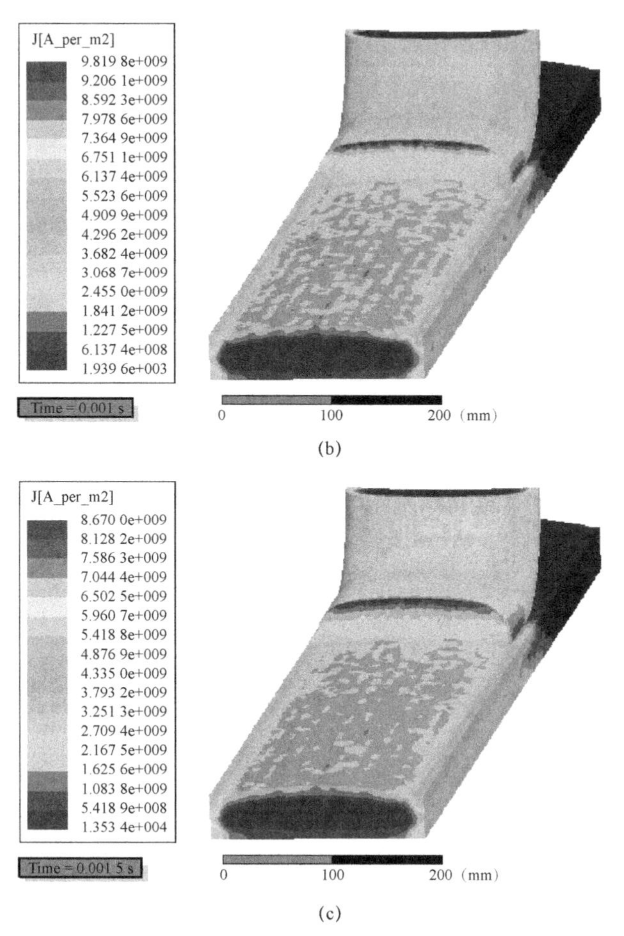

图 5-8　电流线密度为 43 kA/mm 时不同时刻的电流密度分布（续）

（b）1 ms 时刻；（c）1.5 ms 时刻

对于图 5-8 所示的电流线密度为 43 kA/mm 情况下，不同时刻的表面的电流密度分布，我们取不同时刻电枢拱形部对称中心位置的电流密度典型值，以及不同时刻电枢拱形部中心处的电流密度及电流作用量 $S(t)$值，如表 5-1 所示。

表 5-1　在 43 kA/mm 情况下不同时刻对称中心处电流密度及作用量

时间/ms	电流密度/（10^9 A・m^{-2}）	$S(t)$/（A^2・s・m^{-4}）
0	0	0
0.1	1.46	1.07×10^{14}

续表

时间/ms	电流密度/（10^9 A・m^{-2}）	$S(t)$/（A^2・s・m^{-4}）
0.2	2.72	5.84×10^{14}
0.3	3.85	1.69×10^{15}
0.4	4.88	3.62×10^{15}
0.5	5.83	6.51×10^{15}
0.6	5.26	9.60×10^{15}
0.7	4.84	1.22×10^{16}
0.8	4.50	1.43×10^{16}
0.9	4.23	1.62×10^{16}
1	4.00	1.79×10^{16}
1.1	3.80	1.95×10^{16}
1.2	3.64	2.09×10^{16}
1.3	3.49	2.21×10^{16}
1.4	3.36	2.33×10^{16}
1.5	3.25	2.44×10^{16}
1.6	3.15	2.54×10^{16}
1.7	3.06	2.64×10^{16}
1.8	2.98	2.73×10^{16}
1.9	2.91	2.82×10^{16}
2	2.84	2.90×10^{16}

从表 5－1 可以看出，从 0 时刻开始，电枢拱形部对称中心处的电流密度及电流作用量都在上升；随着时间的推移，在 0.5 ms 时刻，图 5－7 中电流达到幅值 7.74 MA，电流密度也达到了最大值 5.83×10^9 A/m^2；随着时间推移，电流密度逐步下降，而电流作用量 $S(t)$继续累积；当时间达到 1.6 ms 时，电流密度下降至 3.15×10^9 A/m^2，而电流作用量 $S(t)$ 继续累积到 2.54×10^{16} A^2・s/m^4。Marshall 认为，铝的特别作用量为 2.524×10^{16} A^2・s/m^4。

显然，图 5－6 所示的大口径电磁轨道炮模型，即使轨道能够承受

43 kA/mm 的线电流密度，但 U 形铝电枢拱形部内侧的对称中心处仅仅能够承受的梯形波电流载荷至 1.6 ms。

在 U 形铝电枢拱形部内侧的对称中心处熔化前的这段时间内，可以得出电枢达到的速度为：

$$v_{43}=\frac{L'}{2m}\int_{0}^{1.6}I^{2}(t)\mathrm{d}t=2\ 396.84\ \text{(m/s)}$$

其中，电枢质量为 7.44 kg，相应的炮口动量达 17 832 kg • m/s。

作为对比，再考虑稍低膛压情况，设定的线电流密度为 30 kA/mm。

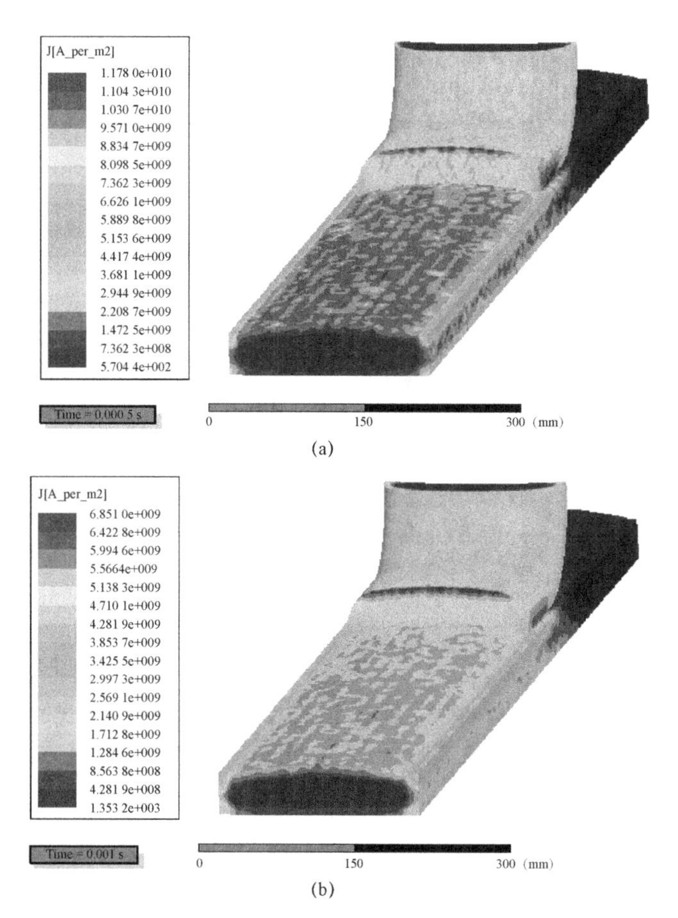

图 5-9　电流线密度为 30 kA/mm 时不同时刻电磁轨道炮模型表面的电流密度分布

（a）0.5 ms 时刻；（b）1 ms 时刻

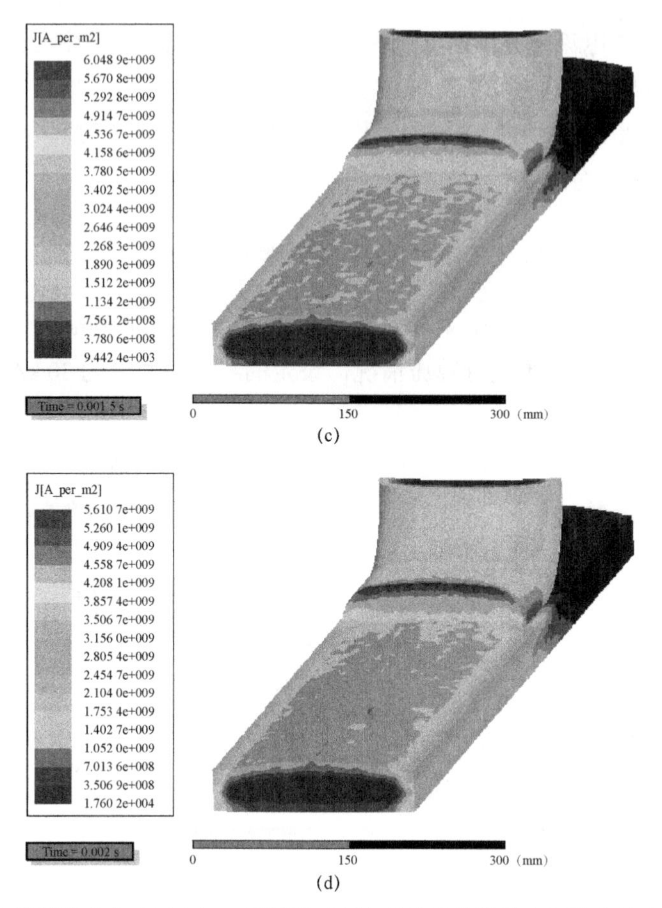

图 5-9　电流线密度为 30 kA/mm 时不同时刻电磁轨道炮模型表面的电流密度分布（续）

（c）1.5 ms 时刻；（d）2 ms 时刻

对于电流线密度为 30 kA/mm，不同时刻电枢拱形部对称中心处的电流密度及 $S(t)$值如表 5-2 所示。

表 5-2　在 30 kA/mm 情况下不同时刻电枢对称中心处电流密度及作用量

时间/ms	电流密度/（10^9 A · m^{-2}）	$S(t)$/（A^2 · s · m^{-4}）
0	0.00	0
0.1	1.02	5.19×10^{13}
0.2	1.90	2.84×10^{14}
0.3	2.69	8.25×10^{14}
0.4	3.41	1.77×10^{15}

续表

时间/ms	电流密度/（10^9 A·m^{-2}）	$S(t)$/（A^2·s·m^{-4}）
0.5	4.07	3.17×10^{15}
0.6	3.67	4.68×10^{15}
0.7	3.38	5.92×10^{15}
0.8	3.14	6.98×10^{15}
0.9	2.95	7.91×10^{15}
1	2.79	8.73×10^{15}
1.1	2.65	9.47×10^{15}
1.2	2.54	1.01×10^{16}
1.3	2.44	1.08×10^{16}
1.4	2.35	1.13×10^{16}
1.5	2.27	1.19×10^{16}
1.6	2.20	1.24×10^{16}
1.7	2.14	1.28×10^{16}
1.8	2.08	1.33×10^{16}
1.9	2.03	1.37×10^{16}
2	1.98	1.41×10^{16}
2.1	1.94	1.45×10^{16}
2.2	1.90	1.49×10^{16}
2.3	1.86	1.52×10^{16}
2.4	1.82	1.56×10^{16}
2.5	1.79	1.59×10^{16}
2.6	1.76	1.62×10^{16}
2.7	1.73	1.65×10^{16}
2.8	1.71	1.68×10^{16}
2.9	1.68	1.71×10^{16}
3	1.66	1.74×10^{16}
3.1	1.64	1.76×10^{16}

续表

时间/ms	电流密度/（10^9 A • m^{-2}）	$S(t)$/（A^2 • s • m^{-4}）
3.2	1.61	1.79×10^{16}
3.3	1.59	1.82×10^{16}
3.4	1.57	1.84×10^{16}
3.5	1.56	1.86×10^{16}
3.6	1.54	1.89×10^{16}
3.7	1.52	1.91×10^{16}
3.8	1.51	1.94×10^{16}
3.9	1.49	1.96×10^{16}
4	1.48	1.98×10^{16}
4.1	1.47	2.00×10^{16}
4.2	1.45	2.02×10^{16}
4.3	1.44	2.04×10^{16}
4.4	1.43	2.06×10^{16}
4.5	1.42	2.08×10^{16}
4.6	1.41	2.10×10^{16}
4.7	1.40	2.12×10^{16}
4.8	1.39	2.14×10^{16}
4.9	1.38	2.16×10^{16}
5	1.37	2.18×10^{16}
5.1	1.36	2.20×10^{16}
5.2	1.35	2.22×10^{16}
5.3	1.34	2.24×10^{16}
5.4	1.33	2.25×10^{16}
5.5	1.33	2.27×10^{16}
5.6	1.32	2.29×10^{16}
5.7	1.31	2.31×10^{16}
5.8	1.30	2.32×10^{16}

续表

时间/ms	电流密度/（10^9 A·m^{-2}）	$S(t)$/（A^2·s·m^{-4}）
5.9	1.30	2.34×10^{16}
6	1.29	2.36×10^{16}
6.1	1.28	2.37×10^{16}
6.2	1.28	2.39×10^{16}
6.3	1.27	2.41×10^{16}
6.4	1.27	2.42×10^{16}
6.5	1.26	2.44×10^{16}
6.6	1.26	2.45×10^{16}
6.7	1.25	2.47×10^{16}
6.8	1.25	2.49×10^{16}
6.9	1.24	2.50×10^{16}
7	1.24	2.52×10^{16}
7.1	1.23	2.53×10^{16}
7.2	1.23	2.55×10^{16}

从表 5－2 可以看出，从 0 时刻开始，电枢拱形部对称中心处的电流密度及电流作用量都在上升；随着时间的推移，在 0.5 ms 时刻，图 5－7 中电流达到幅值 5.4 MA，电流密度也达到了最大值 4.07×10^9 A/m^2；随着时间推移，电流密度逐步下降，而电流作用量 $S(t)$继续累积；当时间达到 7 ms 时，电流密度下降至 1.24×10^9 A/m^2，而电流作用量 $S(t)$继续累积到 2.52×10^{16} A^2·s/m^4。R.A.Marshall 认为，铝的特别作用量为 2.524×10^{16} A^2·s/m^4。

显然，图 5－6 所示的大口径电磁轨道炮模型，轨道能够承受 30 kA/mm 的线电流密度时，U 形铝电枢拱形部内侧的对称中心处能够承受的梯形波电流载荷至 7 ms。

在 U 形铝电枢拱形部内侧的对称中心处熔化前的这段 7 ms 时间内，可以得出电枢达到的速度为：

$$v_{30}=\frac{L'}{2m}\int_0^{7.0}I^2(t)\mathrm{d}t=6\ 140.32\text{（m/s）}$$

其中，电枢质量为 7.44 kg，相应的炮口动量达 45 683.98 kg·m/s。

对比表 5-1 和表 5-2 可知：线电流密度为 43 kA/mm 与 30 kA/mm 的运行条件下，前者的电磁轨道炮等效膛压是后者的 2 倍多；但是在 U 形铝电枢拱形部内侧的电流聚集欧姆加热至熔化（进一步发展将导致后续的磁锯效应及电枢解体、轨道损伤）限制条件下，前者的炮口动量极限值仅为后者的 39%。可见单纯提高电磁轨道炮轨道的线电流密度及膛压，不一定能得到较高的发射参数。

四、在 50 Hz 半周期正弦波激励情况下炮口动量极限值

为了加载电流波形的一致性，将实用化电磁轨道炮激励（脉宽约 10 ms）梯形波电流按照傅里叶级数展开为：

$$I(t)=\frac{4I_0}{\pi}\left[\sin(100\pi t)+\frac{\sin(300\pi t)}{3}+\cdots\right]$$

取一级近似，得到

$$I(t)=\frac{4I_0}{\pi}\sin(2\pi\cdot 50\cdot t)$$

此函数为振荡频率 $f=50$ Hz 的正弦波，所以说，电磁轨道炮脉宽为 10 ms 梯形电流波形取一级近似为 50 Hz 的半周期正弦波。

选择 U 形电枢拱形部内侧表面电流密度最大的区域，读取此处 0～10 m 内不同时刻的电流密度分布数值。粗略计算 $\mathrm{SAM}'=\int_{t=0}^{t=10\,\mathrm{ms}} j^2(t)\mathrm{d}t$ 的积分值大小，根据积分的原理，将积分区域近似为 10 个直角梯形（三角形）计算此积分值。粗略的计算公式为：

$$\mathrm{SAM}'=\left(\frac{j_1^2}{2}+\frac{j_1^2+j_2^2}{2}+\cdots+\frac{j_9^2+j_{10}^2}{2}\right)\times 0.001$$

化简后 SAM′的计算公式为：

$$\mathrm{SAM}'=0.001\times\left(j_1^2+j_2^2+\cdots+j_{10}^2\right)$$

其中，j_n（$n=1,2,\cdots,10$）为不同时刻的电流密度值。

根据推力的计算公式

$$F=0.5L'I^2$$

若电枢的质量为 m_1，战斗部的质量为 m_2，则弹丸的加速度为：

$$a=\frac{F}{m_1+m_2}=\frac{L'I^2}{2(m_1+m_2)}$$

轨道的电感梯度，直接影响电枢的加速力的大小。对于不规则截面的轨道，需对轨道的电感梯度进行有限元仿真，通过求解阻抗矩阵的方法计算其电感梯度值。得到的阻抗矩阵结果如图 5－10 所示。

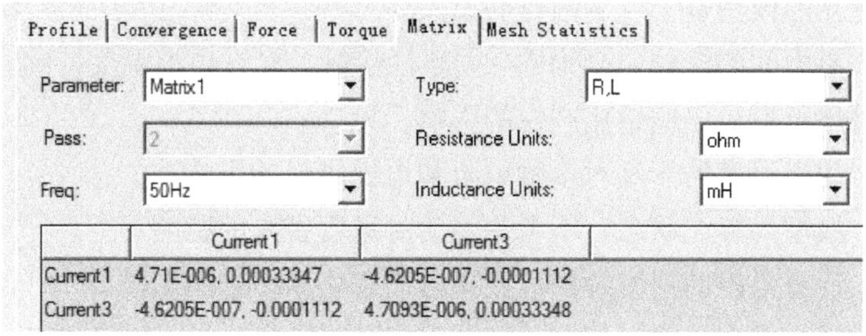

Profile | Convergence | Force | Torque | Matrix | Mesh Statistics

Parameter: Matrix1　　Type: R,L

Pass: 2　　Resistance Units: ohm

Freq: 50Hz　　Inductance Units: mH

	Current1	Current3
Current1	4.71E-006, 0.00033347	-4.6205E-007, -0.0001112
Current3	-4.6205E-007, -0.0001112	4.7093E-006, 0.00033348

图 5－10　阻抗矩阵

计算其电感梯度：

$$L'=L'_{11}+L'_{22}+L'_{12}+L'_{21}=0.333\,5+0.333\,5-0.111\,2-0.111\,2=0.445\ (\mu H/m)$$

其中，L'_{11}、L'_{22} 分别表示两根轨道的自感，L'_{12}、L'_{21} 分别表示两根轨道之间的互感。

全部采用 Maxwell 14.0 软件进行仿真，为了研究电枢承载脉冲电流极限的特性，建立了电磁轨道炮模型，采用向膛内凸出的截面轨道配合向外凹形截面结构的电枢。对该模型进行有限元仿真，仿真模型及网格划分如图 5－11 所示。

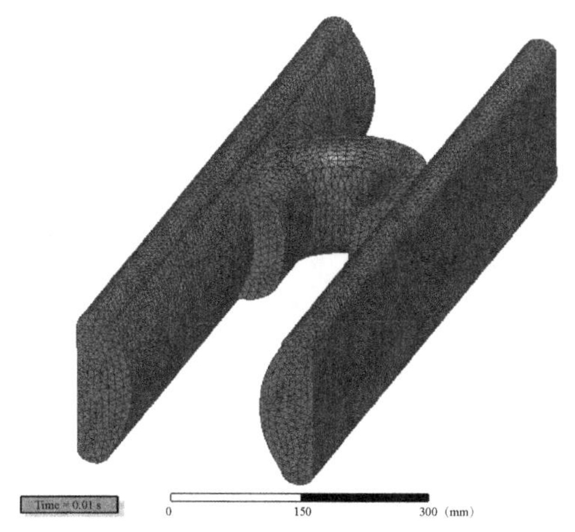

图 5－11　轨道炮模型整体结构及网格划分

图 5－11 所示铝电枢的高为 180 mm，最大宽度为 200 mm；电磁轨道炮的两铜轨道高 200 mm，轨道截面内侧与电枢接触面为曲率半径为 200 mm 的圆弧，电枢的接触面为相应的凹面圆弧；轨道边棱处做半径为 20 mm 的圆角处理。电枢的内侧面与轨道的圆弧面曲率半径大小相同，在棱角处做了半径为 40 mm 的圆角处理，轨道长度为 1 m。在计算熔化时的载流特征量 SAM 值时，建立的模型基于以下四点假设：

（1）界面间的接触完全为固－固塑性接触，允许电枢温度持续升高，不考虑超过熔点后，电枢熔化产生的影响。

（2）忽略温度的升高对接触电阻和电枢电阻的影响。

（3）模型为静止状态，不考虑滑动时速度带来的影响。

（4）计算电枢的速度及加速距离时，忽略摩擦力的影响。

对轨道炮模型加载半周期正弦波，频率为 50 Hz。分别加载幅值为 2 MA、4 MA、6 MA 的半周期正弦波进行分析，以确定电枢内电流分布情况。

对轨道炮整体模型进行三维有限元仿真分析。使用 Maxwell14.0 瞬态求解器，对 0～10 ms 不同时刻的电流密度进行仿真。分别加载幅值为 2 MA、4 MA、6 MA，脉宽为 10 ms 的半周期正弦电流。在此电流源激励下，U 形电枢头部内侧面在大部分时间里电流密度分布最大。仿真结果取电枢上电流密度最大的点，选点位置 A 如图 5－12 所示。图 5－12 所示为加载幅值电流为 2 MA 情况下 2 ms、4 ms、6 ms、8 ms、10 ms 时刻的电流分布图。可以看出，在电流波形的上升沿与下降沿电流的分布规律还是有很大差别的。但是不同幅值相同时刻的电流分布规律是基本一致的，此规律可由图 5－12 中看出。

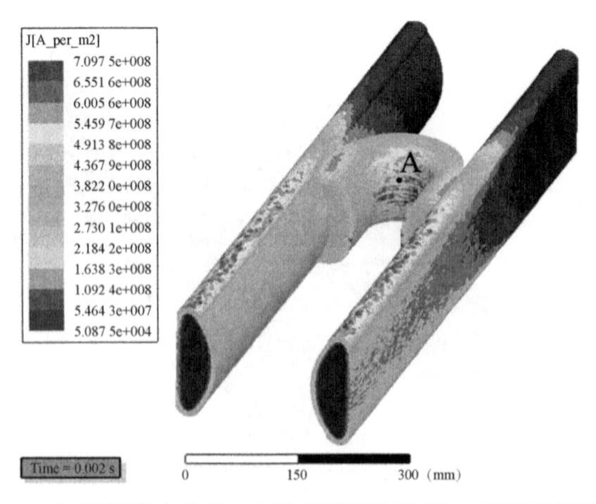

图 5－12　加载幅值电流为 2 MA 时不同时刻的电流密度仿真结果

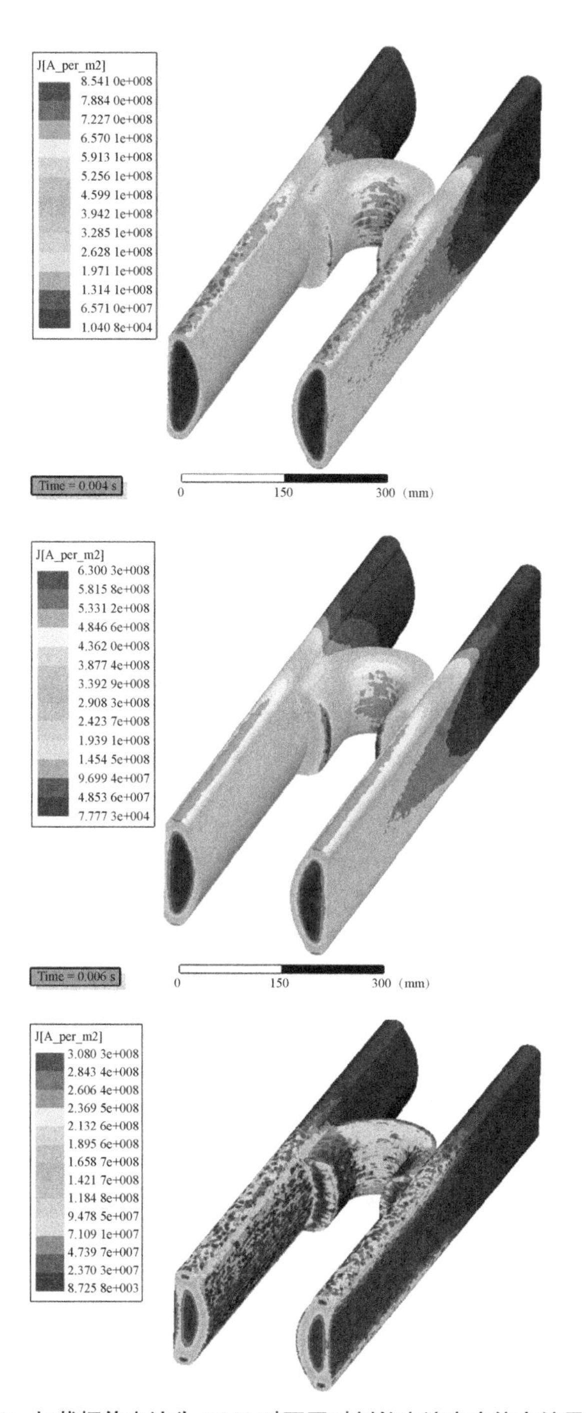

图 5-12 加载幅值电流为 2 MA 时不同时刻的电流密度仿真结果（续）

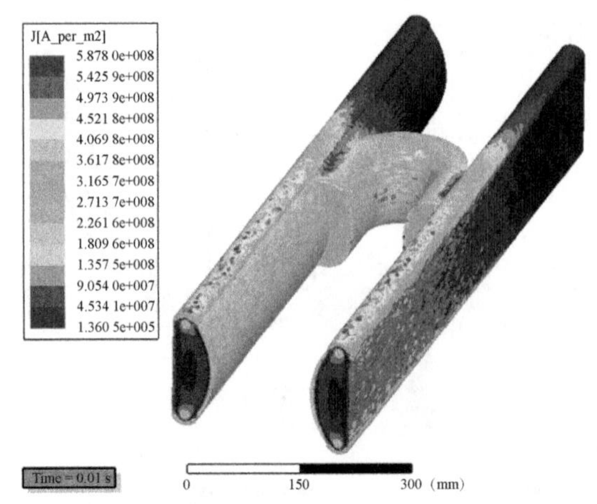

图 5-12　加载幅值电流为 2 MA 时不同时刻的电流密度仿真结果（续）

而加载 2 MA、4 MA、6 MA 三种不同波峰的正弦脉冲电流，对其不同时刻、同一位置的电磁轨道炮电流密度值进行统计，如图 5-13 所示。

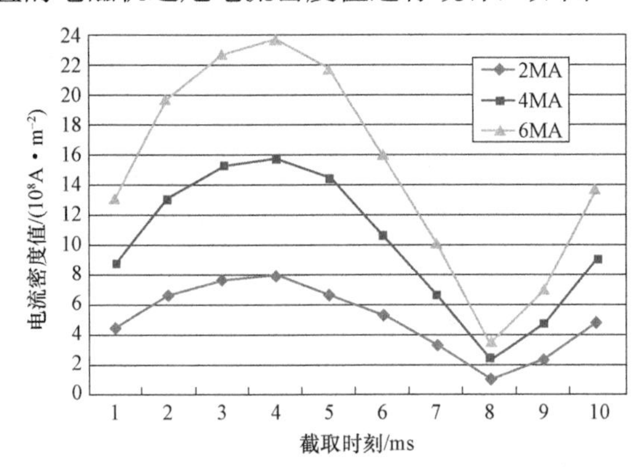

图 5-13　不同加载幅值、不同时刻、同一位置的电流密度曲线

从图 5-13 中可以看出，虽然正弦电流波形仅加载了半个周期，但电流密度的变化却经历了将近 3/4 个周期。在 8 ms 时刻，电流密度开始出现了反向上升趋势，究其原因，是由于此时电流密度矢量开始出现与原电流方向反向的电流，又称反向趋肤效应（Reverse Skin Effect）；相同波形的电流加载至电磁轨道炮，其电流密度在同一位置同一时刻，是随着幅值的增加而线性增大的。掌握这一规律，可以根据材料熔化时的 SAM 值方便地计算出电枢可以承载的脉冲电流的最大幅值。

以峰值为 2 MA 的电流波形为例，计算 10 ms 内 U 形铝电枢的 SAM′值。将图 5-12 所示的 A 点作为电枢最先达到熔化状态的参考点，每隔 1 ms 读取此处的电流密度，得到：

$$\mathrm{SAM}'_{2\mathrm{MA}}=2.971\times10^{15}\ (\mathrm{A}^2\cdot\mathrm{s/m}^4)$$

由于铝材料熔化时的 SAM 值为 $2.524\times10^{16}\ \mathrm{A}^2\cdot\mathrm{s/m}^4$，是 $\mathrm{SAM}'_{2\mathrm{MA}}$ 的 25.24/2.971 = 8.50 倍，故铝电枢能承载的最大电流波形的幅值为：

$$2\cdot\sqrt{8.50}=5.83\ (\mathrm{MA})$$

假设加速距离足够长，根据加速度公式得出电枢速度公式：

$$v=\left(\frac{L'}{2m}\right)\int_0^{0.01}I^2\mathrm{d}t$$

其中，m 为电枢与战斗部的总质量，I 为加载的脉冲电流。加速距离为：

$$s=\left(\frac{L'}{2m}\right)\int_0^{0.01}\int_0^{t'}I^2\mathrm{d}t\mathrm{d}t'$$

其中，L'为轨道炮模型的电感梯度，$I=5.83\times10^6\sin(100\pi t)$，计算积分后得到：

$$v=8.495\times10^{10}\left(\frac{L'}{m}\right)$$

其单位为 m/s。加速距离为：

$$s=4.249\times10^{8}\left(\frac{L'}{m}\right)$$

其单位为 m。

由此可以看出，炮口速度 v 与发射体的总质量 m 是呈线性关系的。仿真计算出 $L'=0.445\ \mu\mathrm{H/m}$，电枢的质量 m_1 可在 Solidworks 软件中查看，$m_1=7\ 410\ \mathrm{g}$，若战斗部的质量为 m_2，则可计算出弹丸的炮口速度与加速距离。表 5－3 列出了几种不同质量的战斗部的炮口速度与加速距离。

表 5－3　不同质量的战斗部炮口速度、加速距离

电枢质量 m_1/kg	战斗部质量 m_2/kg	总质量 m/kg	炮口速度 v/（km·s^{-1}）	加速距离 s/m
7.41	0	7.41	5.103	25.51
7.41	1.59	9	4.2	21.01
7.41	4.59	12	3.15	15.75
7.41	7.59	15	2.52	12.60

如表 5－3 所示，电磁轨道发射器在 50 Hz 半周期正弦波、峰值 5.83 MA 电流激励下，在 U 形铝电枢拱形部内侧熔化限制条件下，炮口动量存在一个

极限值 15 kg×2.52 km/s，炮口极限速度值与射弹总质量成反比。在 50 Hz 电流激励下，铝材料的趋肤深度约为 20 mm（电阻率随温度变化而不同）。其极限载流量存在极限值，正好对应于射弹的动量。也就是说，在 1～5 km/s 的有效范围内，电磁轨道炮发射威力的极限值可以用炮口动量来表示。表 5－3 中，单独一个电枢可以被加速到 5 km/s，相应的加速距离达到 25.5 m，炮口动能极高。这与传统火炮不同，后者采用炮口速度与炮口动量两个指标来表示发射威力。

综上所述，采用 U 形电枢结构的方膛电磁轨道炮发射器，虽然线电流密度决定了发射器的等效膛压，但线电流密度过高并不能带来有效的加速效果；限制电磁轨道炮发射威力的因素是电枢拱形部内侧电流聚集至熔化带来的磁锯效应及电枢破坏的风险；在此限制条件下，电磁轨道炮发射威力存在炮口动量的极限值；此炮口极限值能够反映电磁轨道发射器的发射威力。200 mm 方膛轨道炮，可以采用 1 m 长轨道，50 Hz 半周期正弦波、5.83 MA 峰值的电流波形，把 7.5 kg 有效载荷加速到 2.5 km/s，在近程防空反导方面有明显军事应用前景。

第三节　石墨烯涂层自润滑电枢技术

电枢/轨道间的滑动电接触包含了滑动摩擦和电传导两种现象，且均对电枢的稳定滑动具有重要影响。而石墨烯具有较好的润滑特性和导电特性，是一种值得探索的可能改善摩擦磨损特性的涂层材料，尤其在电磁轨道炮发射的低速阶段。

一、石墨烯涂层的摩擦磨损特性研究

（一）石墨烯涂层的滑动摩擦性能

石墨烯片层间的相对运动表达了石墨烯涂层的滑动摩擦性能。经过对石墨烯层间滑动机制的研究发现，在范德瓦尔斯力的剪切作用下，石墨烯片层间滑动具有超润滑性。而且研究表明，石墨烯层数越多，其滑动摩擦性能越好，如图 5－14 所示为单双层石墨烯的摩擦力对比。由此可知，多层石墨烯更加适合作为滑动界面间的纳米润滑剂。针对石墨烯涂层的润滑性能，研究人员曾在多种金属表面做过滑动摩擦性能研究。经研究发现，石墨烯涂层既有利于降低接触表面间的摩擦系数，也具有抗磨损的作用。

在明确石墨烯涂层具有较好润滑特性的基础上，我们的主要目的是得到石墨烯涂层的滑动摩擦性能与其厚度的关系。Won 等对铜基底表面不同厚度的石墨烯涂层进行滑动摩擦力测试时发现，石墨烯涂层厚度越大，其表面摩擦系数越小，如图 5－15 所示，其中 C0 表示没有涂层的裸露铜基底，C5 表示较薄的石墨烯涂层，C20 表示较厚的石墨烯涂层。很明显，较厚的石墨烯涂层可大大降低摩擦系数。据此，Lee 等认为当接触材料在石墨烯涂层表面与其相对滑动时，接触材料前缘的石墨烯表面会产生局部褶皱现象，以增大接触材料与石墨烯涂层的接触面积，从而消耗较多的能量，如图 5－16 所示。另外，石墨烯涂层越厚，其抗弯强度越大，从而使得接触材料与石墨烯涂层的接触面积越小，并有利于减小滑动摩擦力。

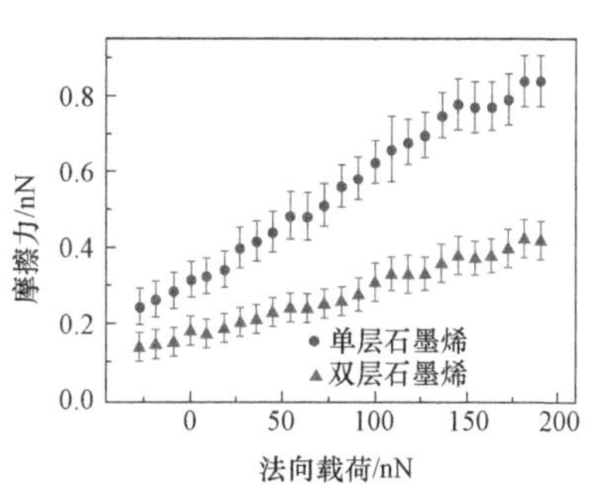

图 5－14　SiC 衬底上单双层石墨烯表面摩擦力

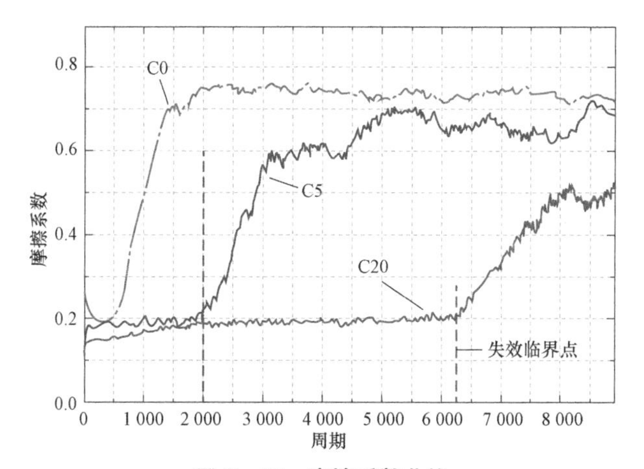

图 5－15　摩擦系数曲线

图 5－16　石墨烯表面褶皱效应示意图

综上可知，石墨烯涂层具有降低滑动界面间滑动摩擦系数、避免基底材料损伤的作用，能够在一定程度上保证电枢在轨道间相对滑动的稳定性。同时，石墨烯涂层的厚度与其润滑性正相关。

（二）石墨烯涂层滑动摩擦系数的理论计算

如上可知，石墨烯涂层的厚度与其润滑性能成正相关。为进一步研究石墨烯涂层的厚度与其摩擦系数的关系，本节中通过公式推导，建立了计算石墨烯涂层滑动摩擦系数的理论模型。

根据 Hertz 理论，两接触材料的摩擦学问题可简化为弹性力学问题。假设两接触材料的杨氏模量分别为 E_1、E_2，泊松比为 ν_1、ν_2。当滑动材料的变形可忽略时，另一材料的杨氏模量可等效为：

$$\frac{1}{E^*} \equiv \frac{(1-\nu_1^2)}{E_1} + \frac{(1-\nu_2^2)}{E_2}$$

在石墨烯涂层滑动摩擦系数的理论计算中，把与其接触的材料视为坚硬探针，且探针为半径为 R 的锥形面，如图 5-17 所示。在正压力 N 的作用下，探针与涂层的接触面半径可表示为：

$$a = \left(\frac{3NR}{4E^*}\right)^{\frac{1}{3}}$$

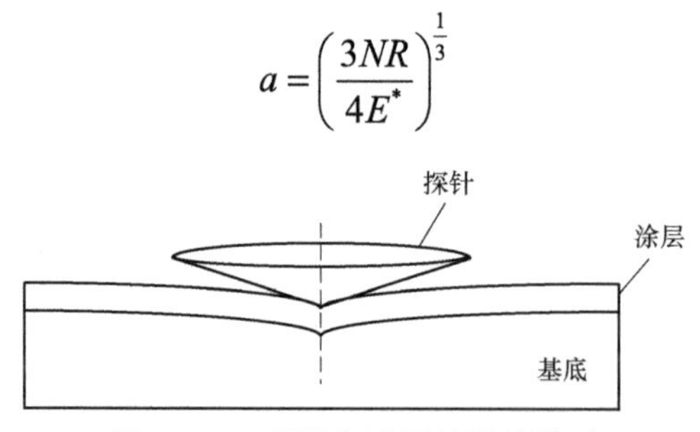

图 5-17　探针与涂层的接触模型

同时，根据在纳米尺度下两接触材料的摩擦力与其接触面积成正比，可得到 $F_\mathrm{f} = \tau A = \tau \pi a^2$，其中，$\tau$ 为两接触材料的摩擦系数。因此，计算石墨烯涂层滑动摩擦系数的核心是获得接触半径 a 的近似值。

由于 Hertz 理论并未考虑到探针与涂层接触时分子间相互作用力的影响，其表达式表示的接触半径与实际接触半径有一定的误差。为此，Johnson 等在考虑接触面黏附力的情况下提出了 JKR 理论，并重新推导了接触半径，即

$$a = \left\{\frac{3R}{4E^*}\left[N + 3\gamma\pi R + \sqrt{6\gamma\pi RN + (3\gamma\pi R)^2}\right]\right\}^{\frac{1}{3}}$$

式中，γ为探针与石墨烯涂层的表面能，与接触面的黏附力有关。即使无外载荷时，接触半径也不为零。此时，将使探针与石墨烯涂层存在接触面积的最小载荷称为临界载荷N_c，其表达式为：

$$N_c = -\frac{3}{2}\pi\gamma R$$

因此，只有当探针与基底表面距离为石墨烯涂层厚度时，接触面间的黏附力才会消失。另外，为简化接触半径的计算，Carpick 等在 JKR 理论的基础上，提出了近似的接触半径计算公式：

$$a = a_{0(\alpha)}\left[\frac{\alpha + \sqrt{1 - N / N_{c(\alpha)}}}{1+\alpha}\right]^{\frac{2}{3}}$$

式中，α为转移变量，代表了一种比例关系；a_0为无载荷时的接触面积。由于不同接触材料的变形具有一定的差异性，且该表达式并不是适合表示所有的接触材料的接触半径。为此，Maugis 等在 Carpick 等人的基础上通过模拟接触界面间黏附力的方式，提出了相应的判别函数λ，其表达式为：

$$\lambda = \left(\frac{9R\gamma^2}{2\pi E^{*2}\delta_t^3}\right)^{\frac{1}{3}}$$

式中，δ_t为黏附力的有效作用距离，且表达式中α与λ存在如下关系：

$$\lambda = -0.924\ln(1 - 1.02\alpha)$$

因此，可逐步计算得到坚硬探针与石墨烯涂层的摩擦系数。首先令α=1，定义$N_c = \chi\pi\gamma R$，其中χ=－1.5。此时，通过拟合计算可得到

$$\chi = -\frac{7}{4} + \frac{1}{4}\left(\frac{4.04\lambda^{1.4} - 1}{4.04\lambda^{1.4} + 1}\right)$$

由于在滑动摩擦力测试中N_c是已知量，则可分别得到γ、λ。为减少变量，定义参数η为：

$$\eta = a_0\left(\frac{K}{\pi\gamma R^2}\right)^{\frac{1}{3}}$$

式中，$K=4E^*/3$，同样通过拟合计算可得到

$$\eta = 1.54 + 0.279\left(\frac{2.28\lambda^{13} - 1}{2.28\lambda^{13} + 1}\right)$$

根据已计算得到的λ和γ，并结合相关表达式得到a_0及α后，再将a_0、α及

N_c代入相关表达式，即可得到探针与石墨烯涂层的接触半径 a。最后将 a 代入表达式即可计算得到摩擦系数τ。

另外，对于铝合金电枢表面的石墨烯涂层而言，其转移变量α随着其厚度的增大而增大。同时根据相关表达式可知，接触半径 a 与α正相关。因此，接触半径 a 随着石墨烯涂层厚度的增大而增大，即在正压力不变的情况下，石墨烯涂层的摩擦系数随着其厚度的增大而减小。因此，增大 U 形电枢表面石墨烯涂层的厚度有利于提高其润滑性。

（三）石墨烯涂层对电枢/轨道界面电接触机理的影响

根据电接触理论，电枢/轨道微观界面并不是光滑的，而是粗糙的、凹凸不平的。因此，电枢与轨道间主要以接触斑点的形式产生实际接触，而这些实际接触斑点承受着全部的外加接触力，其中那些导通电流的更小斑点称为“导电斑点”，如图 5－18 所示。

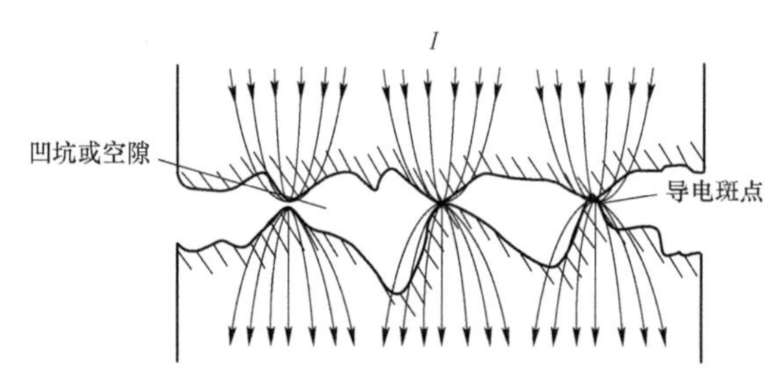

图 5－18　实际电接触表面示意图

从图 5－18 中可知，实际接触面积并不是名义接触面积，而是由许多斑点或小面组成的。当电流通过接触界面时，电流线将在导电斑点附近发生收缩效应，使得有效导电面积减小，产生收缩电阻，其中不同接触材料单个导电斑点的接触电阻 R_s 可表示为$R_s=\dfrac{\rho_1+\rho_2}{4a}$，其中$\rho_1$和$\rho_2$为接触材料的电阻率，$a$ 为导电斑点半径。

为探究石墨烯涂层对电枢/轨道界面电接触机理的影响，假设石墨烯涂层的电阻率为ρ_f，厚度为 d，且涂层中的电流密度均匀分布，石墨烯涂层与基体界面认为是一等位面，则石墨烯涂层电阻 R_f 可表示为$R_f=\dfrac{\rho_f d}{\pi a^2}$。

当涂层厚度 d 较小时，导电斑点处的接触电阻 R_c 可表示为$R_c=R_s+R_f=\dfrac{\rho_1+\rho_2}{4a}\left(1+\dfrac{4}{\pi}\dfrac{\rho_f}{\rho_1+\rho_2}\dfrac{d}{a}\right)$。由上述接触电阻表达式可知，接触电阻 R_c 与导电

斑点半径 a 的关系为 $R_c \propto \frac{1}{a}$ 。

在实际情况下，导电斑点半径 a 很小，不易定量表示。因此，通常将其以宏观参数来近似表示。假设电枢/轨道界面的接触压力为 F，铝电枢材料的强度为σ，则实际接触面积可表示为：

$$A = \frac{F}{\sigma}$$

当导电斑点半径近似相等时，导电斑点半径 a 可表示为：

$$a = \sqrt{\frac{F}{\sigma \pi N}}$$

式中，N 表示导电斑点的总数量。

电磁轨道炮电枢/轨道界面的电压降是反应接触电阻产生焦耳热的直接依据。从图 5－18 中可知，流过单个导电斑点的电流为 I/N，则该导电斑点处的电压降 V 可表示为：

$$V = \frac{I}{N} R_c \propto \frac{1}{\sqrt{N}}$$

这样，电枢/轨道界面间的电压降与导电斑点总数量的平方根成反比例关系，即导电斑点数量越多，电枢/轨道界面间热量产生的速率越低。因此，石墨烯能够作为界面填充材料，以增大接触面积和导电斑点数量，进而降低电枢/轨道界面的电压降和产热率。

（四）石墨烯涂层对电枢中电流密度分布的影响

为保持电枢与轨道界面间良好的电传导，石墨烯涂层需具有较好的通流能力。本节中根据电磁轨道炮的发射原理，建立了三维结构仿真模型，其中所采用电枢的整体尺寸为 20 mm × 20 mm × 35 mm，轨道尺寸为 40 mm × 10 mm × 100 mm，并利用电磁场有限元软件 Maxwell 的瞬态场求解器，在相同的激励条件下，对普通 U 形电枢和表面“黏有”不同厚度石墨烯涂层的 U 形电枢进行了电流密度分布的研究。其中需要说明的是，由于目前仿真软件的材料库中不包含石墨烯，本节中以石墨材料为基材，并将其电导率和热传导系数分别设置为 10^6 S/m 和 10^3 W/（m・K）来近似模拟石墨烯材料。

仿真中电枢与轨道处于相对静止状态，且电枢表面石墨烯涂层的水平截面与电枢的接触臂表面相齐。同时，为提高数值计算的精度，本节中对石墨烯涂层部分进行了网格细化，如图 5－19（a）所示。

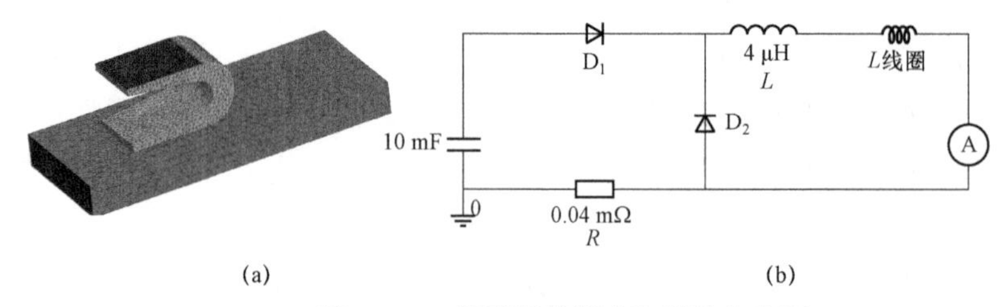

图 5－19 模型网格划分和激励电路图

本节中设计了如图 5－19（b）所示的外部激励电路图，其中电容器容量为 10 mF，初始电压为 10 kV，回路电感为 4 μH，回路电阻为 0.04 mΩ。放电电流波形如图 5－20 所示，其中峰值电流为 120 kA，脉冲上升时间为 1 ms，且具有 1 ms 的平台时间。

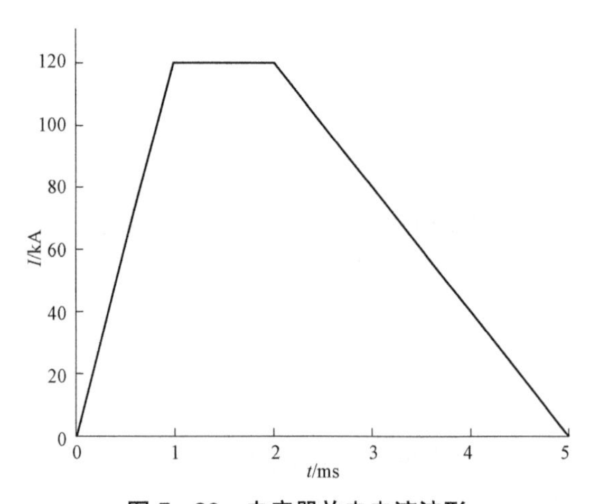

图 5－20 电容器放电电流波形

本节中分别对表面“黏有”0 μm、1 μm、2 μm、3 μm、4 μm、5 μm 厚度涂层的电枢进行了电流密度分布的数值计算，并均取 1 ms 时刻的计算结果，如图 5－21 所示。从图 5－21 中可知，电流密度从电枢前端至电枢尾端逐步递减，且均在电枢前端两侧出现了峰值；各电枢表面电流密度的极大值相近，表明该石墨烯涂层并不会影响电枢与轨道界面间良好的电传导。同时，随着石墨烯涂层厚度 d 的增大，电枢表面电流密度的分布逐步均匀，但电流密度值有下降的趋势。而当涂层厚度为 5 μm 时，电枢表面既具有均匀的电流密度分布，也产生了较高的电流密度值。

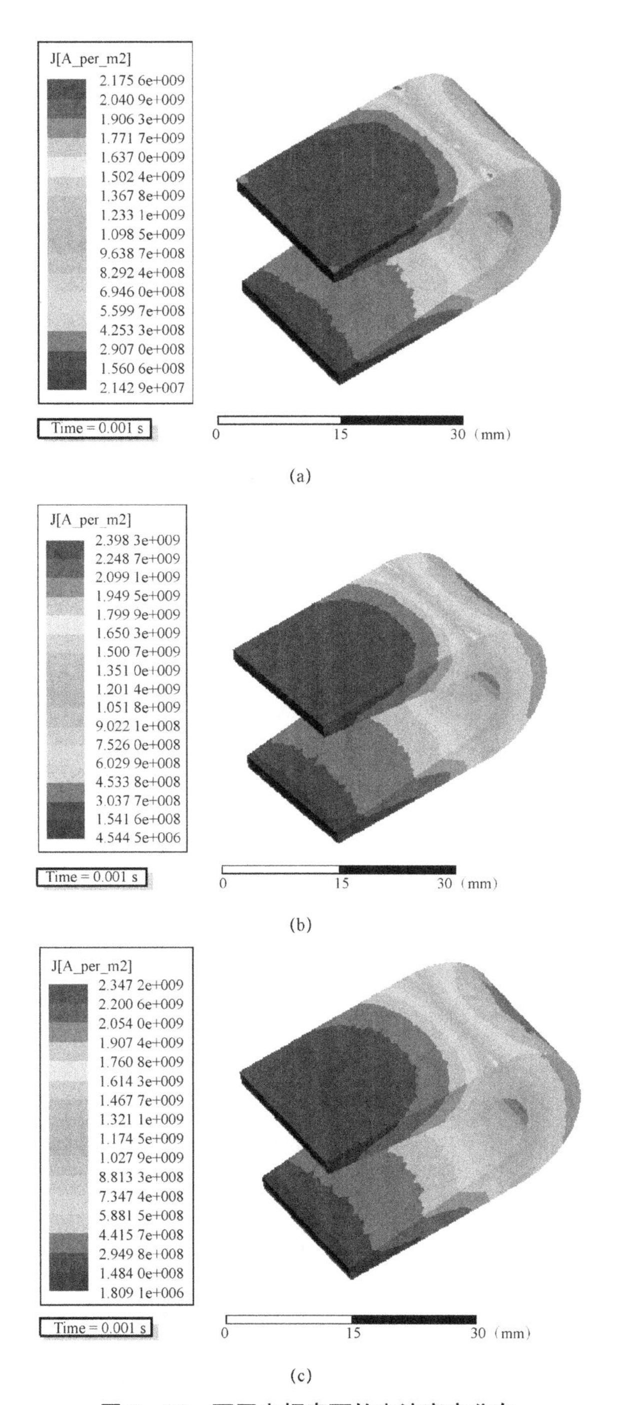

图 5-21　不同电枢表面的电流密度分布

（a）$d=0$；（b）$d=1$；（c）$d=2$

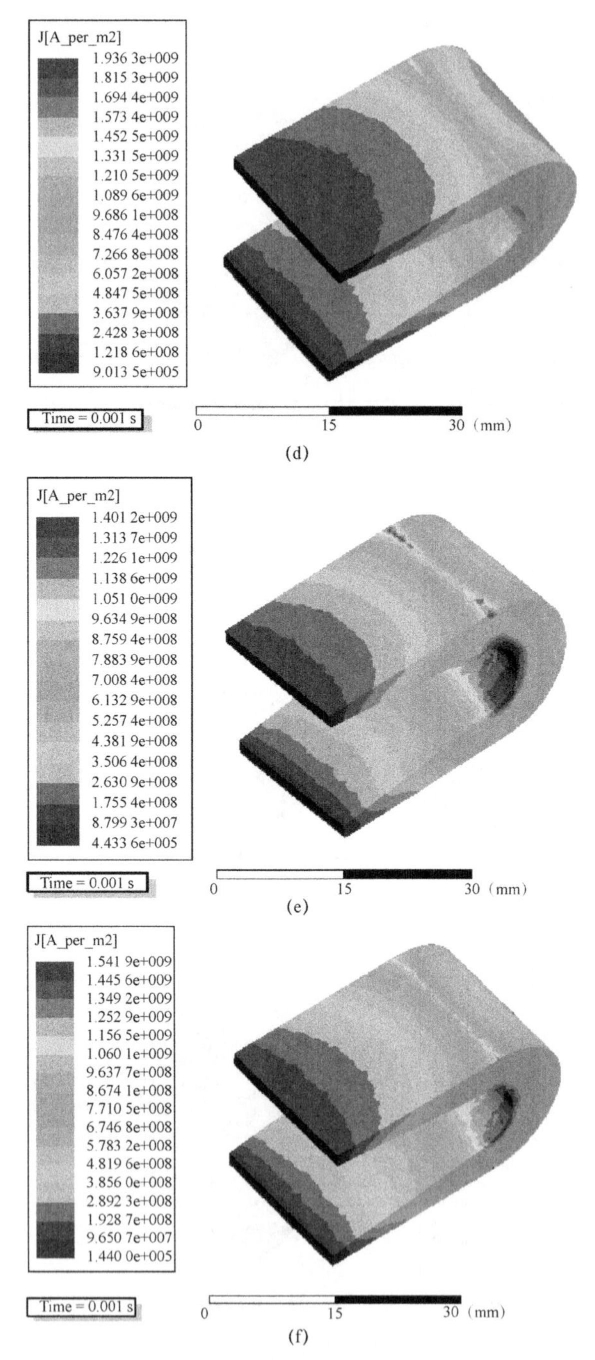

图 5-21 不同电枢表面的电流密度分布（续）

（d）d=3；（e）d=4；（f）d=5

二、石墨烯涂层 U 形电枢的静态性能测试

对制备的石墨烯涂层 U 形电枢进行了静态性能测试，包括电枢在轨道间的滑动摩擦力测试和电枢与轨道界面的静态接触电阻测试，以确定石墨烯涂层的润滑性和导电性，从而对石墨烯涂层 U 形电枢的应用提供支撑。

（一）电枢/轨道间滑动摩擦力测试

在无载流的情况下，电枢的滑动摩擦力测试需借助外推力来实现。因此，我们设计了如图 5－22 所示的滑动摩擦力测试系统，其中主要包括液压泵推进装置和测试装置。

液压泵推进电枢的过程中，处于中间位置的测试装置表示的压力值为液压泵的推力大小，也就是推进杆对电枢的推力。由于液压泵匀速推动推进杆，电枢在轨道间的滑动也为匀速运动，因此，测得的滑动推力即可表示为电枢与轨道间的滑动摩擦力。

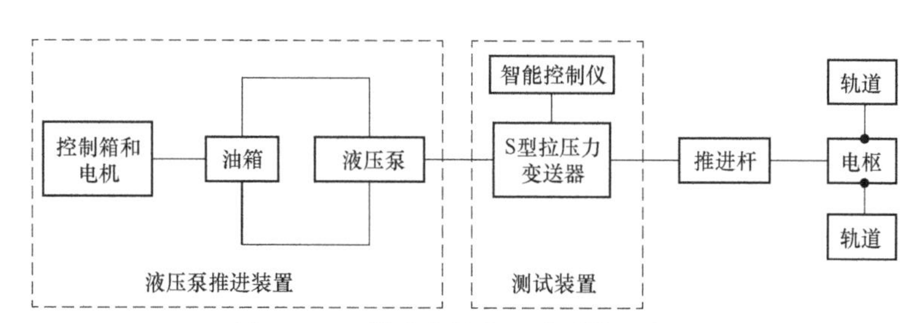

图 5－22　滑动摩擦力测试系统示意图

为具体地表达电枢推进的全过程，可将图 5－22 简化为图 5－23 所示的滑动摩擦力测试模型图，其中电枢的位移用 x 表示，范围为 10 cm≤x≤L，L 为轨道的总长度。在测试中，观察测试装置中滑动推力值的变化趋势，并每隔 10 cm 记录一次推力值。

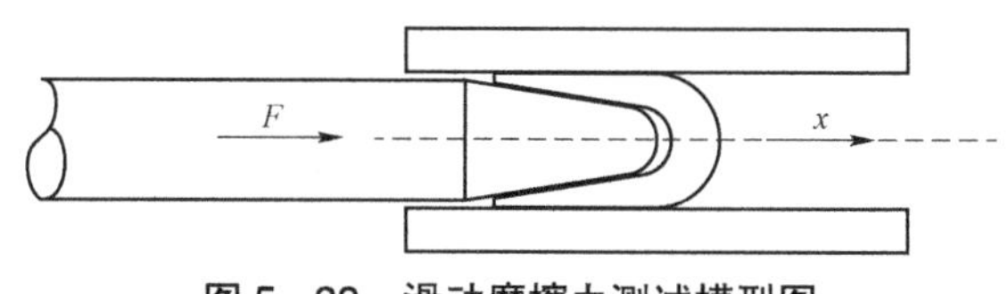

图 5－23　滑动摩擦力测试模型图

另外，根据滑动摩擦力与电枢/轨道间接触压力的关系，电枢匀速运动时的滑动摩擦系数可表示为 $f = F_{\mathrm{f}} / N$ 。由上式可知，当电枢与轨道间的接触压力相等时，滑动摩擦力与电枢滑动摩擦系数成正比例关系。

滑动摩擦力测试装置主要包括液压泵推进装置、S 型拉压力变送器及推进杆，下面分别进行介绍。

液压泵推进装置主要由控制箱、电机、油箱及液压泵等组成。其中控制箱控制电机的通断、油箱供油及液压泵推进杆的前进、停止、后退；电机为三相异步电动机，工作电压为 380 V，额定功率为 3 kW，额定转速为 1 450 r/min；液压泵可从油箱中吸入油液，并产生压强可达 16 MPa 的液压推进力。

滑动摩擦力的测试主要是利用了S型拉压力变送器，其型号为BK－2FA，量程为 0～15 kN，精度可达 0.5%FS。S 型拉压力变送器的测试原理为：在两端压力的作用下，S 型拉压力变送器会产生弹性变形，使得粘贴在其表面的电阻应变片也随之产生变形，导致电阻应变片的阻值发生变化，经智能控制仪中相应的处理电路（A/D 转换和 CPU）把电阻变化转换为电信号。

由于液压泵自身推进杆的总伸长约 30 cm，无法长距离推进电枢运动。因此，我们自制了长度为 1 m 的推进杆，其主要包括长杆与锥形头，且二者通过无头螺钉相连。其中为避免在推进电枢的过程中，长杆会对轨道表面造成接触划伤，长杆的宽度设计为 18 mm，小于两轨道间的宽度（20 mm）。同时，为使电枢受到均匀的前进推力，锥形头顶部的外侧要与电枢内侧具有较好的弧线配合。

滑动摩擦力测试采用分组对比测试方法，将普通 U 形电枢和石墨烯涂层 U 形电枢分为第一组和第二组，每组均为 4 发。每组测试中均利用图 5－24、图 5－25、图 5－26 所示的装置，在两组相同材料、相同尺寸的新轨道上分别进行连续推进，并每隔 10 cm 在相同位移处，记录滑动推力值。同时，为避免轨道表面油污等杂质带来的测试误差，在轨道安装前，本节中采用无水乙醇对两组轨道表面均进行了清洁处理。

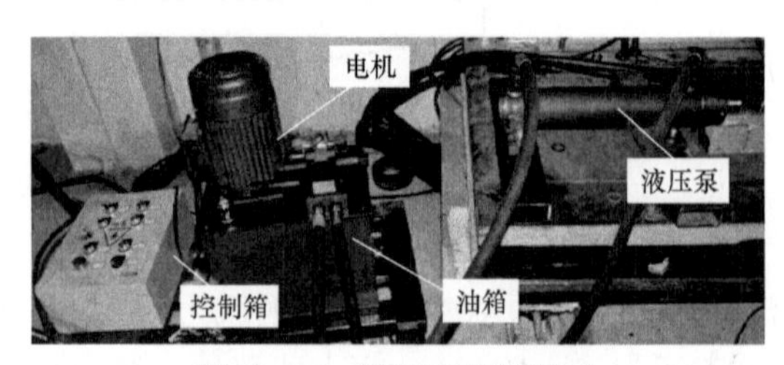

图 5－24 液压泵推进装置

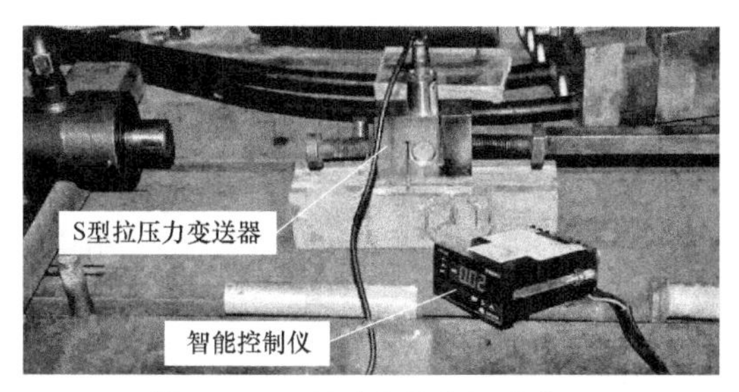

图 5-25 滑动摩擦力测试装置

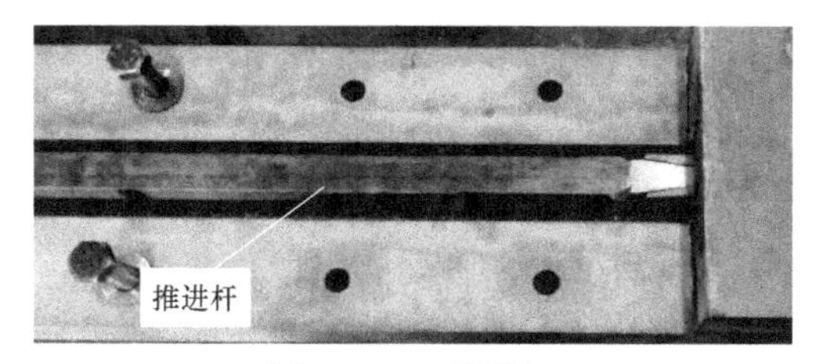

图 5-26 推进杆

为较好地比较两组测试中的滑动推力，绘出了如图 5-27 所示的两组电枢的滑动推力变化曲线，其中 1-1、1-2、1-3、1-4、1-平均值分别表示第一组普通 U 形电枢的第 1 发、第 2 发、第 3 发、第 4 发及其平均值；2-1、2-2、2-3、2-4、2-平均值分别表示第二组石墨烯涂层 U 形电枢的第 1 发、第 2 发、第 3 发、第 4 发及其平均值。由于轨道表面稍不平整，电枢与轨道间的接触压力并不是恒定不变的，从而使得滑动推力曲线具有一定的波动性。

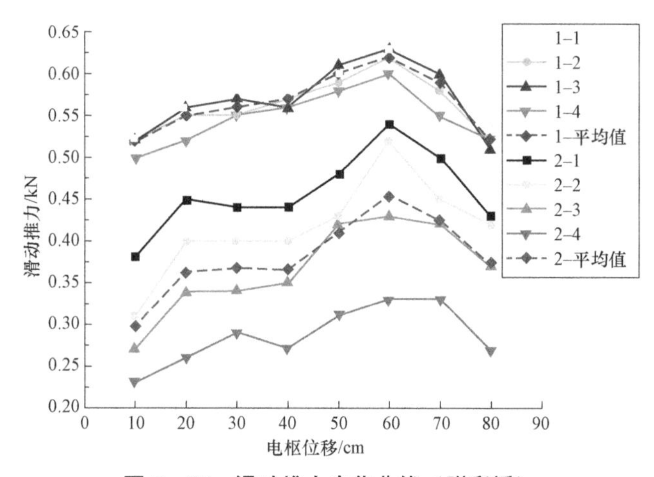

图 5-27 滑动推力变化曲线（附彩插）

从图 5－27 中可以看出，随着电枢位移的增大，两组电枢的滑动推力均呈现出近似的变化趋势，且各曲线在 60 cm 左右处均出现了极大值点；第一组中各普通 U 形电枢的滑动推力数值相近，稳定在一定的范围内变化，而第二组中各石墨烯涂层 U 形电枢的滑动推力均明显低于第一组电枢的滑动推力，且随着推进次数的增加而不断减小。

根据石墨烯涂层的黏附力测试结果可知，石墨烯涂层与电枢表面的黏附力并不能完整地将石墨烯涂层稳定地保持在电枢表面。因此，石墨烯涂层 U 形电枢在轨道间滑动的过程中，其表面涂层可能伴随着一定程度的磨损。为此，对两组电枢推进后的表面形态进行了比较，如图 5－28 所示。从图 5－28 中可知，推进后的普通 U 形电枢和石墨烯涂层 U 形电枢的尾部两侧磨损均较为严重，且该现象主要与电枢出膛瞬间电枢与轨道间的接触状态发生较大变化有关。同时，石墨烯涂层 U 形电枢的尾部区域有明显的划痕，且存在减薄的过度变化，表明在电枢滑动的过程中其表面部分石墨烯涂层残留在了轨道表面，并起到了降低电枢与轨道间摩擦力的作用。

图 5－28　不同电枢推进后的表面形态

（a）普通 U 形电枢；（b）石墨烯涂层 U 形电枢

结合石墨烯特性可知，在接触压力相等和轨道条件相同的情况下，石墨烯涂层 U 形电枢与轨道间的摩擦系数明显低于普通 U 形电枢与轨道间的摩擦系数，且通过对图 5－27 中 1－平均值蓝色虚线和 2－平均值红色虚线的比较得到，石墨烯涂层能减小电枢与轨道间的摩擦系数约 25%。石墨烯涂层具有较好的润滑性。

（二）电枢/轨道间静态接触电阻测试

静态接触电阻测试的目的主要是表征 U 形电枢表面石墨烯涂层的导电性。为得到电枢在轨道间无载流滑动时不同位置的静态接触电阻，本节设计了如图 5－29 所示的静态接触电阻测试系统，其中与滑动摩擦力测试系统相同的是，图 5－29 中也采用了液压泵推进装置和推进杆来对电枢进行长距离推动。另外，低电阻测试仪通过 RS232 接口与计算机相连，可实现实时数据采集，并且低电阻测试仪液晶显示器能与计算机同步显示所测得的静态接触电阻。

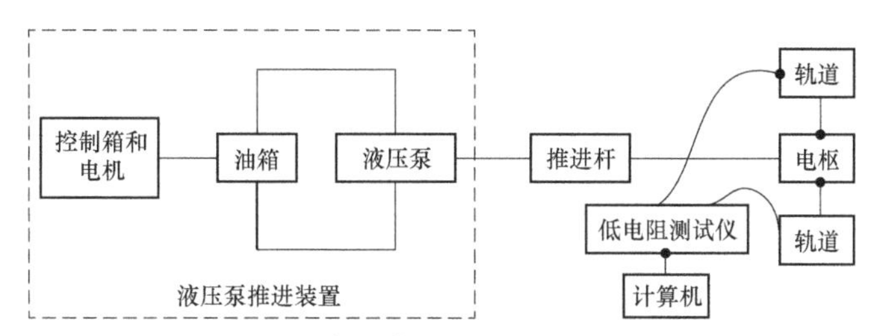

图 5－29　静态接触电阻测试系统示意图

为具体地表达低电阻测试仪测试结果的内容和电枢推进的全过程，可将图 5－29 简化为如图 5－30 所示的静态接触电阻测试模型图，其中低电阻测试仪的测试电极接在轨道炮的尾端，并可测得整个回路的总电阻。电枢的位移用 x 表示，其范围为 10 cm$\leqslant x \leqslant L$，L 为轨道总长度。在测试中，每隔 10 cm 记录一次电阻数值。

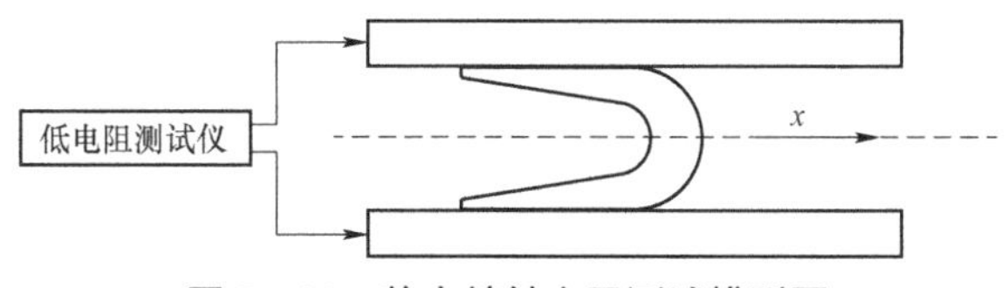

图 5－30　静态接触电阻测试模型图

从图 5－30 中可知，低电阻测试仪测得的电阻为整个回路的总电阻。为便于分析电枢与轨道间的静态接触电阻，可将图 5－30 等效为如图 5－31 所示的电路图。低电阻测试仪测得电路的总电阻为 R，其中包括两段滑过轨道电阻 R_r、普通 U 形电枢电阻 R_a 以及两接触界面间的静态接触电

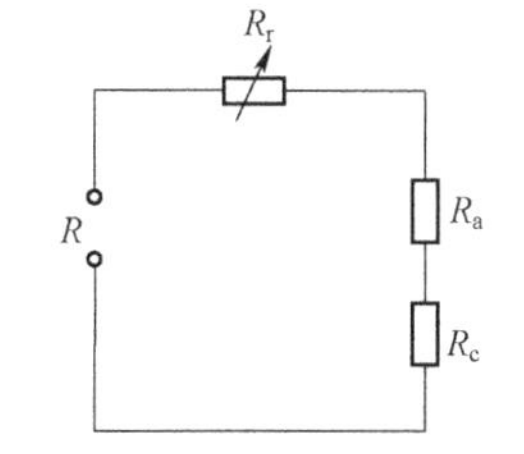

图 5－31　静态接触电阻测试等效电路图

阻之和 R_c，且各电阻之间的关系可表示为 $R = R_r + R_a + R_c$，其中 R_r 会随着电枢位移的变化而变化。假设单根轨道的总电阻值为 R'，电枢与炮尾的距离为 l，则电枢与轨道间的静态接触电阻之和 R_c 可表示为 $R_c = R - R_a - 2\frac{l}{L}R'$。

静态接触电阻测试中除用到了液压泵推进装置和推进杆外，还使用了型号为 LK2512B 的直流低电阻测试仪，如图 5-32 所示。该直流低电阻测试仪采用了恒流测试原理，具有测量稳定、系统误差小等特点。为确定测得电阻的变化趋势，本节中将低电阻测试仪连接到计算机上，并通过如图 5-33 所示的串口软件，快速记录和存储电枢在不同位置处的电阻。测试中选用了 20 mΩ的量程，其分辨率为 1 μΩ。

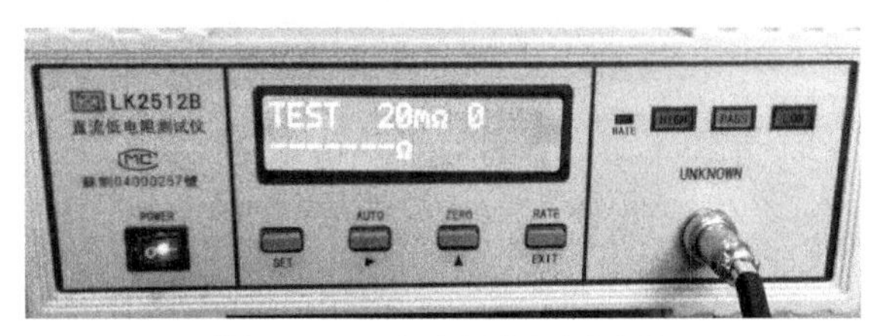

图 5-32 直流低电阻测试仪

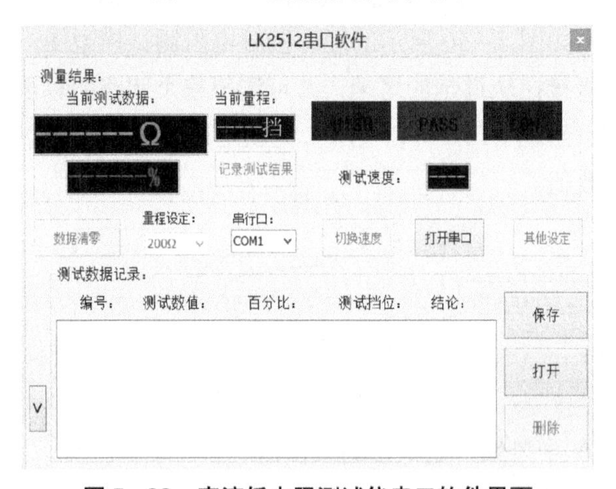

图 5-33 直流低电阻测试仪串口软件界面

同时，为提高测试结果的准确性，测试前首先要对低电阻测试仪进行清零操作。否则，测试中会导致仪器增益极高，显示有不稳定的底数。清零时首先选定 20 mΩ 的量程，然后将夹具（测试电极）互夹，如图 5-34 所示，使 I_L 端和 I_H 端直接接触，P_H 端和 P_L 端直接接触。当夹具处于图 5-34 所示的位置时，若测试数据不为零，需对其进行清零操作。

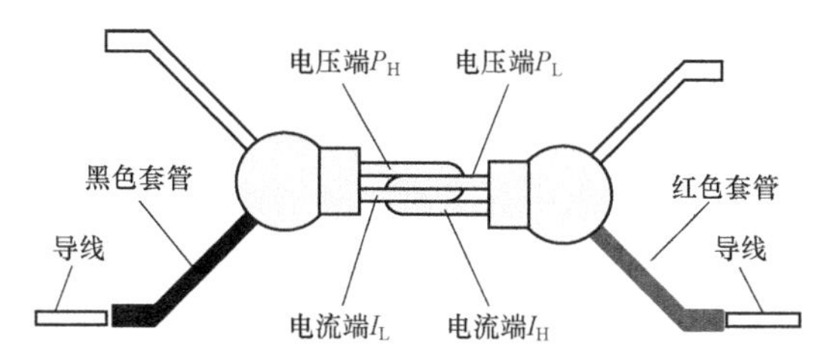

图 5-34　直流低电阻测试仪夹具

从图 5-34 中可知，本节中选用的直流低电阻测试仪具有四个测量端，即四线端测量法。为说明其测量优势，可将其测量原理进行简化，并得到了如图 5-35 所示的电路图。

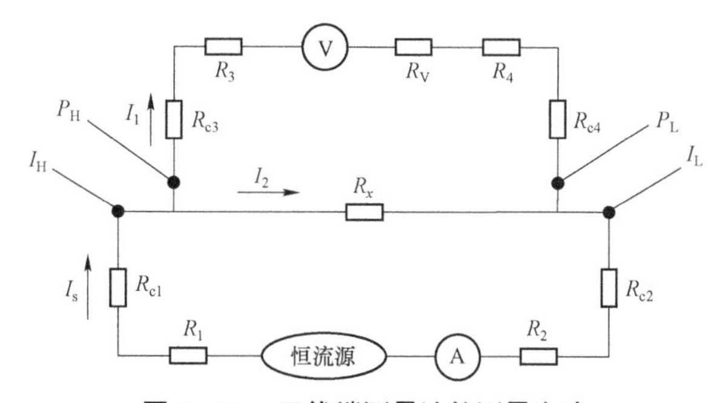

图 5-35　四线端测量法的测量电路

图 5-35 中，I_s 为恒流源电流，R_x 为被测电阻，R_V 为电压表内电阻，电流测量端 I_H、I_L 和电压测量端 P_H、P_L 与被测件的接触电阻分别为 R_{c1}、R_{c2} 和 R_{c3}、R_{c4}，电流表和电压表的导线电阻分别为 R_1、R_2、R_3、R_4。

从图 5-35 中可知，被测电阻 R_x 两端的电压 V_x 可表示为：

$$V_x = I_1(R_3 + R_4) + I_1(R_{c3} + R_{c4}) + I_1 R_V$$

同时，V_x 也可表示为：

$$V_x = I_2 R_x = (I_s - I_1) R_x$$

为减小电压表的分流值，电压表自身的内电阻一般在兆欧级。因此存在：

$$\frac{\partial}{\partial x}\left(h^3 \frac{\partial p}{\partial x}\right) = 6\eta v_a \frac{\partial h}{\partial x}，\quad h^3 \frac{\partial p}{\partial x} = 6\eta v_a h + C，\quad I_s \gg I_1$$

所以 $V_x \approx V_V$。

故测得的电阻值 R 可表示为：

$$R = \frac{V_V}{I_s} \approx \frac{V_x}{I_s} = R_x$$

由此可知，四线端测量法能够有效消除导线电阻和测量电极处接触电阻的影响，极大地减小了测试误差，提高了测试结果的准确性。

静态接触电阻测试同样采用分组对比测试方法，将普通 U 形电枢和石墨烯涂层 U 形电枢分为第一组和第二组，每组均为 4 发。每组测试中均利用液压泵推进装置和推进杆，在两组相同材料、相同尺寸的新轨道上对不同电枢进行连续推进，并利用低电阻测试仪每隔 10 cm 在相同位移处记录电阻值。同时，为避免轨道表面油污等杂质对测试结果的影响，在轨道安装前，本节中采用无水乙醇对两组轨道表面均进行了清洁处理。

在安装轨道和电枢前，本节中首先利用低电阻测试仪测得单根轨道的总电阻 R'为 0.193 mΩ，普通 U 形电枢电阻 R_a 为 0.130 mΩ。

根据静态接触电阻表达式，可得到如图 5－36 所示的两组电枢与轨道间的静态接触电阻变化曲线，其中 1－1、1－2、1－3、1－4、1－平均值、1－占总电阻平均百分比分别表示第一组普通 U 形电枢的第 1 发、第 2 发、第 3 发、第 4 发、平均值及其平均值占平均总电阻的百分比；2－1、2－2、2－3、2－4、2－平均值、2－占总电阻平均百分比分别表示为第二组石墨烯涂层 U 形电枢的第 1 发、第 2 发、第 3 发、第 4 发、平均值及其平均值占平均总电阻的百分比。第一组中普通 U 形电枢随着位移的增大，各电枢与轨道间的静态接触电阻差值较小，并逐步稳定在 0.125 mΩ左右，而第二组中石墨烯涂层 U 形电枢与轨道间的静态接触电阻均大于第一组中普通 U 形电枢与轨道间的静态接触电阻，并最终稳定在 0.225 mΩ。由此可知，石墨烯涂层增大了电枢与轨道间的静态接触电阻。同时，在第二组中，随着石墨烯涂层 U 形电枢推进

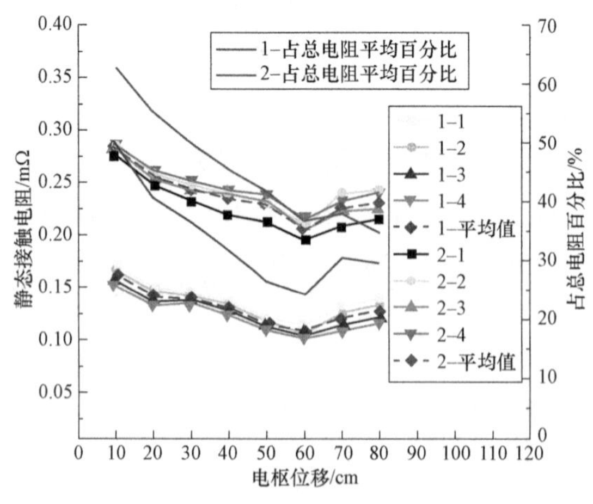

图 5－36 静态接触电阻变化曲线

次数的增加，其与轨道间的静态接触电阻具有增大的趋势，可见，轨道表面石墨烯的逐步累积会增大电枢与轨道间的接触电阻。最后，通过比较各组平均接触电阻占该组平均总电阻的百分比可知，石墨烯涂层提高了 5%～10%，表明石墨烯涂层增大电枢与轨道间静态接触电阻的幅度有限。综上可知，石墨烯涂层具有较好的导电性，且能保证电枢与轨道间良好的电传导。

另外，图 5－36 中两组电枢与轨道间的静态接触电阻变化曲线均在 60 cm 左右出现了极小值点。对比图 5－27 的滑动推力变化曲线可知，在接触压力较大的位置，电枢与轨道间的接触电阻较小。

第四节　锡合金涂层电枢抗摩擦磨损技术

一、低熔点合金涂层滑动电接触特性分析

在电磁轨道炮发射初期，电枢/轨道间预应力最大，其接触界面为固/固干摩擦状态，接触状态并非理想的面/面接触，实际接触界面为凸点与凸点之间的接触，如图 5－37 所示。

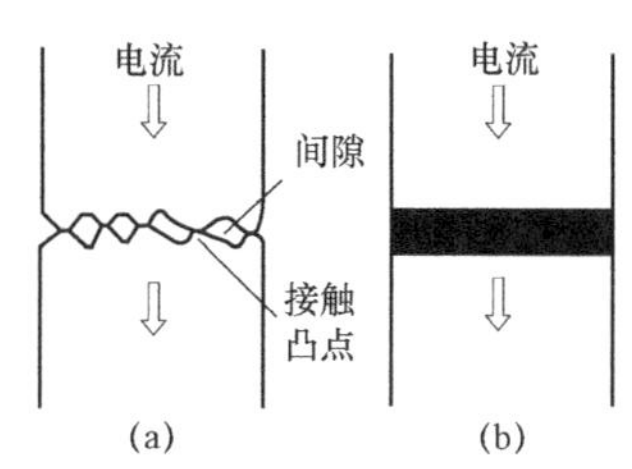

图 5－37　物体间真实接触与理想接触状态示意图

（a）真实接触状态；（b）理想接触状态

在电磁轨道炮电枢/轨道接触界面添加低熔点合金涂层后，由于驱动电流的欧姆热效应，可将低熔点合金涂层熔化为液态，从而将电枢/轨道从固/固干摩擦状态转变为固/液/固湿摩擦状态。下面将从五个方面，对液态涂层影响电枢/轨道特性进行分析。

1. 接触电阻

固/固干摩擦状态下，接触电阻是指电枢/轨道接触界面的凸点接触电阻，对电磁轨道炮滑动电接触界面的电热特性有很大影响。由于接触表面并非理想平面，而是以凸点形式接触，因此当电流通过时，电流线会收缩集中于一些凸点，将图 5－37（a）所示真实接触状态放大后，即如图 5－38 所示。

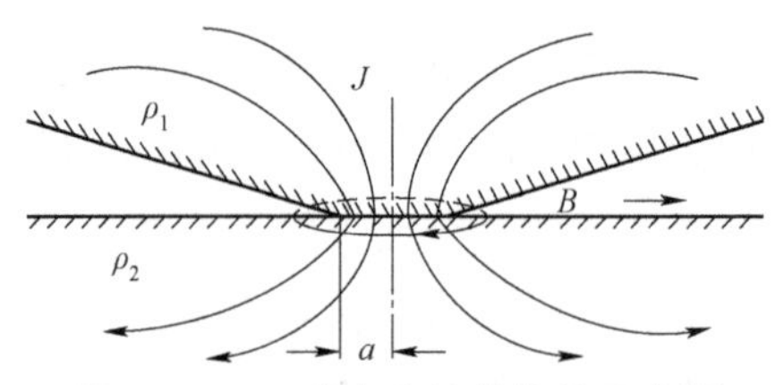

图 5-38　*a* 斑点电流线收缩示意图

凸点接触是影响电磁轨道炮滑动电接触特性的一个关键因素。低熔点合金涂层在滑动电接触界面以液态形式存在时，与凸点接触相比，接触面积大幅增加，使电枢/轨道界面接触电阻降低，如图 5-37（b）所示，从而可以减缓界面热量生成、改善电流传导品质，对系统性能具有积极作用。

2. 摩擦系数

当电磁轨道炮通入电流后，洛伦兹力从零开始逐渐增大。当超过静摩擦力后，铝电枢开始运动并逐渐加速。在电流线密度不变的情况下，静摩擦力越小，加速力越大，炮口速度就会越大；洛伦兹力克服静摩擦力做功越少，系统能源利用率就会越高。

在电枢表面制备的低熔点合金涂层熔化为液态层后，在电枢/轨道接触界面相对运动作用下，由于黏性流体动力学作用会产生润滑膜压力，并与电枢/轨道接触面法向载荷保持平衡。此时，电枢/轨道之间的摩擦力被液态层的黏滞力取代，仅取决于液态层的黏滞力与剪切力，此时电枢/轨道之间的摩擦系数就会大大降低，从而改善电枢/轨道界面接触性能。

3. 磁悬浮力与转捩

已知两个固体接触的微观实质是与图 5-37（a）所示的凸点接触，当有电流从接触点通过时，感应磁场会产生一个电磁力，其方向与接触压力相反，如图 5-39 所示。

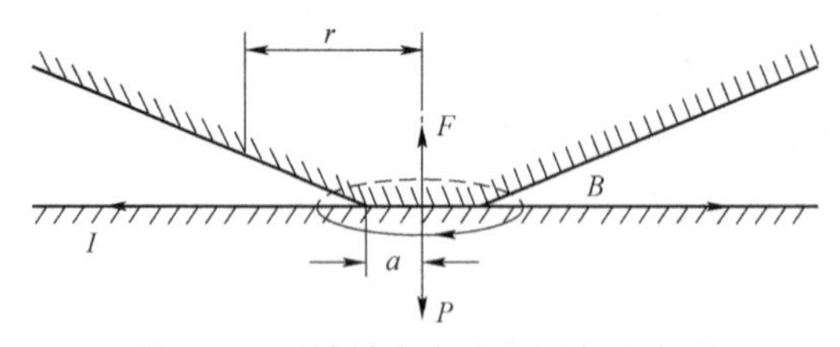

图 5-39　接触斑点磁悬浮力示意图

图 5-39 中，B 磁力线绕对称轴呈环状分布，电流则在导体表面流动。此时，电流与磁场互相作用会产生一个悬浮力 F，用 $J\times B$ 表示，其作用方向

是使两个接触面相分离。两个径向电流层在半径 r 处的磁场强度为：

$$B_r = \frac{\mu_0 I}{2\pi r}$$

由于磁场仅存在于导体外部，故磁悬浮力的有效磁场为上式计算值的一半，即作用于径向微元处的悬浮力为：

$$F_r = \frac{B_r}{2} I\mathrm{d}r$$

从而，作用在整个导体上的合力为：

$$F = \frac{\int_a^R \mu_0 I^2 \mathrm{d}r}{4\pi r} = \frac{\mu_0 I^2}{4\pi} \ln\left(\frac{R}{a}\right)$$

研究发现，磁悬浮力造成的接触面分离是导致电枢转捩产生的最主要原因。由于微凸点接触会导致局部磁压增大，因此易产生转捩。若接触面积增大，磁悬浮力就会减小，则磁压就会相应降低，因此不易发生转捩。通过合力表达式可知，假设电流大小不变，则接触点半径 a 与悬浮力成对数关系的负相关特性，因而通过增大接触点半径来减小磁悬浮力是可行的。

根据安培环路定律，接触凸点处的磁感应强度 B，其表达式为：

$$\oint B \cdot \mathrm{d}l = \mu_0 I$$

由上式可知，当电流 I 不变时，磁感应强度闭合回路越大，则相应的磁感应强度 B 就越小，其产生的磁悬浮力也越小，这正是我们所希望的结果。因此当电磁轨道炮电枢/轨道接触界面的低熔点合金涂层熔化为液态后，在显著增加电枢/轨道间接触面积的同时，会相应减小磁悬浮力，理论上可以对转捩起到一定的抑制作用。

4. 烧蚀与高温结晶

电磁轨道炮滑动电接触过程中，在接触电阻焦耳热与电枢/轨道摩擦热的共同作用下，接触界面的温度会在短时间内上升至很高，从而导致电枢/轨道接触界面发生熔化。熔融的金属微粒在高温电磁环境下容易形成共晶合金，导致电枢/轨道接触界面滑动电接触性能变差。当在电枢表面制备涂层后，固态涂层受热熔化为液态过程中会产生一定的相变潜热，在一定程度上抑制电枢或轨道温升，从而阻止电枢与轨道形成共晶合金，改善电枢/轨道界面的接触环境。

5. 高速刨削

高速刨削是影响轨道使用寿命的原因之一。对刨削形成机理的研究认为，发射过程中电枢/轨道接触界面非均匀熔化磨损引起的微凸体是引起刨削形成的原因，对电枢预加速可以降低接触面积热积累并在一定程度上抑制刨削形成。实际上，低熔点合金在发射初期先于铝电枢熔化产生液化层，其效果相当于对电枢起到了预加速。另外，涂层也会在一定程度上延缓电枢表面的软化与剥落，避免其在轨道上沉积并形成微凸体，对抑制高速刨削起到积极作用。

二、锡合金涂层电枢运动学特性分析

（一）电枢/轨道间液化层流体动压润滑机理分析

1. 电枢/轨道界面生热分析

结合轨道炮中的驱动电流，可以得到接触电阻欧姆热流密度的表达式为：

$$q_j = \rho_a j^2$$

式中，ρ_a 为电枢/轨道平均电阻率；j 为电流密度。

另外，电枢/轨道接触界面摩擦力做功产生的热量可用热流的形式表示为：

$$q = \mu_f P v_a$$

式中，μ_f 为摩擦系数；P 为接触压力；v_a 为滑动速率。

电枢/轨道界面产生的接触热，一部分直接作用于锡合金涂层，使之升温直至熔化，其余则传入轨道。由于电枢表面的涂层材料全部熔化为液态，因此电枢/轨道接触界面锡合金液化层的流入速度与涂层熔化速度相等，如图 5-40 所示。

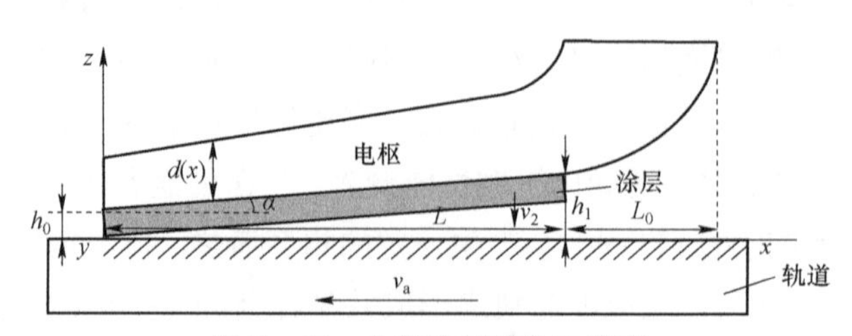

图 5-40　电枢涂层熔化示意图

假设电枢静止不动，轨道以速度 v_a 运动，涂层熔化速度为 v_2。根据电枢材料磨损规律，可以计算出锡合金涂层沿界面法线方向的熔化速度，其表达式为：

$$v_2 = k_a q_j / [c_a (T_m - T_0) + h_a]$$

式中，T_m 为锡合金涂层熔点；T_0 为锡合金涂层初始温度；c_a 为锡合金涂层单位体积热容量；h_a 为锡合金涂层单位体积相变潜热；k_a 为接触电阻热传入锡合金涂层的比例系数。

2. 金属液化层厚度分析

电磁轨道炮发射过程中，电枢尾翼在力的作用下所产生的变形，会影响到电枢/轨道界面间隙及金属液化层膜厚，应做具体分析。为简化计算，将电枢尾翼视为尾部固定、头部自由变形的悬臂梁，如图 5－41 所示。

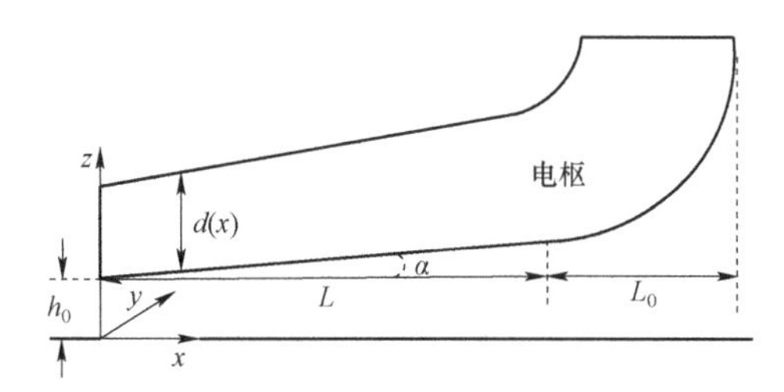

图 5－41　电枢尾翼悬臂梁简化示意图

从而可得，电枢尾翼变形的控制方程为：

$$-\frac{\mathrm{d}^2}{\mathrm{d}x^2}\left(EI_Y(x)\frac{\mathrm{d}^2 w(x)}{\mathrm{d}x^2}\right) = B[p(x) + p_c(x) - p_{mt}]$$

式中，$w(x)$表示 x 处的横向位移，即挠度；B 为电枢宽度；E 为金属铝的弹性模量；$I_Y(x)$ 为电枢尾翼横截面惯性矩，即 $I_Y(x) = Bd^3(x)/12$；$d(x)$ 为 x 处电枢尾翼厚度；$p(x)$为电枢与锡合金液化层界面流体压强；$p_c(x)$为电枢/轨道接触压强；p_{mt} 为电枢尾翼受到的电磁压强。由于在电磁轨道炮发射过程中，p_{mt} 与 $p(x) + p_c(x)$ 保持动态平衡，因此将 p_{mt} 近似认为与电枢/轨道界面间有效接触压强相等。

结合图 5－41，可得电枢尾翼悬臂梁的边界条件为：$x = L + L_0$，$w(x) = 0$，$\mathrm{d}w(x)/\mathrm{d}x = 0$。从而，电枢/轨道界面的锡合金液化层膜厚方程可以表示为：

$$h(x) = h_0 + x\alpha + w(x)$$

3. 电枢/轨道界面润滑雷诺方程推导

电磁轨道炮电枢/轨道界面的润滑与轴承的流体动压润滑具有共性，都是基于摩擦副间液化层的黏性流体动力学作用，依靠产生的润滑膜压力平衡外载荷达到润滑效果。其区别在于轴承润滑液是从外部进入的，且流入量足够大，而电枢/轨道界面的金属液化层是基于锡合金涂层熔化产生的，其生成速率及流入量取决于界面生成热量。

此外，与经典流体力学理论相比，电磁轨道炮电枢/轨道间液态涂层还会受到电枢的加速力、电磁力以及电枢/轨道界面接触力等的作用。在电磁力以及电枢/轨道界面接触力作用下，电枢尾翼所产生的变形将进一步影响润滑膜厚度及其润滑状态。由于各种流体润滑计算的基本内容都是对雷诺方程的应用和求解，一般通过连续方程和 Navier-Stokes 方程推导得到。下面综合考虑以上因素对雷诺方程进行必要推导。

（1）基本假设。

① 忽略锡合金液化层体积力作用，即在电磁力作用下液化层的体积不发生变化。

② 锡合金液化层在电枢/轨道接触界面上无滑动。

③ 沿锡合金液化层膜厚方向上，忽略压力的变化。

④ 电枢/轨道接触界面的锡合金液化层属于牛顿流体。

⑤ 锡合金液化层为准静态层流，不考虑涡流和湍流。

以上假设为简化计算而引入，还应结合电磁轨道炮特点对结果进行适当修正。

（2）连续方程。

根据图 5-41，建立锡合金液化层的流体力学连续方程，得：

$$\frac{\partial \rho}{\partial t}+\left[\frac{\partial(\rho u)}{\partial x}+\frac{\partial(\rho v)}{\partial y}+\frac{\partial(\rho w)}{\partial z}\right]=0$$

式中，u、v、w 分别表示沿 x、y、z 方向的流速；ρ 为密度。对于定常流动不可压缩流体，且流体密度不随时间变化时，仅考虑 xz 方向（一维平面）的连续方程可简化为：

$$\frac{\partial u}{\partial x}+\frac{\partial w}{\partial z}=0$$

（3）Navier-Stokes 方程。

结合假设条件④，对于黏性系数不变、不可压缩的流体，沿电枢运动平面（xz 方向）的 Navier-Stokes 方程可表示为：

$$\rho\left(\frac{\partial u}{\partial t}+u\frac{\partial u}{\partial x}+w\frac{\partial u}{\partial z}\right)=-\frac{\partial p_{\mathrm{fl}}}{\partial x}+\eta\frac{\partial^2 u}{\partial z^2}+f_{\mathrm{emag}}$$

式中，p_{fl} 为液压；η 为黏滞系数；f_{emag} 为流体受到的电磁力，可表示为：

$$f_{\mathrm{emag}}=-\nabla\left(\frac{B^2}{2\mu_0}\right)$$

式中，B 为磁感应强度；μ_0 为磁导率。

令磁压强 $p_{\mathrm{m}}=B^2/(2\mu_0)$，则总压强可表示为：$p=p_{\mathrm{m}}+p_{\mathrm{fl}}$。

简化后，可得沿 x 方向的 Navier-Stokes 方程为：

$$\rho v\frac{\partial u}{\partial y}=-\frac{\partial p}{\partial x}+\eta\frac{\partial^2 u}{\partial y^2}$$

在锡合金液化层边界上，边界条件可设为：

$$\begin{cases}z=0,u=-v_{\mathrm{a}},v=0\\z=h(x,t),u=0,v=-v_2\\x=0,p=p_{\mathrm{atm}}\\x=l,p=p_{\mathrm{atm}}+p_{\mathrm{mt}}\end{cases}$$

式中，v_{a} 为轨道相对电枢沿 $-x$ 方向的速度；v_2 为锡合金涂层熔化产生液化层的流入速度；l 为电枢锡合金涂层沿 x 方向的长度；p_{atm} 为大气压强；p_{mt} 为电磁压强。电磁压强的表达式为：

$$p_{\mathrm{mt}}=\frac{L'I^2}{2S}$$

式中，L' 为铜轨道电感梯度；I 为轨道炮中的驱动电流；S 为炮膛截面积。

（4）雷诺方程推导。

由以上公式，可得锡合金液化层的雷诺方程为：

$$\frac{\partial}{\partial x}\left(h^3\frac{\partial p}{\partial x}\right)=6\eta v_{\mathrm{a}}\frac{\partial h}{\partial x}$$

积分后，得：

$$h^3\frac{\partial p}{\partial x}=6\eta v_{\mathrm{a}}h+C$$

式中，h 为液化层厚度；C 为常数，由上面的边界条件确定。

通过对上述理论的初步分析表明，锡合金涂层在接触电阻欧姆热和机械摩擦热的共同作用下，可以在轨道界面形成流体动压润滑。

（二）电枢受力分析

通常情况下，不考虑空气阻力，电磁轨道炮电枢受到的力主要包括洛伦兹力、摩擦阻力与接触压力等。同时，由于存在电流趋肤效应，又会在电枢上产生分力，如图 5-42 所示，因此，应对每个力进行具体分析。

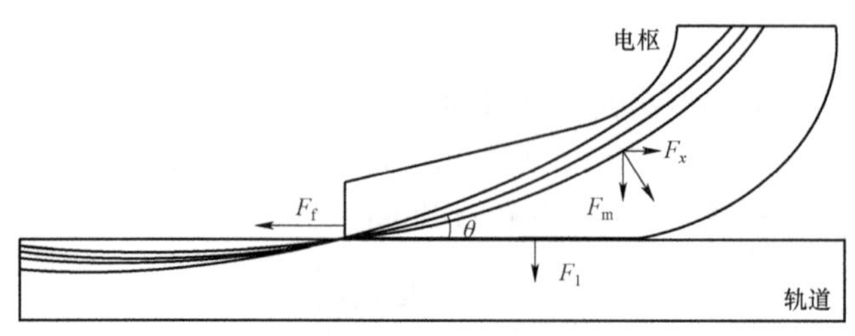

图 5-42　电枢受力分析图

1. 洛伦兹力

若 t 时刻流入轨道炮的电流大小为 $I(t)$，根据电磁轨道炮作用定律，则有：

$$F_I = \frac{1}{2} L' I^2(t)$$

式中，L' 为电感梯度。由此可知，电枢沿运动方向受到的洛伦兹力仅与电感梯度和驱动电流大小有关。在电感梯度一定的条件下，流入轨道炮的驱动电流越大，电枢受到的洛伦兹力就越大。

电感梯度通常按照克里斯克法进行计算，通常忽略电枢的电感，只计算轨道。其公式为：

$$L' = \{[A + B\ln(F_1)]\ln(F_2)\}$$

式中：

$$F_1 = 1 + A_1(w/h) + A_2(w/h)(s/h)$$

$$F_2 = B_1 + B_2(s/h) + B_3(w/h)(s/h) + B_4(s/h)(w/h)$$

其中，h 为轨道宽度；w 为轨道厚度；s 为两轨间距；A_i 和 B_i 为常数。根据轨道实际尺寸，通过计算可得 $L = 0.35\ \mu\text{H/m}$。

2. 摩擦力

电磁轨道炮电枢发射过程中，电枢与轨道之间首先要克服静摩擦力；当电枢开始运动之后，电枢/轨道界面即转变成滑动摩擦状态，需要克服滑动摩擦力。根据经典摩擦学相关原理，滑动摩擦力通常只与摩擦系数 μ_f 和正压力 P 相关，即

$$F_f = \mu_f P$$

理想情况下，希望滑动摩擦系数更小，电枢受到的滑动摩擦力则越小。由于电枢/轨道界面存在从固–固接触到固–液–固接触的转变，故应对摩擦系数做针对性分析。

（1）摩擦系数。

通常情况下，在研究载流摩擦接触界面摩擦系数时，为简化计算，将其视为常数（取经验系数 0.2）进行电枢运动速度与位移等的分析计算。而从电磁轨道炮发射试验结果来看，电枢/轨道滑动电接触过程非常复杂，且接触界面的摩擦系数要经历一个由大到小的动态变化过程。具体表现为：在发射初期电枢还没有开始运动之前，电磁力首先需要克服电枢/轨道之间的静摩擦力，静摩擦系数相对较大；发射中期电枢平稳运动阶段，电磁力需要克服动摩擦力，此时摩擦系数有所减小；发射后期电枢高速运动阶段，电枢/轨道界面形成液化膜，且液化层的黏滞力替代了摩擦力，此时的摩擦系数几乎为零。

（2）电枢/轨道界面接触压力。

电枢/轨道界面接触压力是保证电枢在运动过程中，始终与轨道保持良好电接触的前提条件。过大或过小的接触压力都会对电磁轨道炮的发射产生不利影响。研究表明，影响电枢/轨道界面接触压力的因素主要包括电枢/轨道间预压力、轨道之间电磁排斥力、电流传导磁压力等。

通常，电枢/轨道间预压力按照 Marshall 经验公式“每安培 1 克”（1 g/A）法则确定。即：

$$F_{\text{preload}} = 0.01I$$

两轨道间的电磁排斥力，根据 Kamran Daneshjoo 等人推导出的公式计算：

$$F_1 = \frac{\mu I^2}{\pi h}\arctan\left(\frac{h}{2s}\right)$$

式中，μ为自由空间磁导率（真空磁导率为$\mu_0 = 4\pi\times10^{-7}\,\text{H/m}$）；$I$为驱动电流；$h$ 为轨道宽度；s 为两轨间距。本次计算值，轨道宽度与两轨间距均取为 20 cm。

电流传导磁压力是由于 U 形电枢侧翼电流传导方向与轨道成一定角度所形成的，其表达式为：

$$F_{\text{m}} = \frac{\mu I^2 l\cos\theta}{2\pi r}$$

式中，θ为电流传导方向与轨道的夹角；r 为与轨道内电流平均趋肤深度和电枢尾翼平均宽度有关的参数。

3. 黏滞力

当涂层熔化为液态后，摩擦力将会被液态层的黏滞力所代替。假定液态层为牛顿流体，则黏滞力表达式为：

$$\tau = v_{\tau}\gamma$$

式中，v_{τ}为剪切速率；γ为液体动力黏度。

显然，黏滞力小于等于摩擦力，即$\tau \leqslant F_f$。电枢尾翼受到的法向电磁压力与电枢受到的电磁力为同一量级，因此，涂层液化后电枢在运动方向上受到的摩擦阻力大幅降低，从而提高加速力。

（三）电枢运动学分析与仿真计算

1. 基本运动方程

根据图 5－42，如果不考虑空气阻力与黏滞力的作用，t 时刻在运动方向上电枢所受到的合力为：

$$F = F_I - 2F_{\mathrm{f}} = \frac{1}{2}L'I^2(t) - 2\mu_f P$$

当涂层熔化为液态后，电枢/轨道间摩擦力将会被液态层的黏滞力τ所代替，故考虑黏滞力作用时，电枢所受合力为：

$$F = F_I - 2\tau = \frac{1}{2}L'I^2(t) - 2v\gamma$$

结合电枢运动学方程：

$$F = ma(t)$$

两式联立可得 t 时刻电枢加速度、速度和位移表达式分别为：

$$a(t) = \frac{F}{m}, \quad v(t) = \int \frac{F}{m}\mathrm{d}t, \quad s(t) = \iint \frac{F}{m}\mathrm{d}t^2$$

由于电枢的加速度、速度与位移都是对时间的积分，当电磁轨道炮电感梯度不变且在同一驱动电流作用下时，电枢与轨道摩擦系数不同，则产生的速度与位移必然存在差异。下面将基于 Matlab 仿真软件建立模型并进行数值计算。

2. 基于 Matlab 软件的电枢运动学建模与仿真分析

由于电枢/轨道发射初期摩擦系数非常大，而发射后期摩擦系数又相对较小，对发射速度的影响较大，故在建模与仿真过程中考虑以变摩擦系数进行计算。为了定性说明变摩擦系数对电磁轨道炮发射性能的影响，现基于Matlab 软件中的 Simulink 组件建立电枢运动学模型，进行仿真分析。

（1）Simulink 仿真模型。

Simulink 是 Matlab 软件中的组件之一，拥有动态系统建模、仿真和综合分析的集成环境，无须编写程序代码，就可以直观地构造出复杂的系统。基于 Simulink 建立的电磁轨道炮电枢运动学模型，主要包括洛伦兹力、摩擦力、电枢运动学方程、电枢出膛逻辑判断等模块，如图 5－43 所示。其中，输入项分别为电流、电感系数、摩擦系数、轨道间预应力等参数，可根据实际需要进行设置；输出项分别为速度、加速度、位移等参数。

（2）仿真参数的确定。

仿真脉冲电流设计为具有平台段的梯形波电流，电流峰值为 120 kA，包括上升段、平台段与下降段三部分，如图 5－44 所示。

其中：线性上升段，从 0 ms 到 1 ms；电流平台段，从 1 ms 到 1.5 ms；线性下降段：从 1.5 ms 到 6 ms。

根据图 5－44 所示电流峰值，按照每安培 1 克法则，计算得到接触预应力为 1 200 N；电感系数根据轨道实际尺寸，取 $L=0.35\ \mu H/m$，电枢质量取实测值为 17 g。

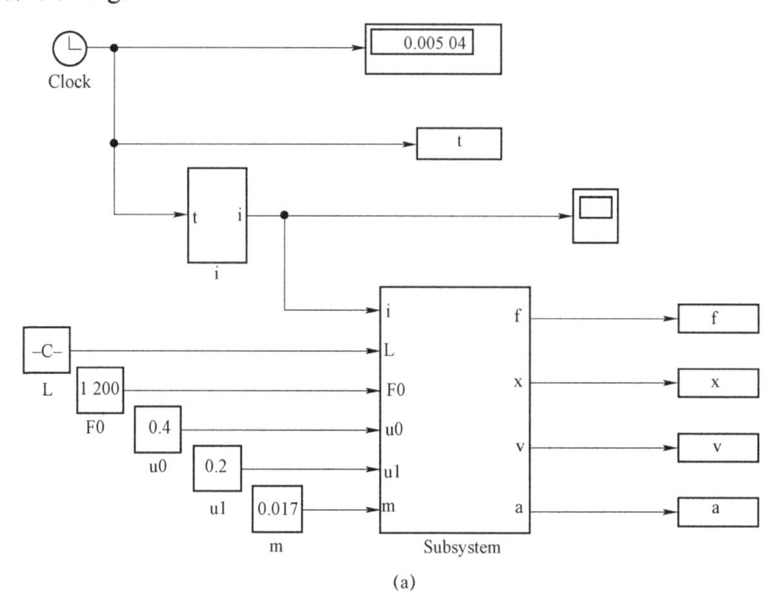

图 5－43 电磁轨道炮电枢运动学 Simulink 仿真模型

（a）仿真参数输入与输出界面

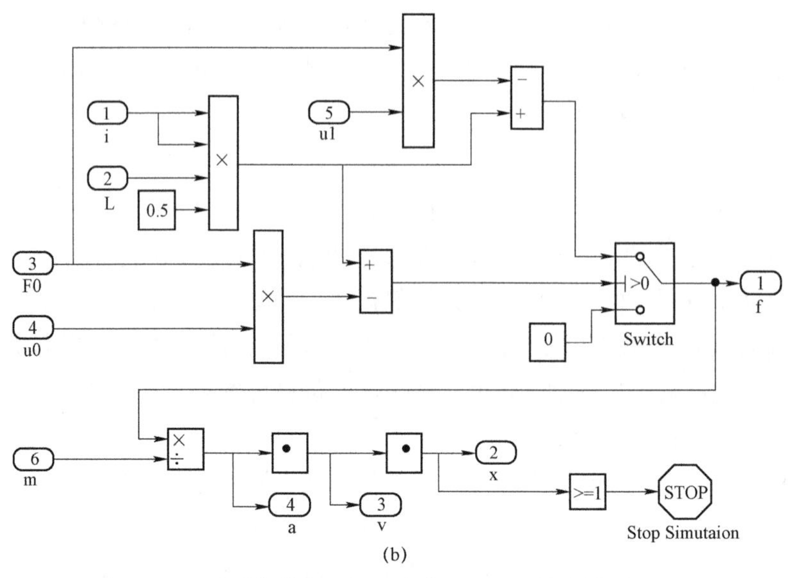

图 5-43　电磁轨道炮电枢运动学 Simulink 仿真模型（续）

（b）仿真模型内部逻辑结构图

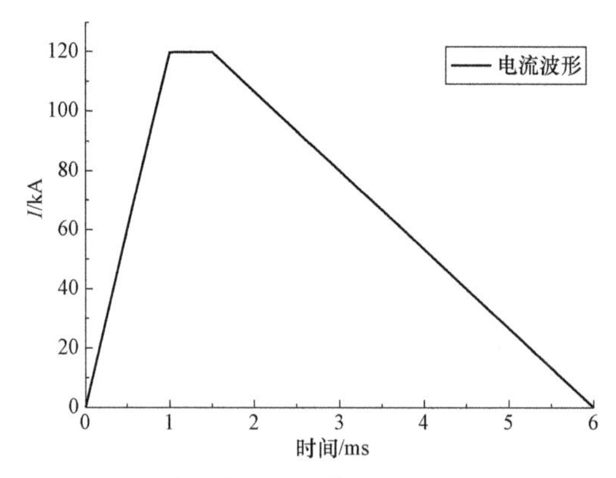

图 5-44　典型梯形电流波形

摩擦系数根据电枢发射初期与后期的不同情况设定。在电枢未运动之前，取静摩擦系数为 0.4；电枢开始运动之后，对普通电枢取动摩擦系数为 0.2，对于涂层电枢，由于液化层形成之后的黏滞力作用，取动摩擦系数为 0.01。

（3）仿真结果。

运用图 5-43 仿真模型，分别对普通电枢与涂层电枢进行速度与位移的仿真计算，结果如图 5-45 与图 5-46 所示。

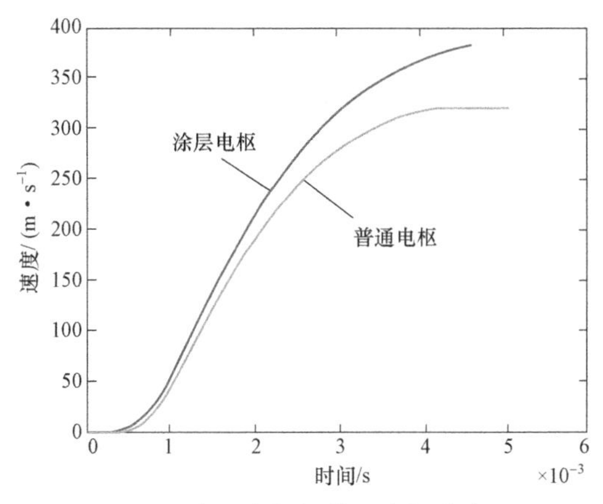

图 5-45　涂层电枢与普通电枢速度对比

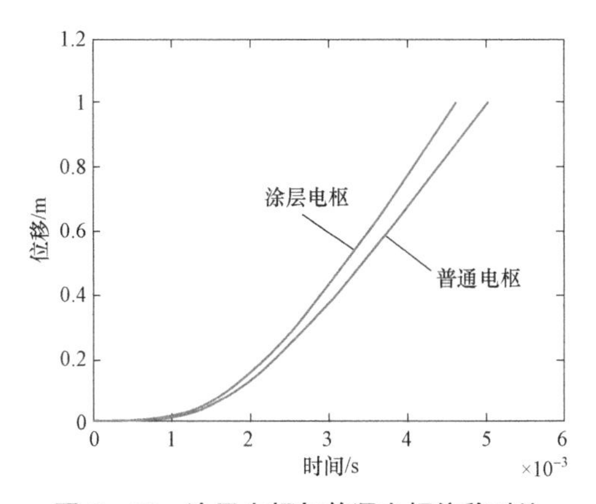

图 5-46　涂层电枢与普通电枢位移对比

从图 5-45 可以看出，涂层电枢出口速度约为 380 m/s，普通电枢出口速度约为 320 m/s，前者较后者的速度提高幅度约为 18.75%。从图 5-46 可以看出，在电枢行程相同的前提下，涂层电枢用时约为 4.6 ms，普通电枢用时约 5.1 ms，前者较后者用时缩短幅度约为 9.8%。

仿真结果表明，在同样的电流条件下，涂层电枢的发射性能要优于普通电枢。由于电枢/轨道界面摩擦系数的变化过程非常复杂，因此仿真结果与实际情况可能会有一定误差。

三、电枢/轨道接触界面温度场数值仿真

由于电磁轨道炮电枢发射过程是在毫秒级内完成的，因此在试验中很难对电枢与轨道的温度变化进行直接测量。通过数值模拟方法进行仿真，是当

前研究电枢/轨道接触机理常用的辅助工具。ANSYS 有限元分析软件是目前应用最为普遍、功能最为齐全的有限元分析软件之一，广泛应用于热、流体、电磁场、声场及相应的耦合场分析。本节在对涂层电枢/轨道接触电阻分析计算的基础上，应用 ANSYS 有限元软件对脉冲大电流条件下的涂层电枢表面温度场、电枢/轨道接触界面温度场进行仿真与分析。

（一）涂层电枢/轨道接触电阻理论分析

由于电枢表面的涂层以固态形式与电枢基体结合，在发射过程中会熔化为液态，因此在计算电枢/轨道接触电阻过程中应分为两个阶段，首先是涂层电枢与轨道固－固接触电阻的计算，其次是涂层熔化为液态后接触电阻的计算。

1. 电枢/轨道固－固接触电阻计算

由于物体的表面并非绝对光滑，而是粗糙不平的，因此电接触相关理论认为，当两个金属相互接触时，其接触面是以导电斑点（a 斑点）的形式接触，实际接触面积只是名义接触面积的一小部分，如图 5－47 所示。

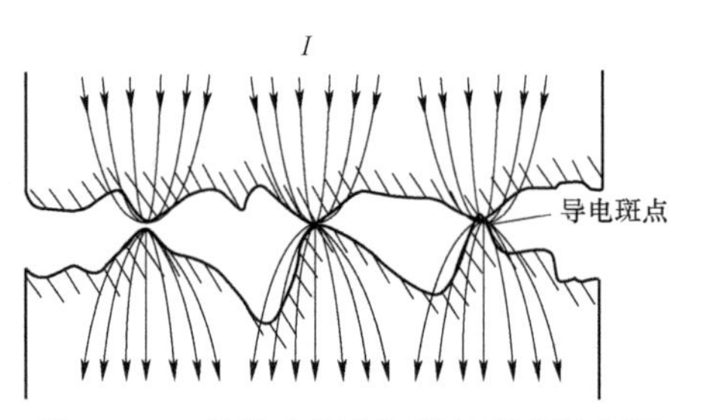

图 5－47　物体表面实际接触形式示意图

研究表明，外加正压力 P、金属硬度 H 和接触面积 A_a 满足以下关系式：

$$P = \xi H A_a$$

式中，ξ 为压力因子，其值取决于粗糙表面的变形程度，在绝大多数情况下取 1。

当电流通过接触界面时，被收缩以通过半径为 a 的导电斑点，由于电流收缩产生的接触电阻称为收缩电阻。Holm 通过研究，得出单个导电斑点收缩电阻可表示为：

$$R_s = (\rho_1 + \rho_2) / (4a)$$

式中，ρ_1 和 ρ_2 分别为接触金属的电阻率；a 为金属和金属相接触区域的半径。

接触电阻的另一表现形式为金属表面氧化膜层的电阻，由于在绝大多数应用中，膜层对总接触电阻的影响很小，故在本次分析计算过程中忽略不计。

图 5－48 所示为涂层电枢与轨道接触形式示意图。

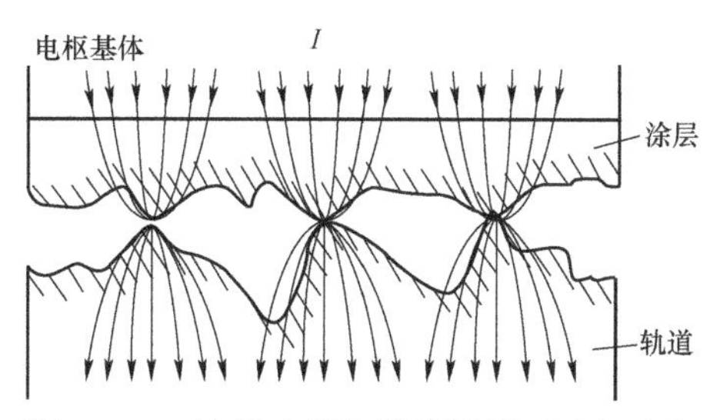

图 5－48　涂层电枢与轨道接触形式示意图

假设总的接触斑点数量为 n，则可得出锡合金涂层电枢与轨道界面总的接触电阻表达式为：

$$R_c = \frac{\rho_D + \rho_R}{4n} \cdot \sqrt{\frac{\xi H \pi}{P}} \tag{5-1}$$

式中，ρ_D 为涂层电阻率；ρ_R 为轨道电阻率；H 为锡合金涂层硬度。

由于凸点数量 n 在试验中很难确定，故一般采用前人的估算法，即每 4 mm^2 约 10 个接触点，且均匀分布，即可得出 $n = 2.5A$，其中 A 为涂层与轨道的名义接触面积。

为保证电磁轨道炮电枢/轨道之间可靠电接触，需在电枢/轨道之间加载相应的预压力。预压力通常根据 Marshall 经验公式，即“每安培 1 克”法则计算，得：

$$P = 0.01I$$

式中，I 为回路电流大小。

通过代入，即可得出涂层电枢/轨道界面接触电阻。经计算，当预压力为 1 200 kN 时，锡合金涂层与轨道接触电阻值约为 $1.667 \times 10^{-6}\ \Omega$。

2. 固－液－固接触电阻计算

当锡合金涂层在电流焦耳热作用下熔化为液态后，会润湿电枢/轨道接触界面，电枢与轨道由凸点接触变成固－液－固接触，如图 5－49 所示，接触

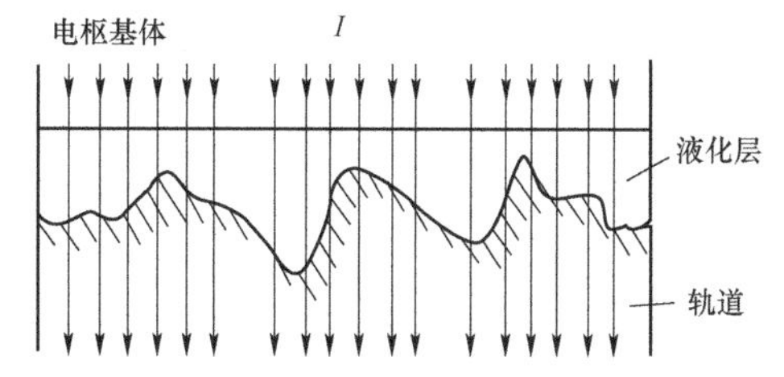

图 5－49　电枢与轨道固－液－固接触状态示意图

面积大幅增加，接触电阻则相应减小。

锡合金涂层在电流焦耳热作用下，可能的熔化形式有两种，一种是完全熔化，即锡合金涂层在电流接通瞬间，电枢未运动之前已完全熔化；另一种是局部熔化，即锡合金涂层在电流接通瞬间，未完全熔化时电枢已开始运动。对于锡合金涂层全部熔化的情况，其单位面积电阻 R 是总电阻与导通接触面积的乘积，即特征收缩电阻，可表示为：

$$R = \pi\rho a / 2$$

当涂层未完全熔化时，液态层会覆盖在接触区域表面的大部分，使接触斑点数 n 变得很少，接触半径远大于斑点尺寸，则接触电阻可表示为：

$$R_{\mathrm{s}}(n,i) = \rho / (2ni)$$

从以上两种情况看，无论液化层是否完全熔化，接触电阻均小于式（5－1）固－固接触的计算结果。

3. 接触界面温升计算

由于锡合金的熔点比较低，其熔化过程应属于第一种情况，即涂层在电流接触瞬间，由于焦耳热作用全部熔化为液态。假定由接触电阻产生的焦耳热，全部转化为涂层熔化所吸收的热量，则 δt 时间内，接触电阻热 $j^2\rho\delta t$ 与涂层吸收热量 $\mathrm{VSH} \cdot \rho_{\mathrm{D}} \cdot h \cdot \delta T$ 相等，从而得到锡合金涂层的温度变化率公式为：

$$\delta T / \delta t = \rho / (\mathrm{VSH} \cdot \rho_{\mathrm{D}} \cdot h)$$

式中，VSH 为锡合金涂层材料的比热；δt 为温升。

对于给定时间范围内的温升，则表达式为：

$$\delta T = \rho / (\mathrm{VSH} \cdot \rho_{\mathrm{D}} \cdot h) \cdot \int_{t_1}^{t_2} j^2 \mathrm{d}t$$

涂层材料由固态熔化为液态时，其熔点即为最小温升 δt。由此可见，在给定条件下，涂层材料熔点与涂层厚度为反比关系。即涂层厚度越大，所要求材料熔点就越小；涂层厚度越小，则材料熔点就相应越大。

由于电枢/轨道接触界面实际的热生成机理非常复杂，且接触电阻热远远大于锡合金涂层吸收的热量，并进一步造成铝电枢本体的温升，因此以上仅为理想情况下对涂层材料熔点与厚度的分析。

4. 接触界面摩擦热计算

前述已经提到，电磁轨道炮发射过程实质为电枢/轨道界面间高速载流摩擦。由于在整个发射过程中，电枢与轨道要时刻保持摩擦接触，因而电枢/轨道界面间必然会产生大量的摩擦热。而发射过程是在 ms 时间内完成的，因此很难对电枢/轨道界面间所产生的摩擦热进行精确计算。通常情况下，将其近似认为等同于摩擦力做功所转化的热量。对电枢/轨道间摩擦热进行定性分析，将有助于研究解决电磁轨道炮转捩烧蚀等。

电枢/轨道接触界面摩擦力做功产生的热量可用热流的形式表示，如下式所示：

$$q = \mu_f P v$$

式中，μ_f 为摩擦系数；P 为接触压力；v 为滑动速率。

需要说明的是，对于铝电枢与铜轨道组成的摩擦配对，由于热流可通过二者中的任何一个扩散，因此，其温度场可表示为：

$$\frac{\mathrm{d}T_1}{\mathrm{d}t} = a_1 \frac{\mathrm{d}^2 T_1}{\mathrm{d}x_1^2}, \quad \frac{\mathrm{d}T_2}{\mathrm{d}t} = a_2 \frac{\mathrm{d}^2 T_2}{\mathrm{d}x_2^2}$$

由于两物体初始温度相等，因此初始条件可写为以下形式：

$$T_1(t=0) = T_2(t=0) = T_0$$

（二）涂层厚度对 U 形电枢电流密度分布影响的仿真分析

研究表明，电磁轨道炮的电磁场、应力场和温度场不由电流大小或口径大小单独决定，而是由它们的比值即电流线密度决定，通过分析电流密度，可间接分析电流线密度。为分析涂层对电枢中电流密度分布的影响，本部分将基于电磁场有限元分析软件 Maxwell 建立三维瞬态求解模型，对不同厚度的涂层电枢进行分析求解。

1. 模型建立

根据轨道炮结构特点，建立的三维瞬态场有限元模型，如图 5－50 所示。轨道尺寸为 10 mm × 40 mm × 200 mm，电枢尺寸为 20 mm × 20 mm × 35 mm，涂层厚度分别为 0.02 mm、0.35 mm、0.05 mm，电枢与轨道接触面积为 20 mm ×

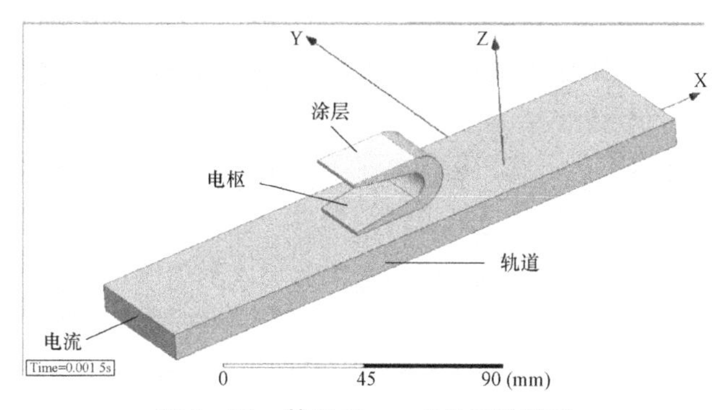

图 5－50　基于 Maxwell 的三维模型

25 mm。

2. 仿真参数设定

仿真过程中，对不同涂层厚度电枢，均采用同一激励电流，电流峰值为200 kA（对应电流线密度 10 kA/mm），如图 5－51 所示。为简化计算，激励电流仍然分成三段。第一段：从 0 ms 到 1.0 ms，电流从零线性增加到 200 kA；第二段：从 1.0 ms 到 1.5 ms，电流保持峰值电流 200 kA；第三段：从 1.5 ms 到 6 ms，电流从 200 kA 线性减小到 0。

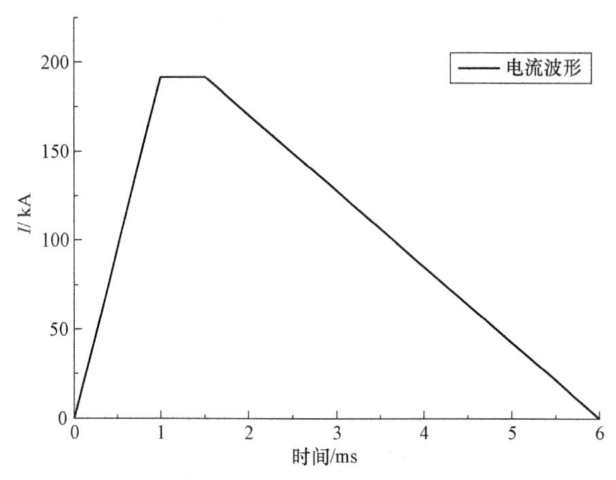

图 5－51　仿真电流曲线

仿真模型中各材料属性，均从自带库中选择。模型网格划分，选择“On Selection”→“Length Based”命令，按照“Maximum Length of Elements”，将涂层设置为 0.5 mm，电枢设置为 1 mm，轨道设置为 5 mm，空气域设置为高 10 mm。仿真计算时间与步长分别设置为 0.006 s 与 0.000 1 s。

3. 仿真结果分析

仿真过程中电枢与轨道相对静止，用不同时刻电流密度代表不同位置电流密度，得到不同时刻普通电枢与不同厚度涂层电枢中电流密度分布，如图 5－52 和图 5－53 所示。

从仿真结果来看，在施加同等电流条件下，不同厚度涂层电枢的电流密度分布规律大致相同，即从电枢肩部至尾翼，电流密度呈依次递减趋势，电流密度最大值出现在电枢拱形部内侧，电流密度最小值位于电枢尾翼位置，这是由于电流短路径效应所致。涂层电枢比普通电枢滑动接触界面的电流分布较均匀。当涂层厚度从 20 μm 增加到 50 μm 时，电枢中电流密度分布均匀性逐渐提高。

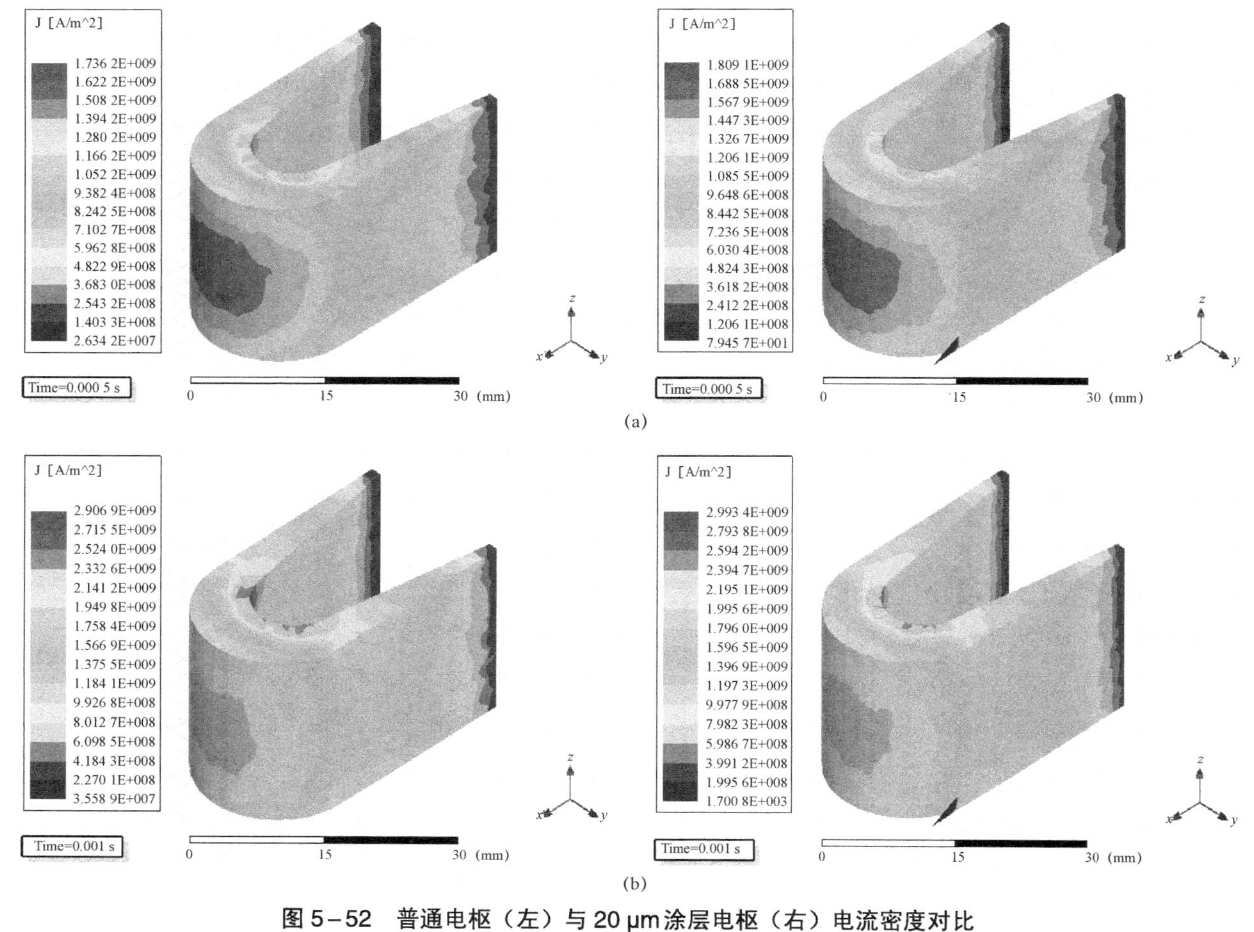

图 5-52　普通电枢（左）与 20 μm 涂层电枢（右）电流密度对比

（a）0.5 ms 时刻；（b）1 ms 时刻

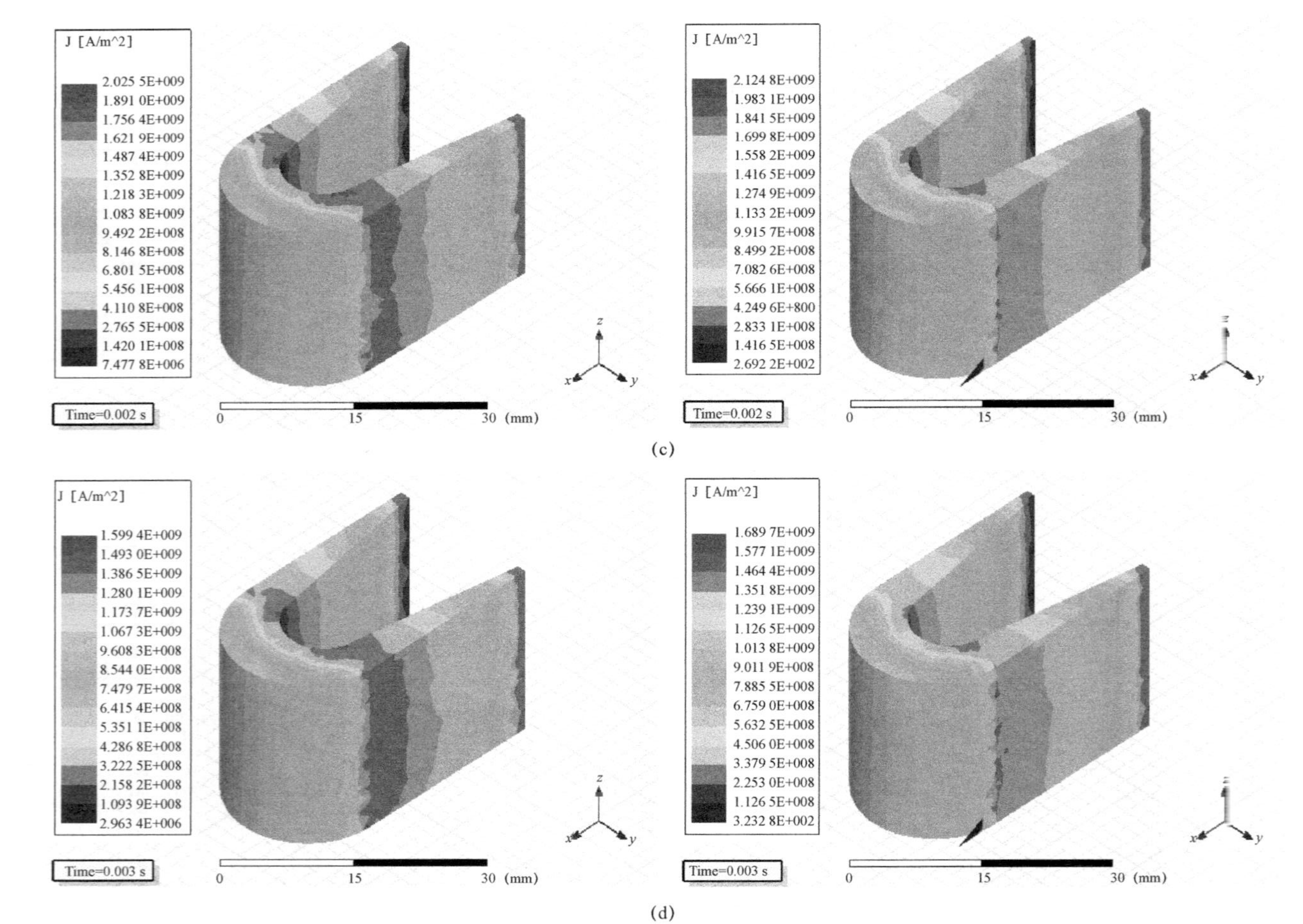

图 5-52 普通电枢（左）与 20 μm 涂层电枢（右）电流密度对比（续）

（c）2 ms 时刻；（d）3 ms 时刻

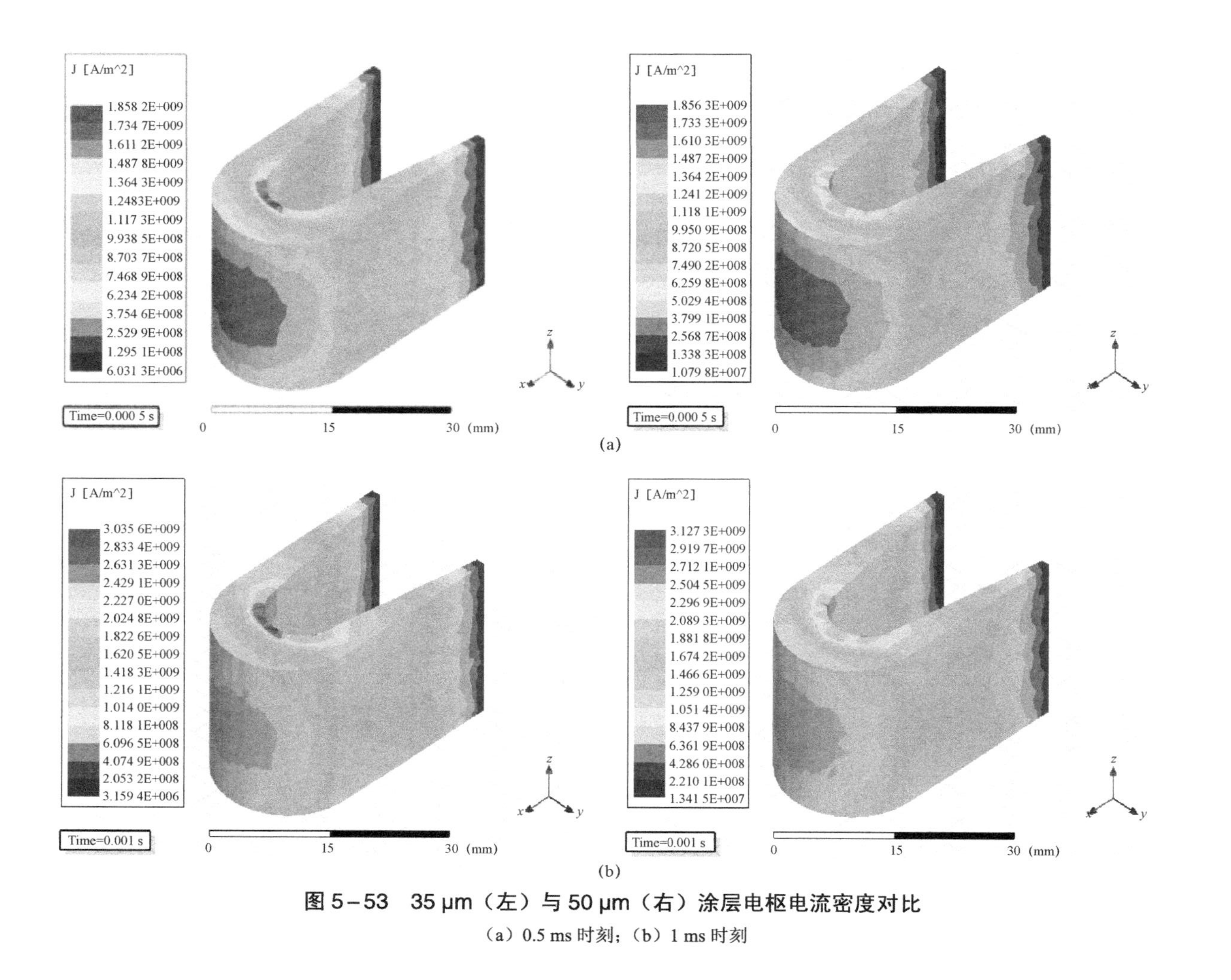

图 5-53　35 μm（左）与 50 μm（右）涂层电枢电流密度对比

（a）0.5 ms 时刻；（b）1 ms 时刻

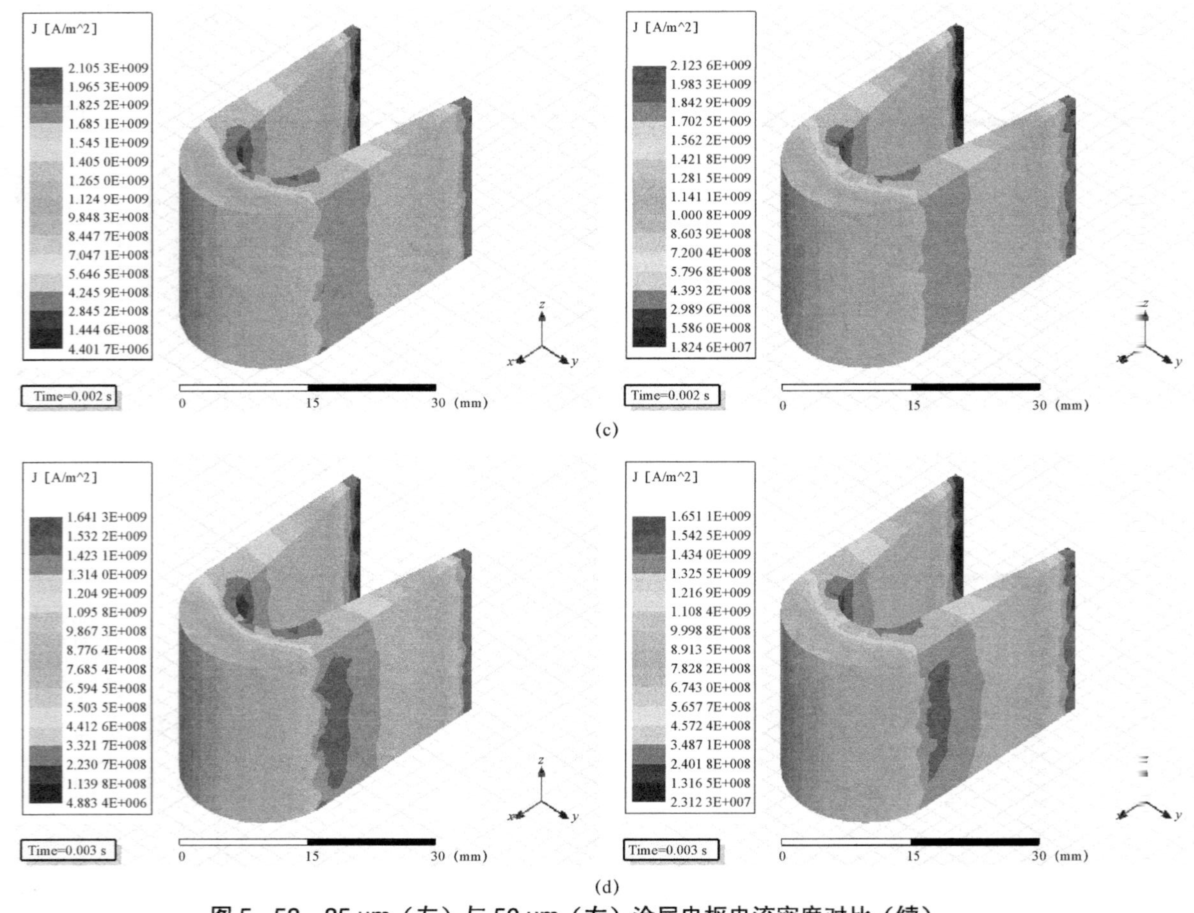

图 5-53　35 μm（左）与 50 μm（右）涂层电枢电流密度对比（续）

（c）2 ms 时刻；（d）3 ms 时刻

由此推断，随着厚度的增加，涂层在改善电枢表面电流密度分布方面的效果更好，下一步应在此基础上，对电流焦耳热作用进行具体分析。

（三）焦耳热作用下涂层 U 形电枢表面温度分布的仿真分析

根据上面对电枢/轨道接触界面电阻的分析，认为涂层电枢与轨道界面接触电阻较普通电枢会降低。由于实际发射过程中对接触电阻的测量比较困难，而接触电阻与接触界面温度直接相关，因此本部分将通过对涂层电枢表面温度的分析进行模拟计算。主要是应用 ANSYS 有限元仿真软件，建立电磁－瞬态热耦合物理场，其界面如图 5－54 所示，进行普通电枢与涂层电枢表面焦耳热温度的仿真分析。

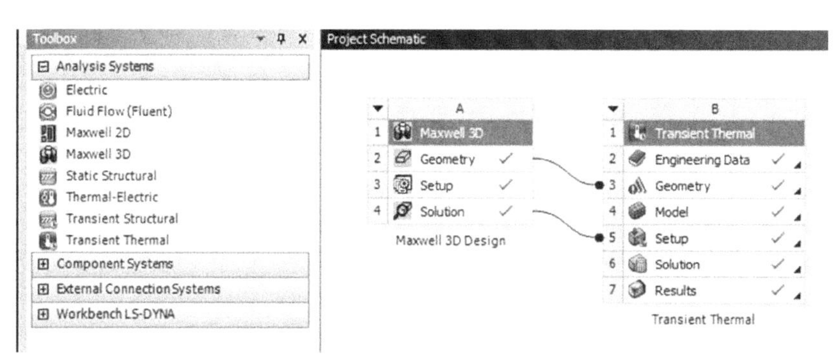

图 5－54　电磁－瞬态热耦合物理场界面

1. 模型建立

根据电磁轨道炮的结构特点，以图 5－50 所示三维瞬态求解模型为基础，在 ANSYS 有限元软件中，建立 U 形电枢/轨道电磁－瞬态热耦合三维有限元模型。针对不同的电流线密度、不同涂层厚度的电枢，分别进行表面温度的仿真计算。其中，模型网格划分，选择“Mesh Control”→“Sizing”→“Body Sizing”命令，分别将轨道、电枢及涂层设置为 0.5 mm、0.1 mm、0.1 mm。同时，选择“Method”→“Hex Dominant Method”命令对电枢进行处理，最终生成的网格如图 5－55 所示。

2. 仿真参数设定

仿真驱动电流仍然采用前述三段电流，电流峰值分别设置为 120 kA、200 kA、400 kA，分别对应 6 kA/mm、10 kA/mm、20 kA/mm 三组电流线密度，如图 5－56 所示。

轨道、电枢及涂层电阻率、热导率等参数的设置，如表 5－4 所示。接触电阻按式（5－1）计算结果，取 $1.667\times10^{-6}\ \Omega$。通过将电磁场中的电流导入瞬

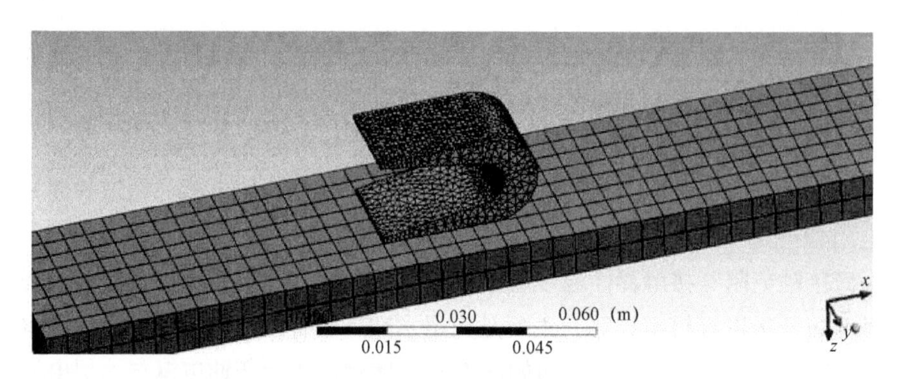

图 5-55　模型网格划分

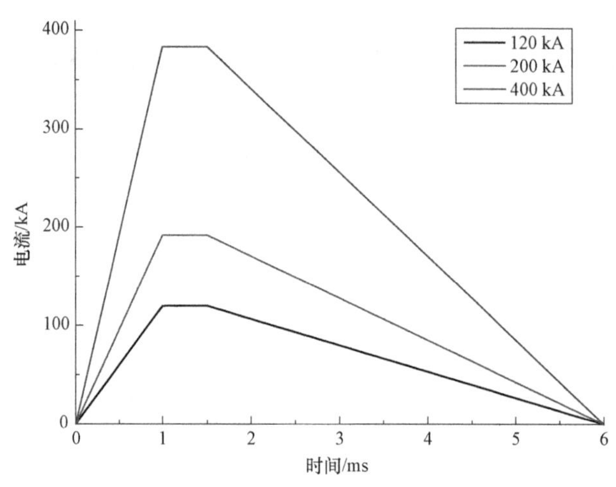

图 5-56　不同峰值仿真电流波形（附彩插）

表 5-4　仿真材料参数设定

材料	电阻率/（Ω·m）	比热/（J·kg^{-1}·℃$^{-1}$）	热导率/（W·m^{-1}·℃$^{-1}$）
铜	1.69×10^{-8}	385	401
铝	2.67×10^{-8}	875	165
锡	11.4×10^{-8}	226	63

态热场，即可自动解算出接触电阻热。仿真过程中，未考虑电流速度趋肤效应。

3. 仿真结果分析

（1）电流线密度为 10 kA/mm 条件下，普通电枢与涂层厚度分别为 20 μm、35 μm 与 50 μm 电枢表面局部最高温度分布仿真结果，如图 5-57 和图 5-58 所示。

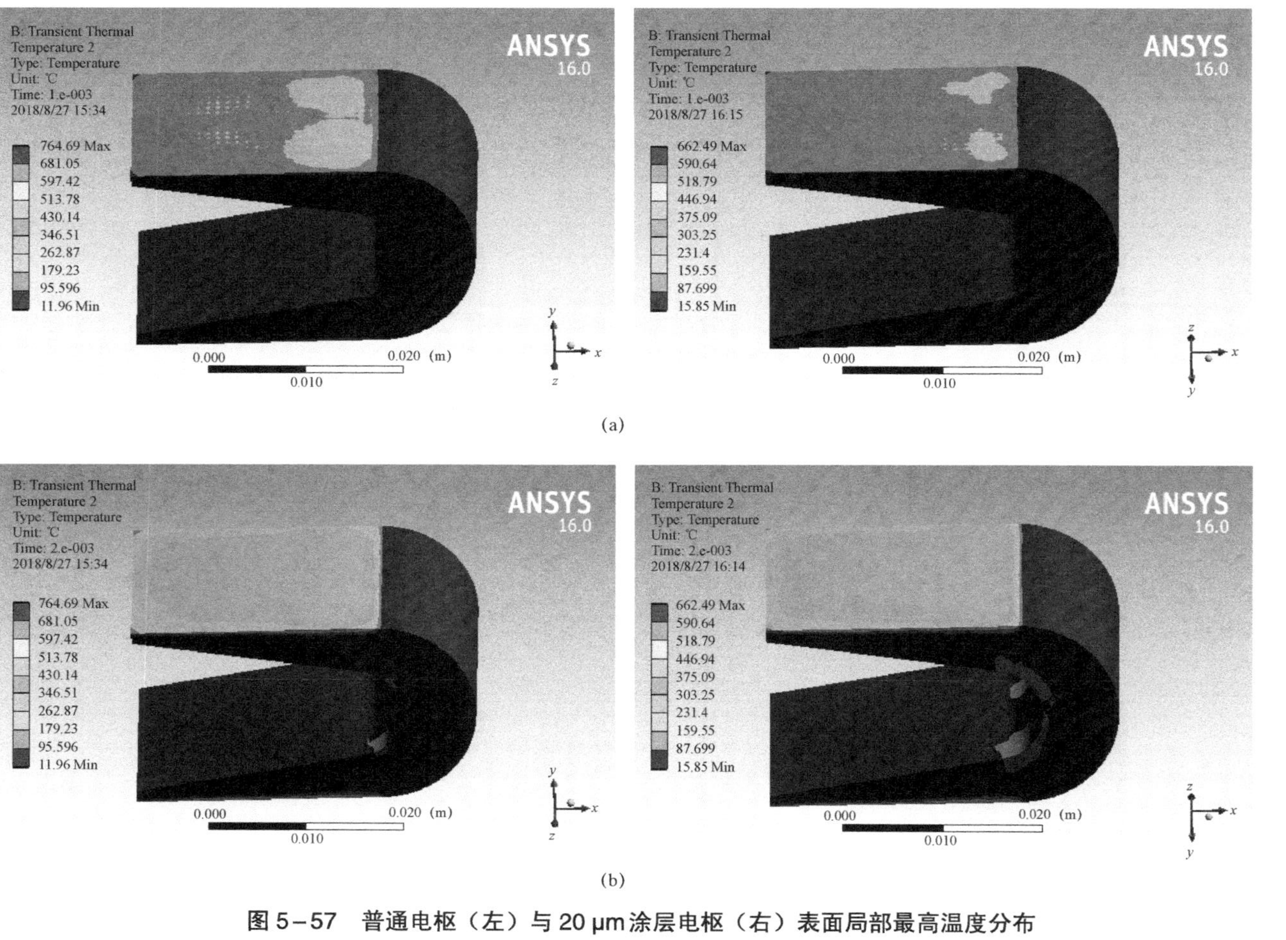

图5-57　普通电枢（左）与20 μm涂层电枢（右）表面局部最高温度分布

（a）1 ms时刻；（b）2 ms时刻

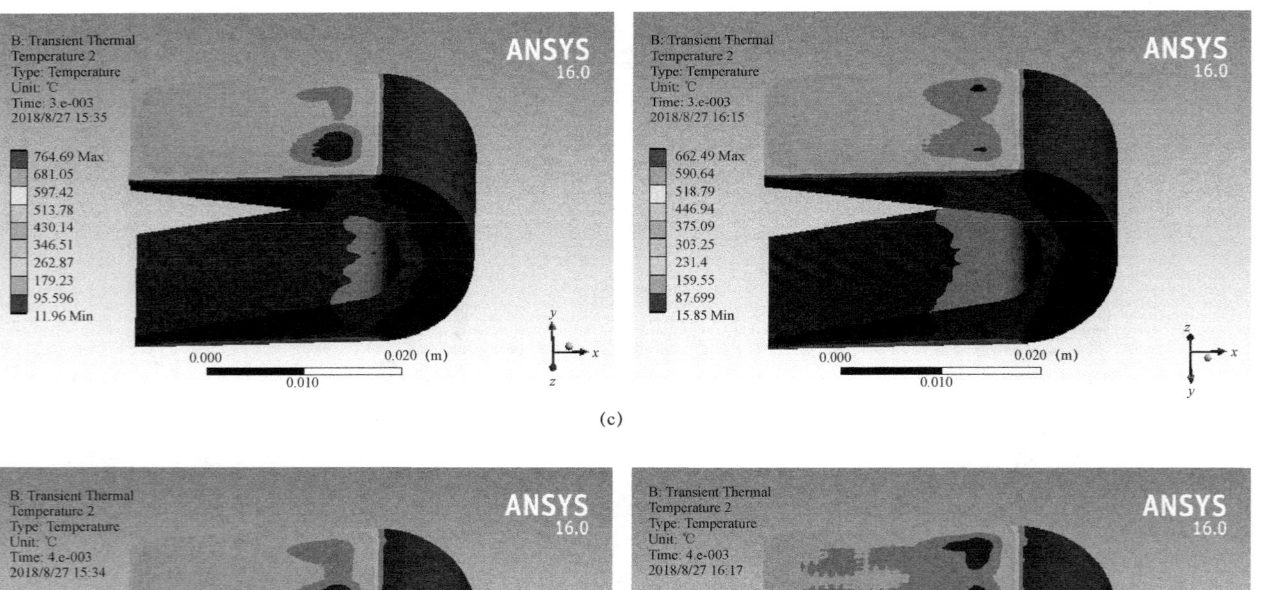

(c)

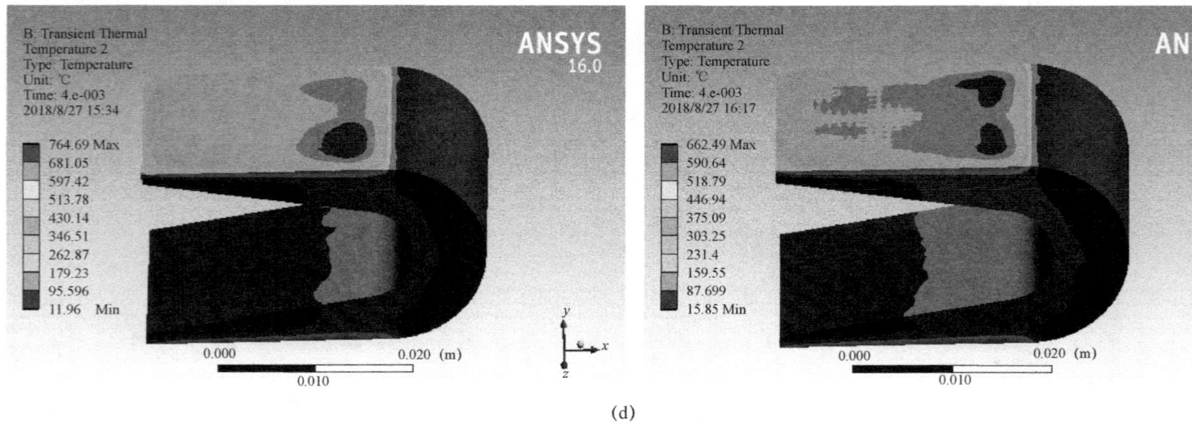

(d)

图 5-57 普通电枢（左）与 20 μm 涂层电枢（右）表面局部最高温度分布（续）

（c）3 ms 时刻；（d）4 ms 时刻

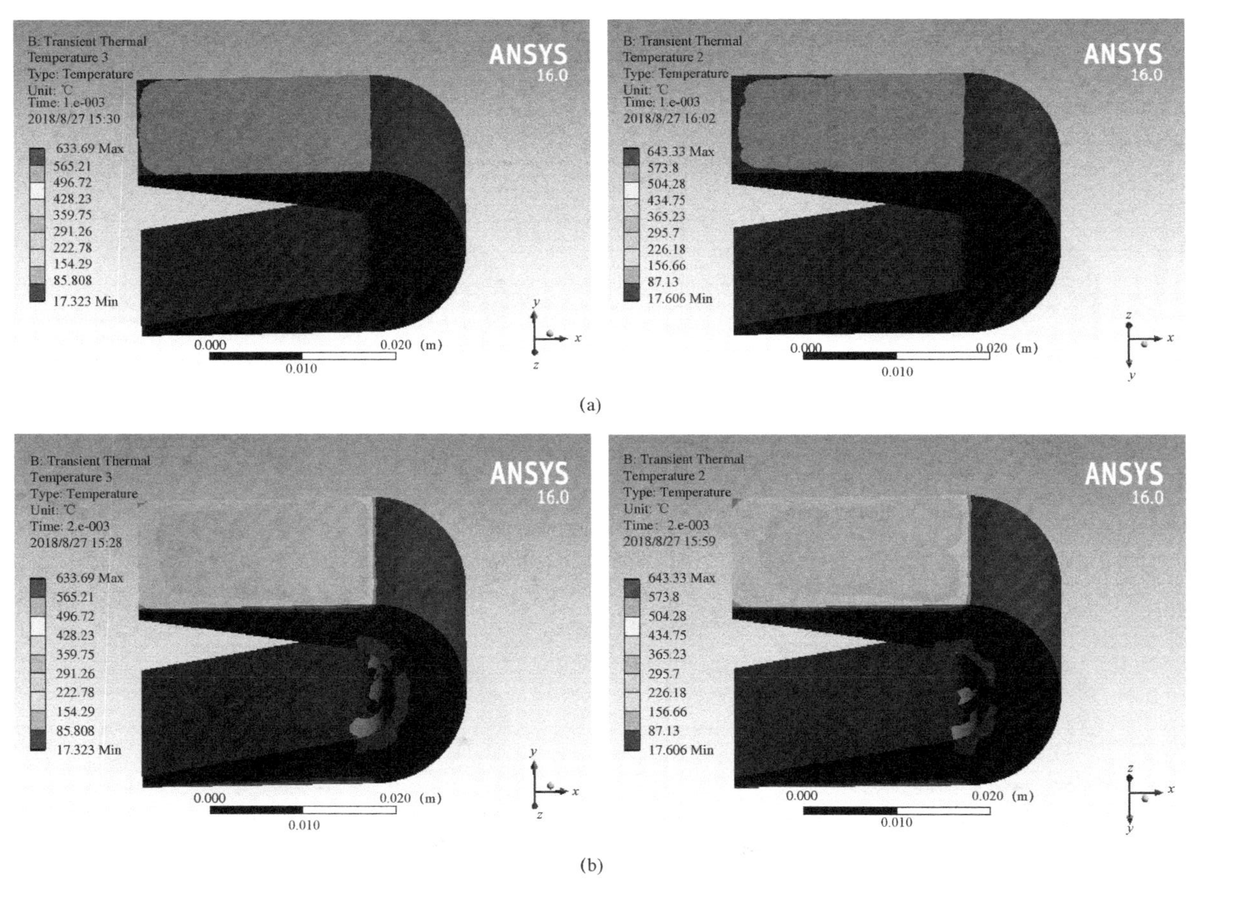

图 5-58 35 μm（左）与 50 μm（右）涂层电枢表面局部最高温度分布

（a）1 ms 时刻；（b）2 ms 时刻

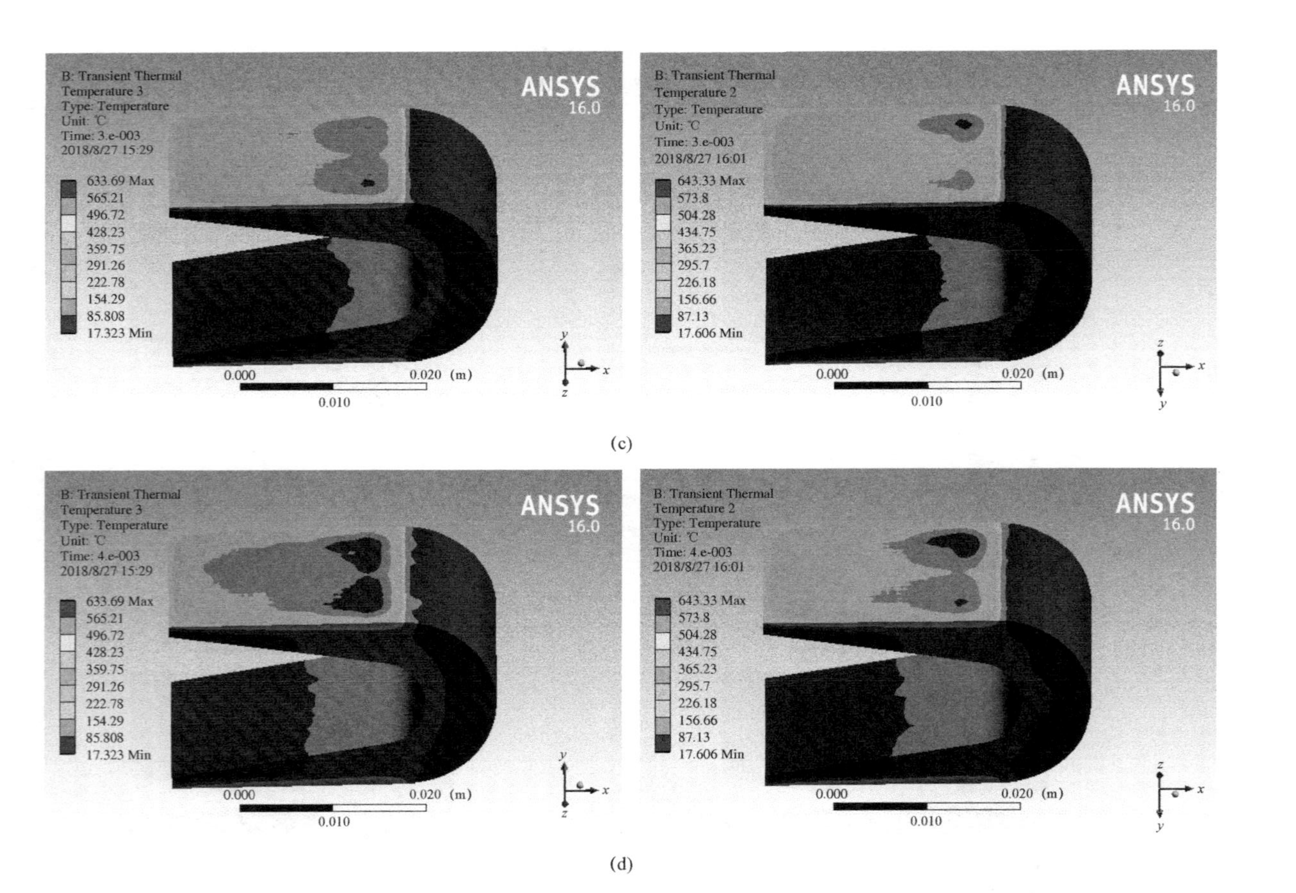

图 5-58　35 μm（左）与 50 μm（右）涂层电枢表面局部最高温度分布（续）

（c）3 ms 时刻；（d）4 ms 时刻

在图 5-57 和图 5-58 中，在同一电流线密度条件下，普通 U 形电枢与不同厚度涂层电枢的温度仿真结果表明：

① 两种电枢表面温度都随时间增加而逐渐升高，原因是接触电阻热在电枢表面快速积累，且热量引起的温度变化趋势基本相似，温度从电枢肩部至尾翼依次降低以及从电枢表面向内部扩散，这与电流密度的仿真结果比较一致。

② 电枢肩部温度要明显高于头部内侧温度，这是因为电枢/轨道接触界面电阻热远大于电枢本体焦耳热。

③ 涂层电枢表面温度最高值，均要低于普通电枢表面温度，说明涂层抑制了电枢表面温升。

④ 电枢表面温度最高的区域，表现为两边大、中间小的“蝶形”，这是因为轨道比电枢宽，电流从轨道流向电枢时，沿电枢肩部边沿处汇聚所导致。

根据上述仿真结果，在电流线密度为 10 kA/mm 条件下，普通电枢与涂层电枢表面温度曲线如图 5-59 所示。

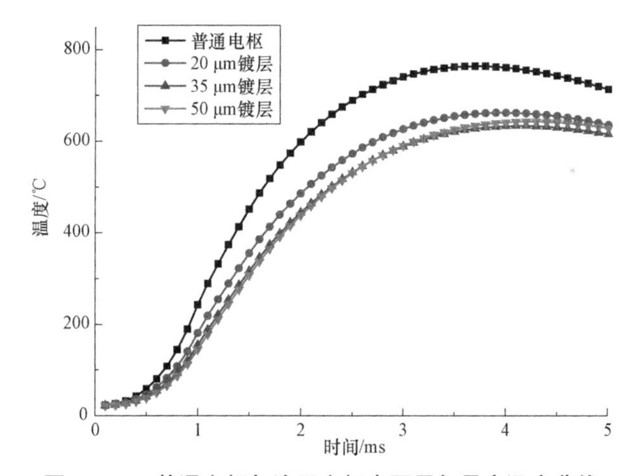

图 5-59　普通电枢与涂层电枢表面局部最高温度曲线

从图 5-59 可以看出，两种电枢表面温度的上升规律基本相同，即刚开始时升高幅度较小，随后开始急剧上升。其中普通电枢表面最高温度为 780 ℃，而三种不同厚度涂层电枢最高温度大致相近，为 640～650 ℃。涂层电枢表面温度较普通电枢降低 130～140 ℃，是由于涂层熔化过程中的相变潜热吸收了部分接触电阻热所导致。

（2）电流线密度为 6 kA/mm、10 kA/mm、20 kA/mm 三种条件下，普通电枢与 35 μm 涂层厚度电枢表面温度仿真结果。

由于图 5－58 已包括电流线密度为 10 kA/mm 条件下的仿真结果，故此处只列出 6 kA/mm 与 20 kA/mm 条件下的仿真计算。

电流线密度为 6 kA/mm 条件下，普通电枢与 35 μm 涂层电枢表面温度分布仿真结果，如图 5－60 所示。

电流线密度为 20 kA/mm 条件下，普通电枢与 35 μm 涂层电枢表面温度分布仿真结果，如图 5－61 所示。

在图 5－60 和图 5－61 中，不同电流线密度条件下，普通 U 形电枢与涂层电枢的温度分布仿真结果表明，对普通电枢与涂层电枢，在由接触电阻热引起的温度分布规律上，基本一致。

根据上述仿真结果，可分别得出不同电流线密度条件下，普通电枢与涂层电枢表面温度变化曲线，如图 5－62 所示。仿真过程默认材料到达熔点后温度继续上升。

从图 5－62 所示的普通电枢与涂层电枢表面温度仿真结果，可以看出，在不同电流线密度作用下，接触电阻欧姆热对涂层电枢与普通电枢表面温度的作用规律基本相同，随着时间的积累，电枢表面温度均呈上升趋势，且均超过各自熔点。同时，普通电枢表面温升均大于涂层电枢，具体数值如表 5－5 所示。

表 5－5　不同电流线密度条件下，涂层电枢与普通电枢表面最高温度对比

电流线密度/（kA・mm^{-1}）	普通电枢/℃	涂层电枢/℃	温差/%
6	272	226	16.9
10	764	633	17.1
20	2 552	2 087	18.2

从表 5－5 可以看出，随着电流线密度的增加，涂层电枢与普通电枢表面最高温度均出现了快速升高，其中普通电枢的最高温度达到了 2 552 ℃，涂层电枢的最高温度达到了 2 087 ℃。其次，同样电流线密度条件下，涂层电枢表面温度均小于普通电枢，其中，在 6 kA/mm 条件下，涂层电枢比普通电枢表面最高温度降低约 16.9%；30 kA/mm 条件下，涂层电枢比普通电枢表面最高温度降低约 18.2%。同时，随着电流线密度的增加，二者差值呈小幅度增大趋势。

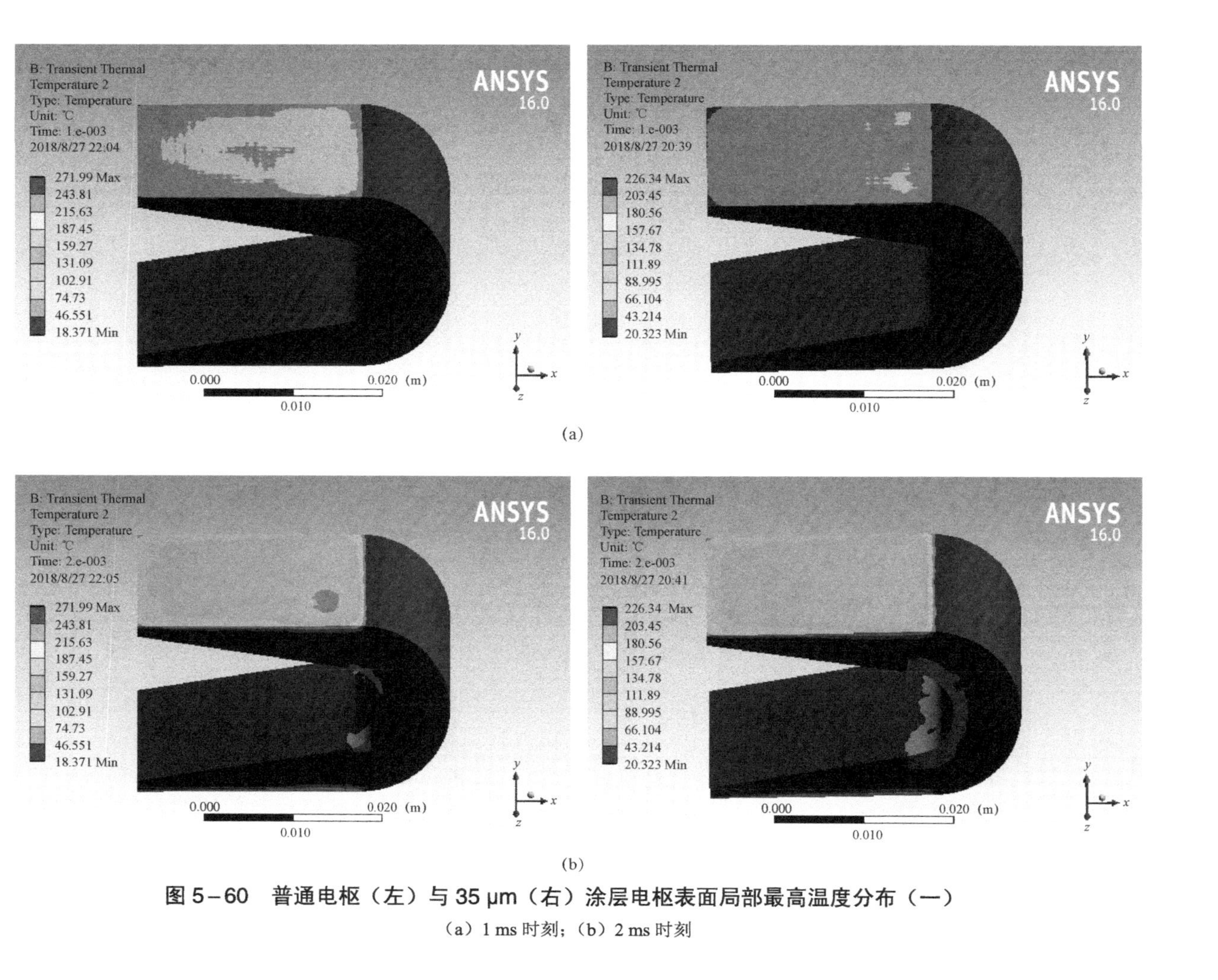

图 5-60　普通电枢（左）与 35 μm（右）涂层电枢表面局部最高温度分布（一）

（a）1 ms 时刻；（b）2 ms 时刻

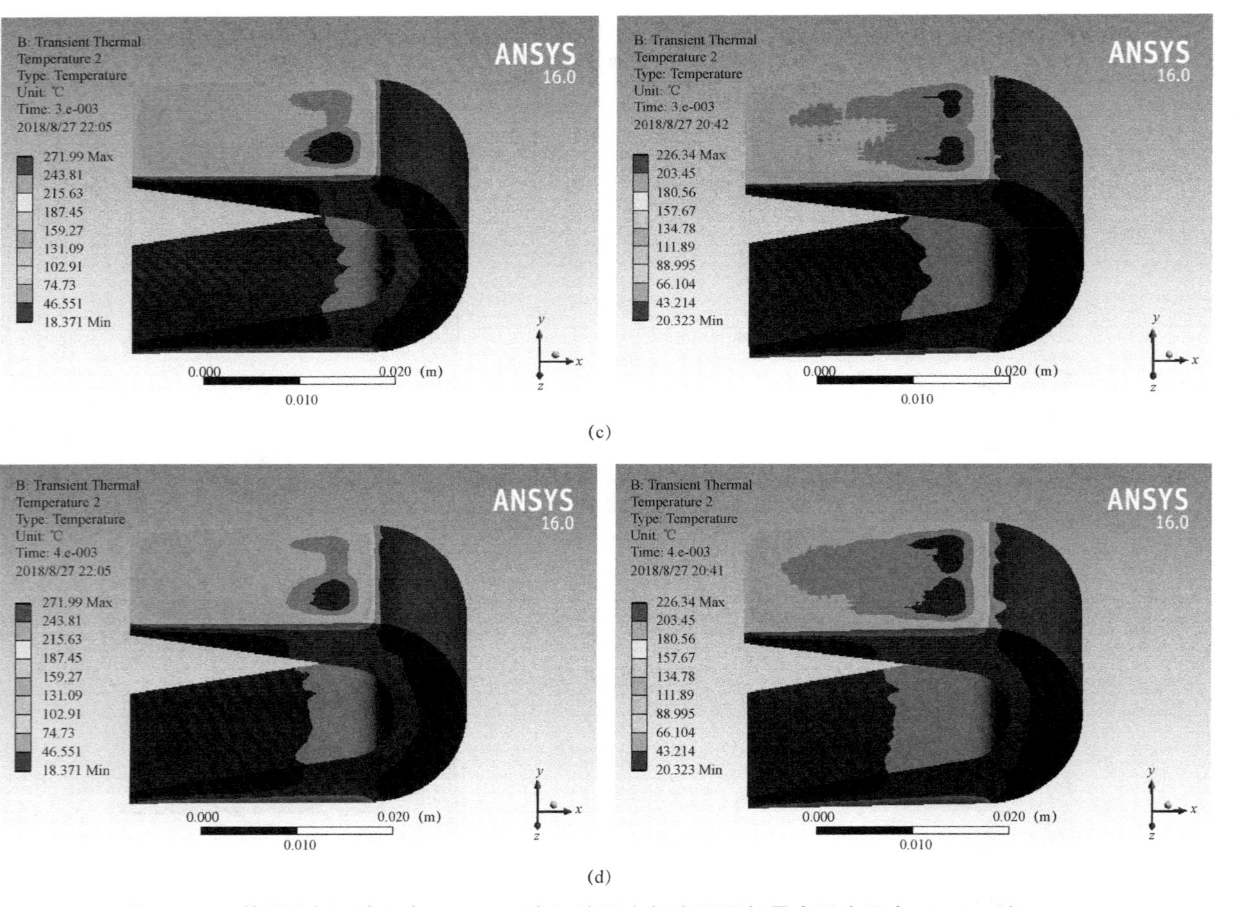

(c)

(d)

图 5-60 普通电枢（左）与 35 μm（右）涂层电枢表面局部最高温度分布（一）（续）

（c）3 ms 时刻；（d）4 ms 时刻

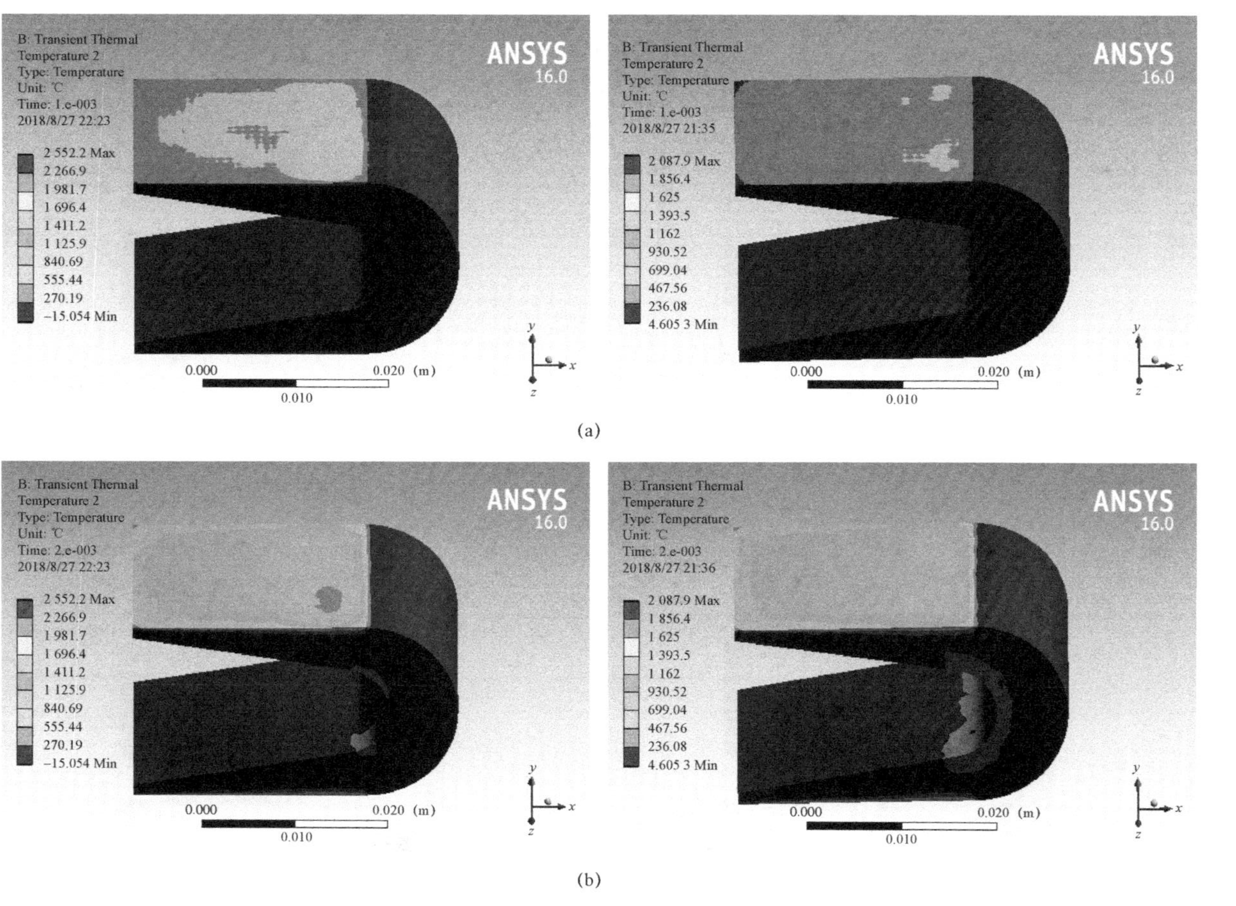

图 5-61　普通电枢（左）与 35 μm（右）涂层电枢表面局部最高温度分布（二）

（a）1 ms 时刻；（b）2 ms 时刻

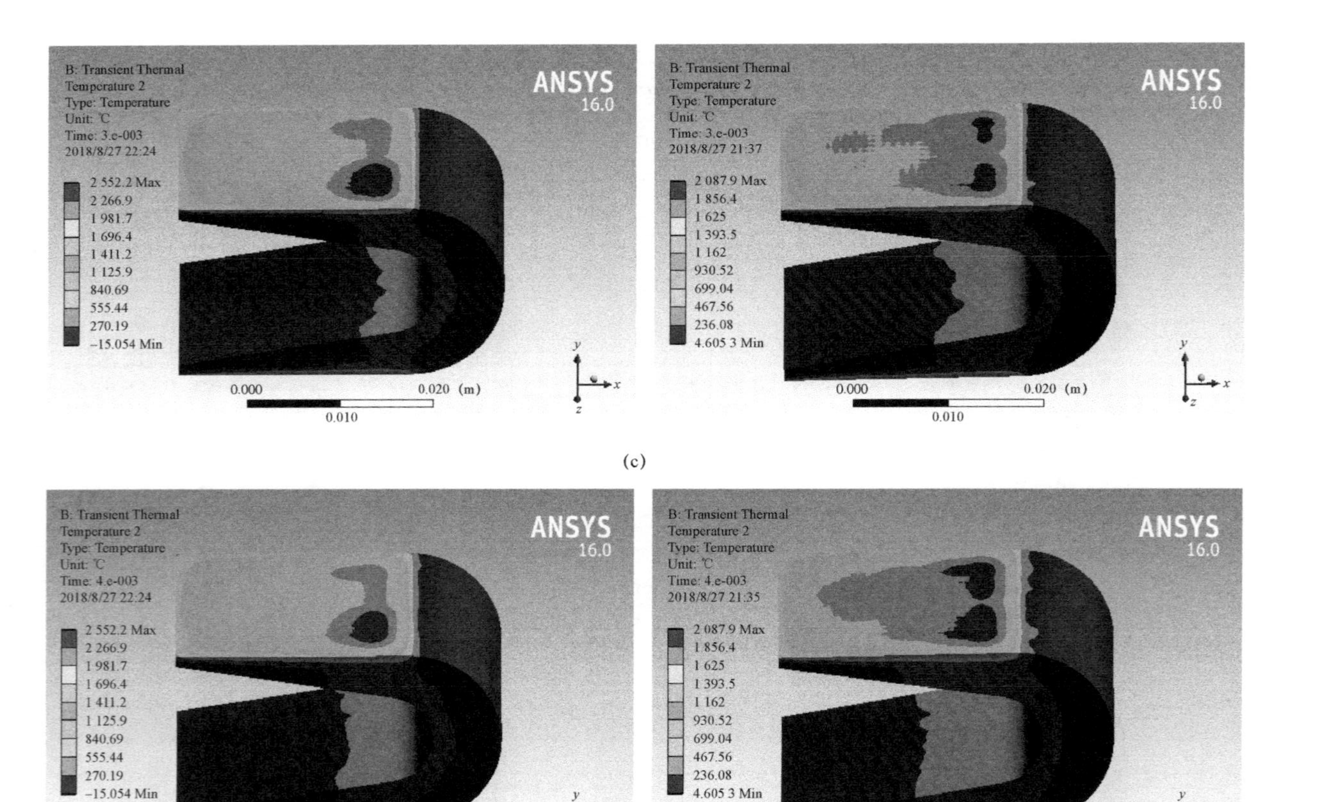

图 5-61　普通电枢（左）与 35 μm（右）涂层电枢表面局部最高温度分布（二）（续）

（c）3 ms 时刻；（d）4 ms 时刻

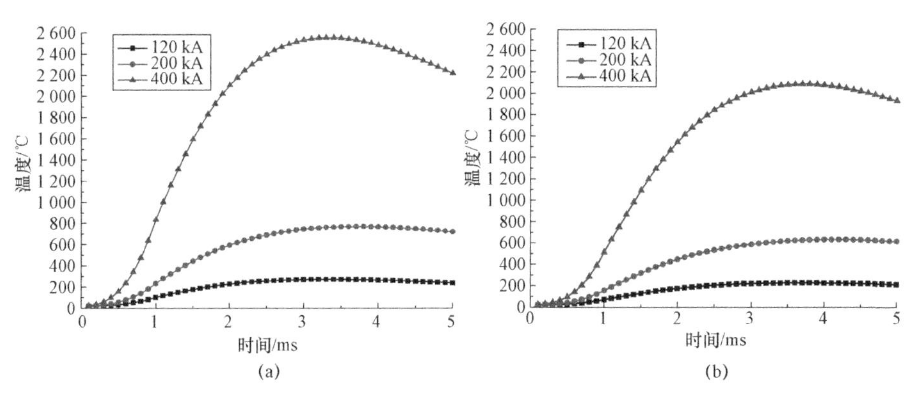

图 5-62　欧姆热作用下，两种电枢表面局部最高温度与时间关系曲线

（a）普通电枢；（b）涂层电枢

（四）电枢/轨道接触界面摩擦热仿真

由于电枢/轨道滑动电接触过程中，摩擦热在电枢表面是一个持续积累的过程，因而对电枢的影响要远大于轨道。本部分主要通过电枢表面温度分布，对电枢/轨道接触界面摩擦热进行具体分析。

1. 模型建立

根据电磁轨道炮对称结构特点，取一半电枢尾翼及单侧轨道进行 ANSYS 有限元瞬态热分析模型，不会影响对结果的分析判断。其中，模型网格划分，仍选择“Mesh Control”→“Sizing”→“Body Sizing”命令，将轨道、电枢及涂层分别设置为 0.5 mm、0.1 mm、0.05 mm。同时，选择“Method”→“Hex Dominant Method”命令对电枢进行处理，如图 5-63 所示。

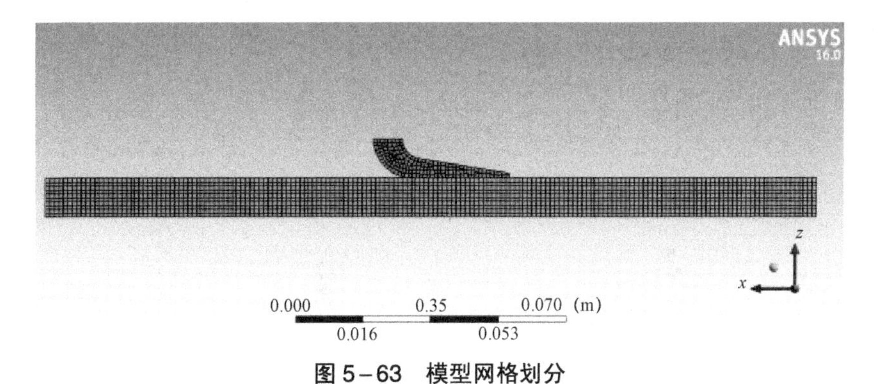

图 5-63　模型网格划分

2. 仿真参数设定

仿真驱动电流仍然采用图 5-56 所示电流波形。预应力大小按“每安培

1 克”法则计算，分别取 1 200 N、2 000 N、4 000 N。摩擦系数统一按经验值取 0.2，电枢速度按照图 5－43 所示 Simulink 模型计算结果。电枢、轨道及涂层材料参数设定同表 5－4。

将计算出的摩擦热以热流密度（W/m^2）的形式加载到电枢表面（涂层电枢加载到涂层表面）模拟电枢/轨道界面的摩擦热。仿真过程中，电枢静止不动，电枢/轨道所产生的摩擦热随时间变化，因此等效于摩擦热对电枢表面温度的实际影响结果。

3. 仿真结果分析

在电流线密度为 6 kA/mm 条件下，普通电枢与涂层电枢表面温度分布结果如图 5－64 所示。

从图 5－64 可以看出，在同一电流线密度条件下，摩擦热对普通电枢与涂层电枢表面的温度影响规律基本一致。具体为：① 随着摩擦热量的持续积累，电枢表面的温度逐渐升高，且呈现出中间温度高于边缘温度的特点；② 摩擦热对普通电枢表面温度的影响要稍高于涂层电枢，其中普通电枢表面最高温度约为 93 ℃，涂层电枢表面最高温度约为 83 ℃；③ 摩擦热仅存在于电枢的表面且要远小于接触电阻热。

参照上述仿真设置，分别对电流线密度为 10 kA/mm、20 kA/mm 条件下进行仿真模拟，最终得到摩擦热作用下普通电枢与涂层电枢表面温度曲线，如图 5－65 所示。

从仿真结果可以看出，在摩擦热的单一作用下，电枢表面的最高温度未达到铝合金电枢的熔点，说明摩擦热对电枢表面温升的贡献率较小，而且仅存在于电枢表面，对本体影响十分有限。这一结果与现有研究中对摩擦热的仿真分析结果是一致的。

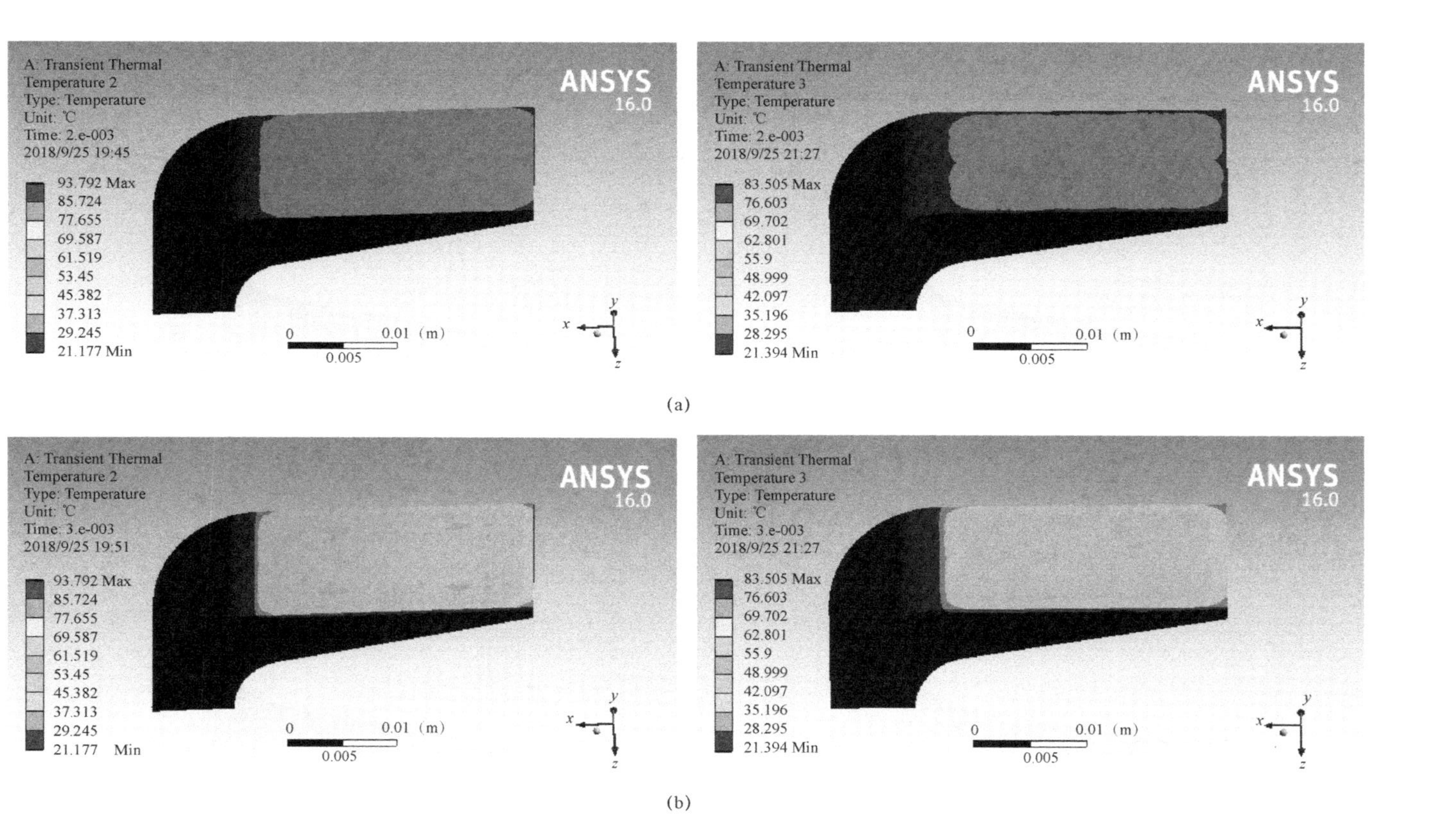

图5-64　普通电枢（左）与35 μm涂层电枢（右）表面温度分布

（a）2 ms时刻；（b）3 ms时刻

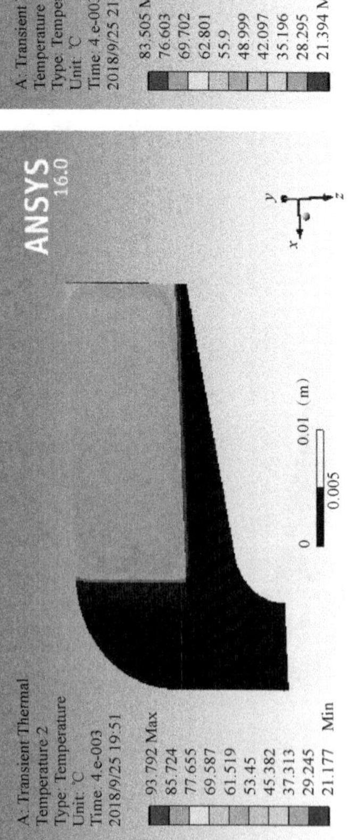

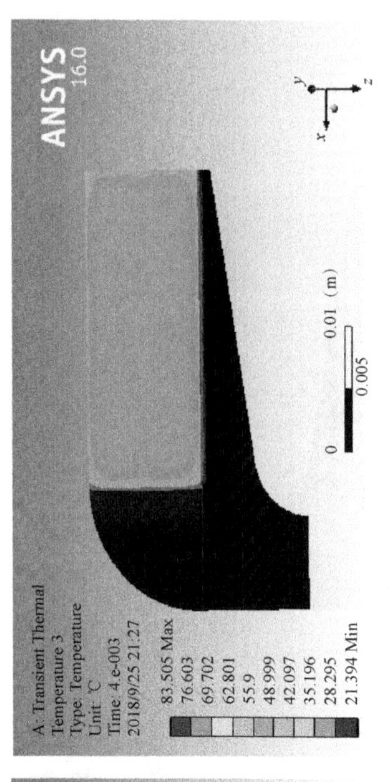

(c)

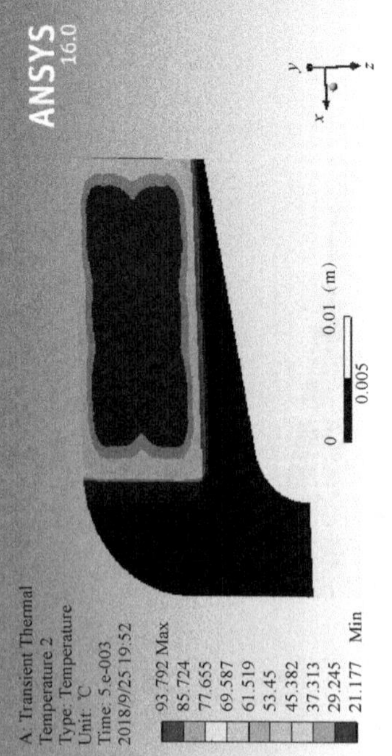

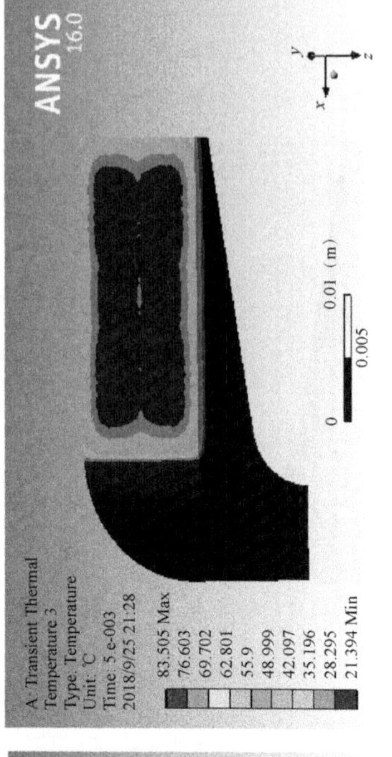

(d)

图 5-64 普通电枢（左）与 35 μm 涂层电枢（右）表面温度分布（续）

（c）4 ms 时刻；（d）5 ms 时刻

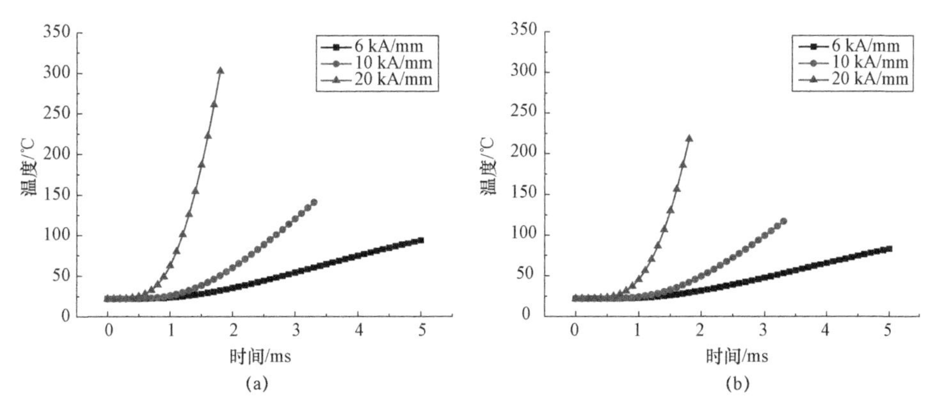

图 5-65　摩擦热作用下，两种电枢表面温度与时间关系曲线

（a）普通电枢；（b）涂层电枢

参 考 文 献

[1] 王莹，马富学. 新概念武器原理［M］. 北京：兵器工业出版社，1997.

[2] MARSHALL R A and WANG Y. Railguns: Their Science and Technology［M］. Beijing: China Machine Press，2004.

[3] FAIR H. The Science and Technology of Electric Launch［J］. IEEE Trans. Magn.，2001，37（1）：25－32.

[4] MCNAB I R，FISH S，STEFANI F. Parameters for an Electromagnetic Naval Railgun［J］. IEEE Trans. Magn.，2001，37（1）：223－228.

[5] FAIR H D. Advances in Electromagnetic Launch Science and Technology and its applications［J］. IEEE Trans. Magn.，2009，45（1）：225－230.

[6] RASHLEIGN S C，MARSHALL R A. Electromagnetic Acceleration of Macro Particles to High Velocities［J］. J. Appl. Phys.，1978，49（4）：2540－2542.

[7] FAIR H D. Electric Launch Science and Technology in the United States Enters a New Era［J］. IEEE Trans. Magn.，2005，41（1）：158－164.

[8] CRAWFORD M，SUBRAMANIAN R，WATT T，et al. The Design and Testing of a Large-caliber Railgun［J］. IEEE Trans. Magn.，2009，44（1）：256－260.

[9] 李军，严萍，袁伟群. 电磁轨道炮发射技术的发展与现状［J］. 高电压技术，2014，40（4）：1052－1064.

[10] 杨琳，聂建新，任明，等. 移动电磁载荷作用下曲面轨道_电枢动力特性［J］. 高电压技术，2014，40（4）：1091－1096.

[11] 周长军，苏子舟，张涛，等. 超大炮口动能电磁轨道炮设计与仿真［J］. 火炮发射与控制学报，2013（3）：10－14.

[12] 巩飞，翁春生. 电磁轨道炮固体电枢熔化波烧蚀过程的三维数值模拟研究［J］. 高电压技术，2014，40（7）：2245－2250.

[13] 冯登，夏胜国，陈立学，等. 基于过盈配合的 C 形电枢轨道初始接触

特性分析［J］. 高电压技术，2014，40（4）：1077－1083.

［14］何威，白象忠. 方口径电磁轨道发射装置参数选择对系统动态响应的影响［J］. 应用力学学报，2013，30（5）：680－686.

［15］谭赛，鲁军勇. 电磁轨道炮的电气参数特性研究及优化设计［J］. 船电技术，2012，32（2）：8－12.

［16］ZHANG J G，THOMPSON J E，LU Z. Analysis of the Advantages and Disadvantages of Multi-turn Railgun［C］. Proc. 16th Symposium on Electromagnetic Launch Technology，2012.

［17］LV Q A，LI Z Y，LEI B，et al. Primary Structural Design and Optimal Armature Simulation for a Practical Electromagnetic Launcher［J］. IEEE Trans. Plasma Science，2013，41（5）：1403－1409.

［18］LV Q A，XIANG H J，LEI B，et al. Flexible Sliding Contact Between Armature and Rails for the Practical Launcher Model［J］. IEEE Transactions on Plasma Science，2017，45（7）：1489－1495.

［19］李鹤，李治源，雷彬，等. 电磁轨道炮不同截面轨道的特性分析［J］. 火力与指挥控制，2014，4：45－48.

［20］杨玉东，王建新，薛文. 轨道炮速度趋肤效应的分析与仿真［J］. 强激光与粒子束，2011，23（7）：1965－1968.

［21］曹昭君，肖铮. 电磁发射系统 C 型固体电枢的电流密度分布特性及其分析［J］. 电工电能新技术，2012，31（2）：23－26.

［22］巩飞，翁春生. 固体电枢熔化波烧蚀的二维数值模拟［J］. 南京理工大学学报，2012，36（3）：487－491.

［23］解世山，吕庆敖，郭春龙. 静止条件下轨道炮电流分布仿真［J］. 火炮发射与控制学报，2012（3）：8－12.

［24］李军. 电磁轨道炮中的电流线密度与膛压［J］. 高电压技术，2014，40（4）：1104－1109.

［25］申泽军，左鹏，袁建生. 电磁轨道炮电枢与轨道接触面大小对电流密度的影响分析［J］. 高电压技术，2014，40（4）：1084－1090.

［26］BENO J H，WELDON W F. Active Current Management for Four-rail Railguns［J］. IEEE Transactions on Magnetics，1991，27（1）：39－44.

［27］BAYATI M S，KESHTKAR A. Transition Study of Current Distribution and Maximum Current Density in Railgun by 3-D FEM–IEM［J］. IEEE

Trans. Plasma Sci.，2011，39（1）：13－17.

［28］吕庆敖，王维刚，邢彦昌，等. 电磁轨道炮铁磁材料对铜带内电流分布的影响［J］. 强激光与离子束，2015，27（10）：103253－103254.

［29］PARKS P B. Current Melt-wave Model for Transitioning Solid Armature［J］. J. Appl. Phys.，1990，67（7）：3511－3516.

［30］JAMES T E. Performance Criteria for EM Rail Launchers with Solid or Transition Armature and Laminated Rails［J］. IEEE Trans. Magn.，1991，27（1）：482－487.

［31］THURMOND L E，AHRENS B K，BARBER J P. Measurement of the Velocity Skin Effect［J］. IEEE Trans. Magn.，1991，27（1）：326－328.

［32］COWAN M. Solid-armature Railguns without the Velocity-skin Effect［J］. IEEE Trans. Magn.，1993，29（1）：385－390.

［33］BARBER J P，DREZIN Y A. Model of Contact Transition with Realistic Armature-rail Interface［J］. IEEE Trans. Magn.，1995，31（1）：96－100.

［34］KONDRATENKO A K，BYKOV M A，SCHASTNYKH B S，et al. The Study of Solid Contact in Railgun with Metal Armature［J］. IEEE Trans. Magn.，1997，33（1）：576－581.

［35］GLUSHKOV I S，KAREEV Y A，KOTOVA L G，et al. Investigation of Techniques to Increase Armature Transition Velocity［J］. IEEE Trans. Magn.，1997，33（1）：549－553.

［36］HSIEH K T，STEFANI F，LEVINSON S J. Numerical Modeling of the Velocity Skin Effects：an Investigation of Issues Affecting Accuracy［J］. IEEE Trans. Magn.，2001，37（1）：416－420.

［37］URYUKOV B A. The Path of Overcoming the Velocity Skin-effect in Rail Accelerators［J］. IEEE Trans. Magn.，2001，37（1）：466－469.

［38］WATT T，STEFANI F. The Effect of Current and Speed on Perimeter Erosion in Recovered Armatures［J］. IEEE Trans. Magn.，2005，41（1）：448－452.

［39］LIU Y Q，LI J，CHEN D，et al. Numerical Simulation of Current Density Distribution in Graded Laminated Armature［J］. IEEE Trans. Magn.，2007，43（3）：163－166.

［40］ENGEL T G，NERI J M，VERAKA M J. Characterization of the Velocity

Skin Effect in the Surface Layer of a Railgun Sliding Contact [J]. IEEE Trans. Magn., 2008, 44 (7): 1837-1844.

[41] LI X, WENG C S. Three-dimensional Investigation of Velocity Skin Effect In U-shaped Solid Armature [J]. Progress in Nature Science, 2008, 18: 1565-1569.

[42] 李昕，翁春生. 固体电枢电磁轨道炮非稳态电磁效应 [J]. 南京理工大学学报，2009，33 (1): 108-111.

[43] STEFANI F, CRAWFORD M, MELTON D, et al. Experiments with Armature Contact Claddings [J]. IEEE Transactions on Magnetics, 2007, 43 (1): 413-417.

[44] SCHNEIDER M, LIEBFRIED O, BALEVICIUS S, et al. Magnetic Diffusion in Railguns: Measurements Using CMR-based Sensors[J]. IEEE Trans. Magn., 2009, 45 (1): 430-435.

[45] XING Y C, LV Q A, LI Z Y, et al. Analysis of the Launching Performance under Melting Restriction for Electromagnetic Launcher [C]. Proc. 17th International Symposium on EML, October 10, 2014, San Diego, CA.

[46] 邢彦昌，吕庆敖，李治源，等. 电磁轨道炮熔化限制条件下速度极限分析 [J]. 火炮发射与控制学报，2014，35 (3): 11-15.

[47] BARBER J P, BAUER D P, JAMISON K, et al. Survey of Armature Transition Mechanisms [J]. IEEE Trans. Magn., 2003, 39 (1): 47-51.

[48] WATT T, STEFANI F. Experimental and Computational Investigation of Root-radius Melting in C-shaped Solid Armatures[J]. IEEE Trans. Magn., 2005, 41 (1): 442-447.

[49] 王志增，袁伟群，严萍. 电磁发射器轨道磁锯效应的数值模拟 [J]. 强激光与离子束，2015，27 (6): 65001-65002.

[50] ZIELINSKI A E, LE C D. In-bore Electric and Magnetic Field Environment [J]. IEEE Trans. Magn., 1999, 35 (1): 457-462.

[51] BECHERINI G, FRAIA S D, CIOLINI R, et al. Shielding of High Magnetic Field [J]. IEEE Trans. Magn., 2009, 45 (1): 604-609.

[52] 高攸纲. 屏蔽与接地 [M]. 北京：北京邮电学院出版社，2004.

[53] 付中泽，杨锋，朱熠，等. 强磁场屏蔽有限元设计 [J]. 金属功能材料，2012，19 (6): 35-39.

[54] 汤铃铃. 电磁轨道炮弹引信所处强磁场环境分析屏蔽及利用 [D]. 南京：南京理工大学，2014.

[55] 王荣波，温伟峰，周维军，等. 基于光网靶的弹丸速度精确测量系统 [J]. 激光与红外，2009，39（3）：304－307.

[56] 牛颖蓓. 电磁轨道炮速度测量方法研究 [J]. 火炮发射与控制学报，2012，4：87－90.

[57] 周彤，顾金良，夏言，等. 一种 X 光幕炮口初速测量装置 [J]. 电子测量技术，2017，40（3）：192－196.

[58] 曹荣刚，张庆霞. 电磁轨道发射装置电磁环境及其测试技术 [M]. 北京：北京理工大学出版社，2019.

[59] 赵科义. 脉冲大电流及应用 [M]. 北京：兵器工业出版社，2015.

[60] HSIEH K T，KIM B K. One Kind of Scaling Relations on Electromechanical Systems [J]. IEEE Transactions on Magnetics，1997，33（1）：240－244.

[61] 马信山，张济世，王平. 电磁场基础 [M]. 北京：清华大学出版社，2011.

[62] YUN H D. EM Gun Scaling Relationships [J]. IEEE Transactions on Magnetics，1999，35（1）：484－488.

[63] ZHANG Y，RUAN J，WANG Y. Scaling Study in a Capacitor-driven Railgun [J]. IEEE Transactions on Plasma Science，2011，39（1）：215－219.

[64] SUNG V，ODENDAAL W G. Application-based General Scaling in Railguns [J]. IEEE Transactions on Plasma Science，2013，41（3）：590－600.

[65] ZHANG Y，RUAN J，LIAO J，et al. Nonlinear Scaling Relationships of a Railgun [J]. IEEE Transactions on Plasma Science，2013，41（5）：1442－1447.

[66] 金龙文. 电磁轨道炮物理场及关键性能相似模化方法研究 [D]. 石家庄：军械工程学院，2016.

彩　　插

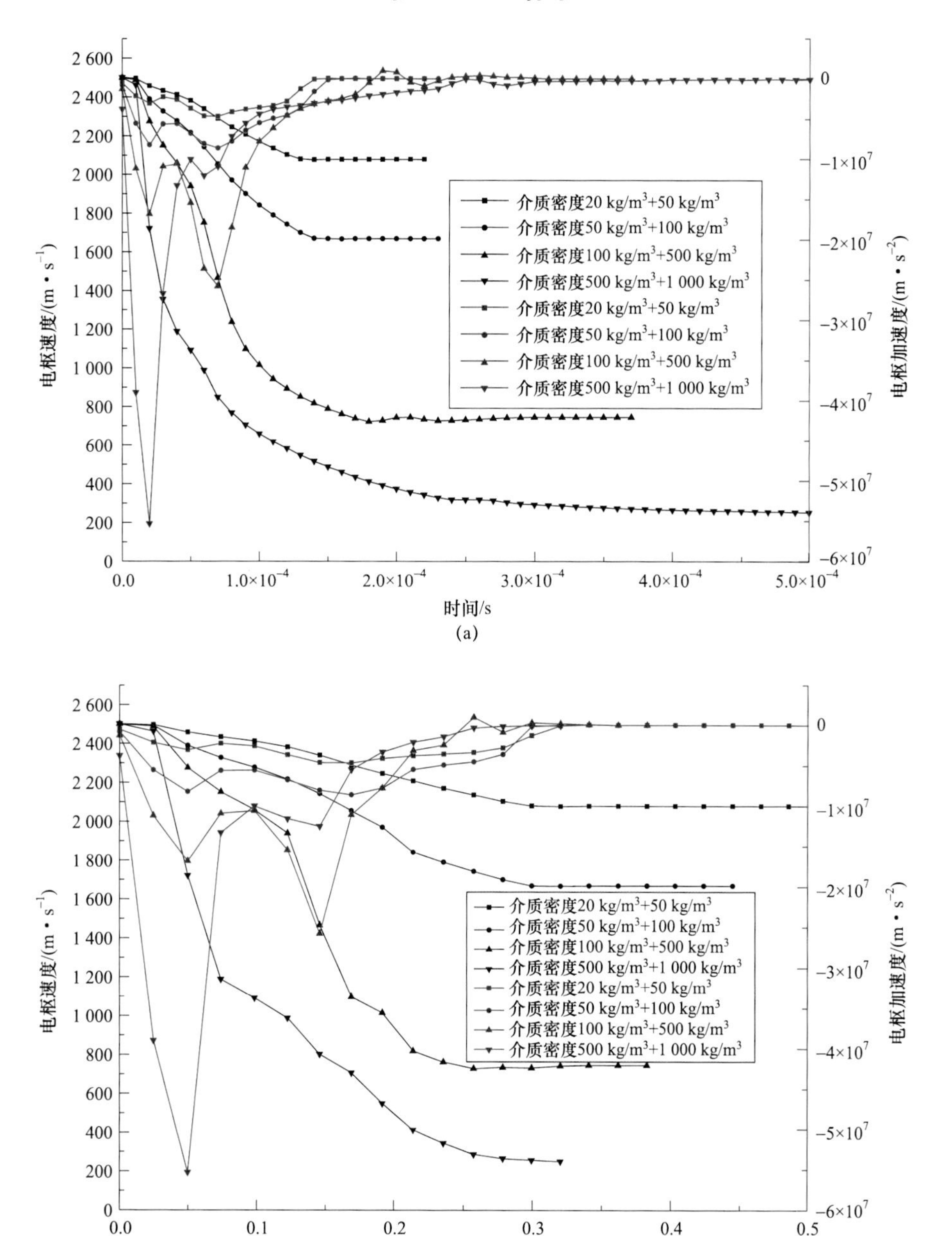

图 3-19　电枢速度、加速度变化曲线

（a）电枢速度、加速度随时间变化曲线；（b）电枢速度、加速度随位移变化曲线

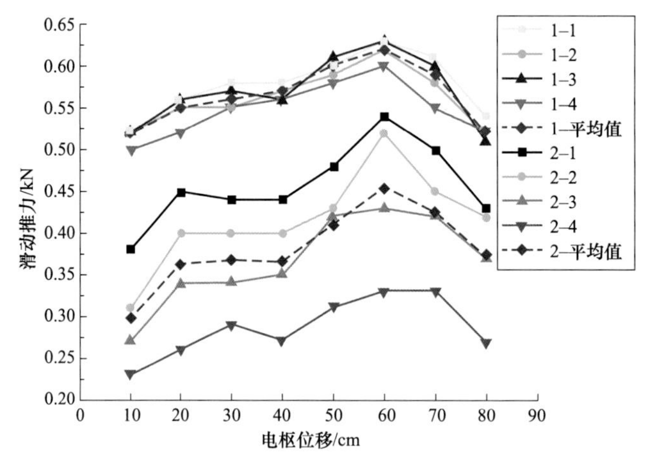

图 5–27　滑动推力变化曲线

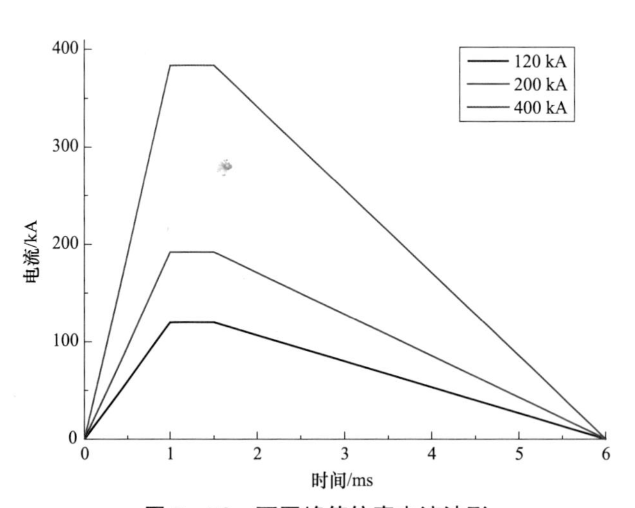

图 5–56　不同峰值仿真电流波形